禁限(停)用农药兽药知识

农业农村部农产品质量安全中心 编

中国农业科学技术出版社

图书在版编目（CIP）数据

禁限（停）用农药兽药知识 / 农业农村部农产品质量
安全中心编. --北京：中国农业科学技术出版社，2021.12
ISBN 978-7-5116-5607-0

Ⅰ. ①禁… Ⅱ. ①农… Ⅲ. ①农药-基本知识②兽用
药-基本知识 Ⅳ. ①TQ45②S859.79

中国版本图书馆 CIP 数据核字（2021）第 256888 号

责任编辑	王惟萍
责任校对	李向荣
责任印制	姜义伟　王思文

出 版 者	中国农业科学技术出版社
	北京市中关村南大街 12 号　邮编：100081
电　　话	（010）82106643（编辑室）　（010）82109702（发行部）
	（010）82109709（读者服务部）
传　　真	（010）82109698
网　　址	http://www.castp.cn
经 销 者	各地新华书店
印 刷 者	北京建宏印刷有限公司
开　　本	185 mm×260 mm　1/16
印　　张	19
字　　数	480 千字
版　　次	2021 年 12 月第 1 版　2021 年 12 月第 1 次印刷
定　　价	168.00 元

《禁限（停）用农药兽药知识》
编　委　会

主　　编：金发忠

统筹主编：王子强　朱　彧　王　强　褚田芬　李思明

技术主编：万靓军　陆友龙　刘继红　杨云燕

副 主 编：赵学平　许振岚　张金艳　金　诺　肖　勇
　　　　　熊　艳　徐丽莉　路馨丹

参编人员：（按姓氏笔画排序）

　　　　　万伟杰　万欢欢　王　芳　王冬根　王雁楠

　　　　　王锦华　龙婉蓉　朱玉龙　刘雯雯　汤　涛

　　　　　孙晓明　杨　玲　李伟红　吴声敢　何玘霜

　　　　　张　锋　张梦飞　陈丽萍　陈佳序　赵明明

　　　　　俞瑞鲜　高　芳　郭孝培　黄魁建　龚娅萍

　　　　　谢　璇　魏益华

前　言

中国是农业大国，农业对推动经济建设具有重要的作用。农药兽药是农业生产中不可缺少的生产要素。合法、规范和安全使用农兽药是降低农产品源头污染、确保农产品质量安全的关键。近年来，我国陆续颁布《中华人民共和国农产品质量安全法》《中华人民共和国食品安全法》以及发布部门公告，不断加强对农药兽药等农业投入品管理，明确规定禁止在农产品生产过程中使用国家明令禁止使用的农业投入品；不得销售含有国家禁止使用的农药兽药的农产品；不得销售农药兽药残留不符合农产品质量安全标准的农产品。特别是对剧毒、高毒、高残留农药兽药加快实行禁用、限用和停用以及淘汰制度。近年来，我国农产品质量安全水平逐年快速提升，2020 年全国农产品总体合格率达 97.8%。但是，农药兽药残留超标的问题依然存在，其中也涉及个别禁限（停）用农药兽药的残留超标问题；另一方面，生活性自服或误服百草枯等农药造成中毒的事件仍偶有发生。编者认为，加强禁限（停）用农药兽药的科普宣传教育工作，提高公众的合法用药意识是农药兽药管理工作中不可或缺的重要组成部分。

为深入贯彻实施《农产品质量安全法》和《食品安全法》等相关法规，进一步控制农产品源头污染；同时为解决禁限（停）用农药兽药科普书缺失的问题，2020 年，农业农村部农产品质量安全中心组织编写了《禁限（停）用农药兽药知识》。本书针对我国的 68 种禁限用农药（禁用 46 种，限制使用 22 种），近百种禁限用兽药及其违法添加物，围绕药物特性、生产应用、历史沿革、发展趋势等关键点，介绍了药物的理化特性、环境归趋特征、毒理学信息、禁限（停）用的原因及管理措施等，并附有农业农村部关于禁限（停）用农药兽药的管理公告。相信本书的出版将对普及禁限（停）用农药兽药知识，提高人们安全用药意识发挥很好的作用，有助于推动我国农业绿色发展，保障农产品质量安全。

本书在编写过程中参阅了《新编农药手册》《持久性有机污染物履约百科》《兽药手册》等专业书籍。由此，向以上图书的编写人员和出版单位表示感谢。同时，本书的编写得到了浙江省农业科学院农产品质量安全与营养研究所、江西省农业科学院农产品质量安全与标准研究所的大力支持，在此表示感谢。

由于水平、时间和资料所限，书中疏漏在所难免，恳请广大读者及农药界、兽药界的同行批评指正。

编　者

2021 年 6 月

目　　录

第一篇　禁限用农药 ·· 1

一、禁限用农药情况概述 ··· 3

二、禁限用农药名录 ··· 5

三、禁用农药信息 ··· 9

（一）六六六 ··· 9

（二）滴滴涕 ··· 11

（三）毒杀芬 ··· 13

（四）二溴氯丙烷 ··· 15

（五）杀虫脒 ··· 16

（六）二溴乙烷 ··· 18

（七）除草醚 ··· 19

（八）艾氏剂 ··· 20

（九）狄氏剂 ··· 22

（十）汞制剂 ··· 24

（十一）砷类 ··· 25

（十二）铅类 ··· 27

（十三）敌枯双 ··· 28

（十四）氟乙酰胺 ··· 29

（十五）甘氟 ··· 31

（十六）毒鼠强 ··· 32

（十七）氟乙酸钠 ··· 33

（十八）毒鼠硅 ··· 34

（十九）甲胺磷 ··· 35

（二十）甲基对硫磷 ··· 38

（二十一）对硫磷 ··· 40

（二十二）久效磷 ··· 42

（二十三）磷胺 ··· 44

（二十四）苯线磷 …………………………………………… 46

（二十五）地虫硫磷 ………………………………………… 48

（二十六）甲基硫环磷 ……………………………………… 50

（二十七）磷化钙 …………………………………………… 51

（二十八）磷化镁 …………………………………………… 52

（二十九）磷化锌 …………………………………………… 53

（三十）硫线磷 ……………………………………………… 54

（三十一）蝇毒磷 …………………………………………… 56

（三十二）治螟磷 …………………………………………… 58

（三十三）特丁硫磷 ………………………………………… 59

（三十四）氯磺隆 …………………………………………… 61

（三十五）胺苯磺隆 ………………………………………… 63

（三十六）甲磺隆 …………………………………………… 65

（三十七）福美胂 …………………………………………… 67

（三十八）福美甲胂 ………………………………………… 68

（三十九）三氯杀螨醇 ……………………………………… 69

（四十）林丹 ………………………………………………… 71

（四十一）硫丹 ……………………………………………… 73

（四十二）溴甲烷 …………………………………………… 75

（四十三）氟虫胺 …………………………………………… 77

（四十四）杀扑磷 …………………………………………… 79

（四十五）百草枯 …………………………………………… 81

（四十六）2,4-滴丁酯 ……………………………………… 83

四、限制使用农药信息 ……………………………………… 85

（一）甲拌磷 ………………………………………………… 85

（二）甲基异柳磷 …………………………………………… 87

（三）克百威 ………………………………………………… 89

（四）水胺硫磷 ……………………………………………… 92

（五）氧乐果 ………………………………………………… 94

（六）灭多威 ………………………………………………… 96

（七）涕灭威 ………………………………………………… 98

（八）灭线磷 ………………………………………………… 101

（九）内吸磷 ………………………………………………………… 103

（十）硫环磷 ………………………………………………………… 104

（十一）氯唑磷 ……………………………………………………… 106

（十二）乙酰甲胺磷 ………………………………………………… 108

（十三）丁硫克百威 ………………………………………………… 111

（十四）毒死蜱 ……………………………………………………… 113

（十五）三唑磷 ……………………………………………………… 116

（十六）丁酰肼 ……………………………………………………… 119

（十七）氰戊菊酯 …………………………………………………… 120

（十八）氟虫腈 ……………………………………………………… 123

（十九）氟苯虫酰胺 ………………………………………………… 125

（二十）乐果 ………………………………………………………… 128

（二十一）氯化苦 …………………………………………………… 130

（二十二）磷化铝 …………………………………………………… 132

五、禁限用农药相关部令公告 …………………………………… 134

参考文献 …………………………………………………………… 158

第二篇 禁停用兽药（化合物） ………………………………… 159

一、禁停用兽药（化合物）情况概述 …………………………… 161

二、禁停用兽药（化合物）名录 ………………………………… 162

三、禁停用兽药（化合物）信息 ………………………………… 166

（一）沙丁胺醇 ……………………………………………………… 166

（二）莱克多巴胺 …………………………………………………… 168

（三）盐酸克伦特罗 ………………………………………………… 169

（四）西马特罗 ……………………………………………………… 171

（五）硫酸特布他林 ………………………………………………… 173

（六）苯乙醇胺 A …………………………………………………… 174

（七）盐酸齐帕特罗 ………………………………………………… 176

（八）马布特罗 ……………………………………………………… 177

（九）班布特罗 ……………………………………………………… 178

（十）西布特罗 ……………………………………………………… 179

（十一）喷布特罗 …………………………………………………… 180

（十二）非诺特罗 …………………………………………………… 180

（十三）妥布特罗 …………………………………… 181

（十四）马贲特罗 …………………………………… 182

（十五）富马酸福莫特罗 …………………………… 183

（十六）盐酸氯丙那林 ……………………………… 183

（十七）溴布特罗 …………………………………… 184

（十八）酒石酸阿福特罗 …………………………… 185

（十九）盐酸多巴胺 ………………………………… 186

（二十）甲基睾丸酮 ………………………………… 186

（二十一）玉米赤霉醇 ……………………………… 188

（二十二）去甲雄三烯醇酮 ………………………… 190

（二十三）醋酸美仑孕酮 …………………………… 192

（二十四）雌二醇 …………………………………… 192

（二十五）戊酸雌二醇 ……………………………… 193

（二十六）苯甲酸雌二醇 …………………………… 195

（二十七）氯烯雌醚 ………………………………… 196

（二十八）炔诺醇 …………………………………… 198

（二十九）醋酸氯地孕酮 …………………………… 198

（三十）左炔诺孕酮 ………………………………… 199

（三十一）炔诺酮 …………………………………… 200

（三十二）绒毛膜促性腺激素 ……………………… 201

（三十三）促卵泡生长激素 ………………………… 202

（三十四）苯丙酸诺龙 ……………………………… 203

（三十五）己烯雌酚 ………………………………… 204

（三十六）己二烯雌酚 ……………………………… 206

（三十七）己烷雌酚 ………………………………… 207

（三十八）氯丙嗪 …………………………………… 207

（三十九）地西泮 …………………………………… 209

（四十）利血平 ……………………………………… 210

（四十一）三唑仑 …………………………………… 212

（四十二）匹莫林 …………………………………… 213

（四十三）安眠酮 …………………………………… 214

（四十四）苯巴比妥 ………………………………… 216

（四十五）苯巴比妥钠 ………………………………………………………… 217

（四十六）巴比妥 ……………………………………………………………… 218

（四十七）异戊巴比妥 ………………………………………………………… 219

（四十八）异戊巴比妥钠 ……………………………………………………… 220

（四十九）艾司唑仑 …………………………………………………………… 220

（五十）甲丙氨酯 ……………………………………………………………… 222

（五十一）咪达唑仑 …………………………………………………………… 223

（五十二）硝地泮 ……………………………………………………………… 224

（五十三）奥沙西泮 …………………………………………………………… 225

（五十四）唑吡旦 ……………………………………………………………… 227

（五十五）异丙嗪 ……………………………………………………………… 228

（五十六）氧氟沙星 …………………………………………………………… 229

（五十七）诺氟沙星 …………………………………………………………… 231

（五十八）培氟沙星 …………………………………………………………… 233

（五十九）洛美沙星 …………………………………………………………… 234

（六十）呋喃西林 ……………………………………………………………… 236

（六十一）呋喃妥因 …………………………………………………………… 237

（六十二）呋喃唑酮 …………………………………………………………… 239

（六十三）呋喃它酮 …………………………………………………………… 240

（六十四）呋喃苯烯酸钠 ……………………………………………………… 242

（六十五）硝基酚钠 …………………………………………………………… 244

（六十六）硝呋烯腙 …………………………………………………………… 245

（六十七）替硝唑 ……………………………………………………………… 246

（六十八）洛硝哒唑 …………………………………………………………… 247

（六十九）氯化亚汞 …………………………………………………………… 248

（七十）硝酸亚汞 ……………………………………………………………… 250

（七十一）醋酸汞 ……………………………………………………………… 251

（七十二）吡啶基醋酸汞 ……………………………………………………… 252

（七十三）氨苯砜 ……………………………………………………………… 253

（七十四）盐酸可乐定 ………………………………………………………… 254

（七十五）盐酸赛庚啶 ………………………………………………………… 256

（七十六）碘化酪蛋白 ………………………………………………………… 257

（七十七）万古霉素 ……………………………………………… 258

（七十八）氯霉素 …………………………………………………… 260

（七十九）卡巴氧 …………………………………………………… 262

（八十）喹乙醇 ……………………………………………………… 263

（八十一）氨苯胂酸 ………………………………………………… 265

（八十二）洛克沙胂 ………………………………………………… 266

（八十三）孔雀石绿 ………………………………………………… 267

（八十四）酒石酸锑钾 ……………………………………………… 269

（八十五）锥虫砷胺 ………………………………………………… 270

（八十六）五氯酚酸钠 ……………………………………………… 271

（八十七）林丹 ……………………………………………………… 272

（八十八）毒杀芬 …………………………………………………… 272

（八十九）呋喃丹 …………………………………………………… 272

（九十）杀虫脒 ……………………………………………………… 272

（九十一）氟虫腈 …………………………………………………… 272

四、禁停用兽药（化合物）相关部令公告 ………………………… 273

参考文献 ……………………………………………………………… 292

第一篇

禁限用农药

一、禁限用农药情况概述

农药是农业生产的必要生产资料，是防治作物病虫草害的有效武器。我国农药禁用工作始于20世纪70年代，农药限用政策始于20世纪90年代。禁用农药是指被禁止在所有作物或场所使用的农药；限制使用农药是指在部分范围禁止使用，而在某些作物或场所登记使用的农药。1997年，《农药管理条例》实施后，我国农药管理工作步入规范化、法制化的轨道。2002年以来，农业部先后发布第194号、第199号、第274号、第322号、第1586号、第1745号等一系列公告，公布了一批国家明令禁止使用或在蔬菜、瓜果、茶叶、菌类和中草药材上不得使用和限制使用的农药。农业农村部农药管理司于2019年11月29日发布的《禁限用农药名录》中包括禁止使用农药46种、限制使用农药20种。

此外，通过查询"中国农药信息网"，目前处于有效登记状态的农药中原药和制剂均高毒或剧毒的农药包括克百威、甲基异柳磷、杀鼠灵、灭多威、氧乐果、水胺硫磷、灭线磷、溴甲烷、杀扑磷、甲拌磷、磷化铝、涕灭威和氯化苦共13个。其中，杀鼠灵、磷化铝和氯化苦未被列入《禁限用农药名录》。杀鼠灵被登记用于室内毒杀家鼠，不属于农业生产范畴。磷化铝被登记用于谷物、储粮和种子等的熏蒸除虫。氯化苦被登记用于土壤熏蒸除青枯病菌、根结线虫等土壤病虫害。根据《食品安全法》《农产品质量安全法》《农药管理条例》中关于农药使用的相关规定，剧毒、高毒农药不得用于防治卫生害虫，不得用于蔬菜、瓜果、茶叶、菌类和中草药材的生产，不得用于水生植物的病虫害防治。因此，本书也将磷化铝和氯化苦视为限制使用农药。

禁用剧毒、高毒、高风险农药，主要基于3个方面的考虑：一是维护公众健康，保障农产品质量安全，减少环境污染，某些农药为剧毒或高毒，具有致癌、致畸风险，长残效高残留，环境风险不可接受；二是促进农药产业结构调整，保障农药产业健康持续发展，有利于高效低毒农药，尤其是生物农药的推广使用；三是适应国际农药管理发展趋势。近年来，国际上通过实施国际公约，严格管控高毒、高风险农药的生产、使用和国际贸易。我国根据国情，积极履行国际公约，相应地采取禁用措施。如六六六、滴滴涕、艾氏剂、狄氏剂、三氯杀螨醇、林丹、硫丹等农药是持久性有机物，被列入《关于持久性有机污染物的斯德哥尔摩公约》（简称《斯德哥尔摩公约》）中；杀虫脒、除草醚、二溴乙烷等农药具有致癌性、致畸性；甲胺磷、对硫磷、氟乙酸钠、苯线磷等农药为剧毒或高毒农药；氯磺隆、胺苯磺隆、甲磺隆等农药在土壤中残留时间长，严重影响后茬作物的正常生长。

限制使用部分农药品种主要是考虑环境和农产品质量安全的因素，为了维护公众健康，保障农产品质量安全，减少环境污染。高毒农药不得用于蔬菜、瓜果、茶叶、菌类和中草药材，如内吸磷、灭线磷、硫环磷、氯唑磷等，而乙酰甲胺磷、丁硫克百威、乐果等虽然不是高毒农药，但可以分别代谢为高毒农药甲胺磷、克百威、氧乐果，也同样被禁止用于蔬菜、瓜果、茶叶、菌类和中草药材；对水生生物高毒的农药不得用于水稻或有可能污染地下水的地域，如禁止氟苯虫酰胺在水稻作物上使用；氟虫腈对甲壳类水生生物和蜜蜂具有高风险，在水和土壤中降解慢，除卫生用、玉米等部分旱田种子包衣剂外，禁止使用于其他方面；某些农药品种，虽然毒性不高，但在某种作物上使用后，残留期较长，影响质量安全，如禁止毒死蜱、三唑磷在蔬菜上使用，禁止氰戊菊酯在茶树上使用。

自 21 世纪初开始，我国的剧毒、高毒农药禁用力度加大，淘汰进程加快，经过 20 年来的努力，我国禁限用农药工作已取得了一定的成效，剧毒、高毒农药比重发生了根本性变化；但是仍然存在个别禁用农药禁而不止、限用农药超范围使用的现象。农产品生产经营主体缺乏禁限用农药知识，未深刻理解这些农药的危害是其中一个关键原因。为普及禁限用农药知识，本部分内容对禁限用农药的理化性质、作用方式与用途、环境归趋特征、毒理学数据、最大残留限量、存在的突出问题、管理情况等方面进行简要介绍，以期进一步提高人们安全用药意识，保障农产品质量安全，助力我国农业高质量发展。

二、禁限用农药名录

禁止使用农药名录

序号	农药名称	公告
1	六六六	农业部公告第199号 禁限用农药名录
2	滴滴涕	
3	毒杀芬	
4	二溴氯丙烷	
5	杀虫脒	
6	二溴乙烷	
7	除草醚	
8	艾氏剂	
9	狄氏剂	
10	汞制剂	
11	砷类	
12	铅类	
13	敌枯双	
14	氟乙酰胺	
15	甘氟	
16	毒鼠强	
17	氟乙酸钠	
18	毒鼠硅	
19	甲胺磷	农业部公告第194号 农业部公告第199号 农业部公告第274号 农业部公告第322号 农业部公告第632号 关于停止甲胺磷等5种高毒有机磷农药生产流通和使用的公告 禁限用农药名录
20	对硫磷	
21	甲基对硫磷	
22	久效磷	
23	磷胺	

（续表）

序号	农药名称	公告
24	苯线磷	农业部公告第 199 号 农业部公告第 1586 号 禁限用农药名录
25	地虫硫磷	
26	甲基硫环磷	
27	磷化钙	农业部公告第 1586 号 禁限用农药名录
28	磷化镁	
29	磷化锌	
30	硫线磷	
31	蝇毒磷	
32	治螟磷	
33	特丁硫磷	农业部公告第 194 号 农业部公告第 1586 号 禁限用农药名录
34	百草枯	农业部公告第 1745 号 农业部公告第 2445 号 农业部公告第 2567 号 禁限用农药名录
35	氯磺隆	农业部公告第 671 号 农业部公告第 2032 号 禁限用农药名录
36	胺苯磺隆	
37	甲磺隆	
38	福美胂	农业部公告第 2032 号 禁限用农药名录
49	福美甲胂	
40	氟虫胺	农业农村部公告第 148 号 禁限用农药名录
41	三氯杀螨醇	农业部公告第 199 号 农业部公告第 2445 号 禁限用农药名录
42	林丹	关于禁止生产、流通、使用和进出口林丹等持久性有机污染物的公告 禁限用农药名录
43	硫丹	农业部公告第 1586 号 农业部公告第 2552 号 关于禁止生产、流通、使用和进出口林丹等持久性有机污染物的公告 禁限用农药名录

（续表）

序号	农药名称	公告
44	溴甲烷	农业部公告第 1586 号 农业部公告第 2289 号 农业部公告第 2552 号 禁限用农药名录
45	2,4-滴丁酯	农业部公告第 2445 号 农业部公告第 2567 号 禁限用农药名录
46	杀扑磷	农业部公告第 2289 号 禁限用农药名录
备注	上述农药均为禁止（停止）使用的农药 2,4-滴丁酯自 2023 年 1 月 29 日起禁止使用 溴甲烷可用于检疫熏蒸处理	

限制使用农药名录

序号	农药名称	公告	规定
1	氧乐果	农业部公告第 194 号 农业部公告第 1586 号 禁限用农药名录	禁止在蔬菜、瓜果、茶叶、菌类和中草药材上使用，禁止用于防治卫生害虫，禁止用于水生植物的病虫害防治
2	甲基异柳磷	农业部公告第 194 号 农业部公告第 199 号 农业部公告第 2445 号 禁限用农药名录	
3	涕灭威	农业部公告第 194 号 农业部公告第 199 号 农业部公告第 1586 号 禁限用农药名录	
4	克百威	农业部公告第 194 号 农业部公告第 199 号 农业部公告第 1586 号 农业部公告第 2445 号 禁限用农药名录	禁止在甘蔗作物上使用
5	甲拌磷		
6	内吸磷	农业部公告第 199 号 禁限用农药名录	禁止在蔬菜、瓜果、茶叶、中草药材上使用
7	灭线磷	农业部公告第 199 号 农业部公告第 1586 号 禁限用农药名录	禁止在蔬菜、瓜果、茶叶、菌类和中草药材上使用，禁止用于防治卫生害虫，禁止用于水生植物的病虫害防治

（续表）

序号	农药名称	公告	规定
8	硫环磷	农业部公告第 199 号 禁限用农药名录	禁止在蔬菜、瓜果、茶叶、中草药材上使用
9	氯唑磷	农业部公告第 199 号 禁限用农药名录	
10	氰戊菊酯	农业部公告第 199 号 禁限用农药名录	禁止在茶叶上使用
11	丁酰肼	农业部公告第 274 号 禁限用农药名录	禁止在花生上使用
12	氟虫腈	农业部公告第 1157 号 禁限用农药名录	禁止在所有农作物上使用（玉米等部分旱田种子包衣除外）
13	水胺硫磷	农业部公告第 1586 号 禁限用农药名录	禁止在蔬菜、瓜果、茶叶、菌类和中草药材上使用，禁止用于防治卫生害虫，禁止用于水生植物的病虫害防治
14	灭多威	农业部公告第 1586 号 禁限用农药名录	
15	毒死蜱	农业部公告第 2032 号 禁限用农药名录	禁止毒死蜱和三唑磷在蔬菜上使用
16	三唑磷	农业部公告第 2032 号 禁限用农药名录	
17	氟苯虫酰胺	农业部公告第 2445 号 禁限用农药名录	禁止氟苯虫酰胺在水稻作物上使用
18	乙酰甲胺磷	农业部公告第 2552 号 禁限用农药名录	禁止乙酰甲胺磷、丁硫克百威、乐果在蔬菜、瓜果、茶叶、菌类和中草药材作物上使用
19	丁硫克百威	农业部公告第 2552 号 禁限用农药名录	
20	乐果	农业部公告第 2552 号 禁限用农药名录	
21	氯化苦	农业部公告第 2289 号 农药管理条例	禁止在蔬菜、瓜果、茶叶、菌类和中草药材上使用，禁止用于防治卫生害虫，禁止用于水生植物的病虫害防治
22	磷化铝	农业部公告第 1586 号 农业部公告第 2445 号 农药管理条例	

三、禁用农药信息

（一）六六六

1. 基本信息

中文通用名称：六六六。

英文通用名称：HCH（hexachlorocyclohexane）。

化学名称：1,2,3,4,5,6-六氯环己烷。

CAS 号：608-73-1。

（1）理化性质

分子式：$C_6H_6Cl_6$。

分子量：290.8。

化学结构式：

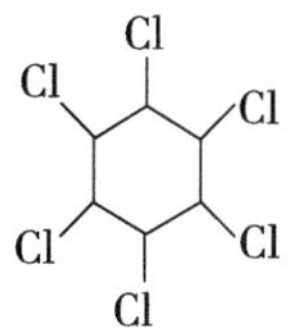

工业品六六六的组成大致为：α-六氯环己烷（55%~60%，甲体）、β-六氯环己烷（5%~14%，乙体）、γ-六氯环己烷（12%~16%，丙体）、δ-六氯环己烷（6%~8%，丁体）、ε-六氯环己烷（2%~9%，戊体）。

性状：白色或淡黄色粉状或块状结晶体，有刺激性臭味。

熔点：112.86 ℃。

闪点：82.0 ℃。

相对密度：1.89。

蒸气压：4.4 mPa（24 ℃）。

亨利常数：0.15 Pa·m³/mol。

logKow：3.5。

溶解度：水 8.35 mg/L（pH 值 5，25 ℃）；丙酮>200，甲醇 29~40，二甲苯>250，乙酸乙酯<200，正庚烷 10~14（g/L，20 ℃）。

（2）作用方式与用途

六六六属有机氯广谱杀虫剂，具有胃毒、触杀及微弱的熏蒸活性。它作用于昆虫神经系统的突触部位，刺激前突触膜释放过多的乙酰胆碱，从而使昆虫动作失调、痉挛、麻痹至死亡。其主要用于防治蝗虫、稻螟虫、小麦吸浆虫、蚊、蝇、臭虫等。六六六是几种立体异构体的混合物，其中 γ 异构体（又称林丹）杀虫效力最高，其次为 α 异构体和 δ 异构体，β异构体的杀虫效力极低。

（3）环境归趋特征

在水体、土壤和沉积物中难降解。它在环境中的残留期较长，如在施用六六六的15年之后，沙质土壤中仍有44%的六六六残留。具中等富集到高等富集性，在斑马鱼中的生物富集系数为850~1460。

（4）毒理学数据

大鼠的急性经口 LD_{50} 为150~400 mg/kg；

小鼠的急性经口 LD_{50} 为125~200 mg/kg；

鲤鱼的 TLm（48 h）为0.18 mg/kg；

虹鳟鱼 LC_{50}（96 h）为0.022~0.028 mg/L；

大型溞 LC_{50}（48 h）为1.6~2.6 mg/L；

藻 EC_{50}（120 h）为0.78 mg/L。

（5）每日允许摄入量（ADI）

0.005 mg/kg bw。

（6）最大残留限量（mg/kg）

稻谷0.05、麦类0.05、旱粮类0.05、杂粮类0.05、成品粮0.05；

大豆0.05；

鳞茎类蔬菜0.05、芸薹属类蔬菜0.05、叶菜类蔬菜0.05、茄果类蔬菜0.05、瓜类蔬菜0.05、豆类蔬菜0.05、茎类蔬菜0.05、根茎类和薯芋类蔬菜0.05、水生类蔬菜0.05、芽菜类蔬菜0.05、其他类蔬菜0.05；

柑橘类水果0.05、仁果类水果0.05、核果类水果0.05、浆果和其他小型类水果0.05、热带和亚热带类水果0.05、瓜果类水果0.05；

茶叶0.2；

哺乳动物肉类（海洋哺乳动物除外）脂肪含量10%以下0.1（以原样计），脂肪含量10%及以上1（以脂肪计）；

水产品0.1；

蛋类0.1；

生乳0.02。

2. 存在的突出问题

① α-、β-和γ-六氯环己烷被列为持久性有机污染物（persistent organic pollutants, POPs），具有持久性、生物蓄积性、长距离环境迁移（可以迁移至从未使用过六六六的区域，如北极）等特性。

② 害虫抗药性增强，对青蛙和蜘蛛等害虫的天敌影响大。

③ γ-六氯环己烷对哺乳动物的肝脏和肾脏有损害作用。β-六氯环己烷具有雌激素效应，是一种环境雌性激素，国际癌症研究署（IARC）已将β-六氯环己烷列为可能对人类致癌的2B组。

3. 管理情况

（1）国内管理情况

1983 年国务院常务会议通过《关于停产六六六、滴滴涕农药的决定》，禁止六六六作为农药使用。

2002 年，中华人民共和国农业部公告第 199 号中明令禁止使用六六六。

2019 年，农业农村部农药管理司将其列入《禁限用农药名录》中的禁止（停止）使用的农药。

（2）境外管理情况

1998 年，丹曼《奥尔胡斯持久性有机污染物议定书》将工业级六六六列入其附件二中，并规定工业级六六六只能作为中间体用于化工生产中。

《关于在国际贸易中对某些危险化学品和农药采用事先知情同意（PIC）程序的鹿特丹公约》规定六氯环己烷（混合异构体）是"事先知情同意（PIC）程序"所涵盖的危险化学品之一，被列入《公约》附件三。

β-六氯环己烷被《欧洲水框架第 2000/60/EC 号指令》列入优先行动的物质之一（欧共体第 2455/2001/EC 号决定）。

2006 年，加拿大、墨西哥和美国签署了《北美地区林丹和其他六氯环己烷异构体行动计划》。该计划旨在促使该 3 个成员国密切合作，采取行动降低因接触林丹和其他六六六异构体给人类和环境带来的风险。

2009 年，α-、β-、γ-六氯环己烷被列入《斯德哥尔摩公约》。

（二）　滴滴涕

1. 基本信息

中文通用名称：滴滴涕。

英文通用名称：DDT（dichlorodiphenyltrichloroethane）。

化学名称：1,1,1-三氯-2,2-双(4-氯甲苯)乙烷。

CAS 号：50-29-3。

（1）理化性质

分子式：$C_{14}H_9Cl_5$。

分子量：354.5。

化学结构式：

性状：白色晶体。

熔点：108.5~109 ℃。

闪点：72.0~77.0 ℃。

相对密度：1.56（15 ℃）。

蒸气压：0.025 mPa（20 ℃）。

logKow：6.19。

溶解度：几乎不溶于水，易溶于芳香和氯化溶剂，中等溶于极性有机溶剂和石油；环己酮 1 000、二氧六环 1 000、二氯甲烷 850、苯 770、三氯乙烯 720、二甲苯 600、丙酮 500、四氯化碳 470、氯仿 310、乙醚 270、乙醇 60、甲醇 40（g/L，27 ℃）。

（2）作用方式与用途

杀虫活性，且具有胃毒和触杀作用。该药作用于昆虫神经膜上的钠离子通道，从而影响轴突传导，引起兴奋、痉挛、麻痹而致使死亡，还可抑制呼吸酶。

主要用于防治森林害虫、卫生害虫、天幕毛虫、松毛虫、麦秆蝇等。

（3）环境归趋特征

在水体、土壤和沉积物中难降解。在温带和寒带地区土壤中的半衰期长达 20~30 a；在水-沉积物系统中的半衰期长达 21~52.5 a。

（4）毒理学数据

大鼠急性经皮 LD_{50} 为 900~1 000 mg/kg；

大鼠吸入 LC_{50}（4 h）为 1.56 mg/L 空气；

美洲鹑急性经口 LD_{50} 为 120~130 mg/kg；

虹鳟鱼 LC_{50}（96 h）为 0.022~0.028 mg/L；

大型溞 LC_{50}（48 h）为 1.6~2.6 mg/L；

藻类 EC_{50}（120 h）为 0.78 mg/L；

蜜蜂 LD_{50}：经口 0.011 μg/只、接触 0.23 μg/只。

（5）每日允许摄入量（ADI）

0.01 mg/kg bw。

（6）最大残留限量（mg/kg）

稻谷 0.1、麦类 0.1、旱粮类 0.1、杂粮类 0.05、成品粮 0.05；

大豆 0.05；

鳞茎类蔬菜 0.05、芸薹属类蔬菜 0.05、叶菜类蔬菜 0.05、茄果类蔬菜 0.05、瓜类蔬菜 0.05、豆类蔬菜 0.05、茎类蔬菜 0.05、根茎类和薯芋类蔬菜（胡萝卜除外）0.05、胡萝卜 0.2、水生类蔬菜 0.05、芽菜类蔬菜 0.05、其他类蔬菜 0.05；

柑橘类水果 0.05、仁果类水果 0.05、核果类水果 0.05、浆果和其他小型水果 0.05、热带和亚热带水果 0.05、瓜果类水果 0.05；

茶叶 0.2；

哺乳动物肉类（海洋哺乳动物除外）脂肪含量 10% 以下 0.2（以原样计）、脂肪含量 10% 及以上 2（以脂肪计）；

水产品 0.5；

蛋类 0.1；

生乳 0.02。

2. 存在的突出问题

① 持久性：在环境中难降解，残留期长。

② 生物累积性：滴滴涕具有低水溶性、高脂溶性，可以通过食物链不断放大，并在食物链顶端的生物体中累积，从而对处于高营养级的生物或人类健康造成损害。

3. 管理情况

（1）国内管理情况

1982 年 7 月化工部发布《关于废止滴滴涕乳粉等三个农药部颁标准的通知》。

1983 年国务院常务会议通过《关于停产六六六、滴滴涕农药的决定》，停止滴滴涕在农业、林业上的使用，主要作为中间体用于三氯杀螨醇的生产。

1990 年国家质量技术监督局发布《危险货物品名表》（GB 12268—90），对 1986 年国家标准局发布的《危险货物分类与品名编号》（GB 6944—86）进行了细化，将滴滴涕列入第 6 类第 1 项毒害品。

1994 年国家环保局、海关总署和对外贸易经济合作部发布《化学品首次进口及有毒化学品进出口环境管理规定》，将滴滴涕列入中国禁止或严格限制类有毒化学品名单。

2001 年 5 月 23 日，中国政府签署了涉及滴滴涕危害应对的《斯德哥尔摩公约》。《斯德哥尔摩公约》是人类为保护全球环境而采取的第三个具有强制性减排要求的国际公约，旨在减少或削减持久性有机污染物的污染和排放，保护人类健康并使环境免受其害。2004 年 6 月 25 日，全国人大常委会第十次会议通过了《全国人民代表大会常务委员会关于批准〈关于持久性有机污染物的斯德哥尔摩公约〉的决定》。2004 年 11 月 11 日，《斯德哥尔摩公约》对中国生效。

2002 年，中华人民共和国农业部公告第 199 号中明令禁止使用滴滴涕。

2007 年 4 月 14 日，国务院批准了由环境保护部会同其他部门组织编制的《中国履行〈关于持久性有机污染物的斯德哥尔摩公约〉国家实施计划》，标志着我国履行《斯德哥尔摩公约》的行动将全面展开。

环境保护部公告第 23 号（环境保护部、国家发展和改革委员会、工业和信息化部、住房城乡建设部、农业部、商务部、卫生部、海关总署、国家质量监督检验检疫总局、国家安全生产监督管理总局联合发文）规定自 2009 年 5 月 17 日起，我国全面禁止滴滴涕在国内的生产、流通、使用和进出口。

2007—2014 年实施"中国用于防污漆生产的滴滴涕替代项目"，全面淘汰了用于防污漆生产的滴滴涕。

2019 年，农业农村部农药管理司将其列入《禁限用农药名录》中的禁止（停止）使用的农药。

（2）境外管理情况

1972 年，美国环保局颁布关于滴滴涕的禁用令。

（三）毒杀芬

1. 基本信息

中文通用名称：毒杀芬。

英文通用名称：camphechlor。

化学名称：八氯莰烯。

CAS 号：8001-35-2。

（1）理化性质

分子式：$C_{10}H_8Cl_8$。

分子量：431.8。

化学结构式：

性状：浅黄色蜡状固体，带萜类气味。

熔点：70~95 ℃。

闪点：4.0 ℃。

相对密度：1.65（25 ℃）。

蒸气压：$2.7×10^4$~$5.3×10^4$ mPa（25 ℃）。

溶解度：水 0.44~3.3 mg/L（20~25 ℃），溶于多种有机溶剂，如甲苯、二氯甲烷以及壬烷等。

（2）作用方式与用途

毒杀芬为 67%~69% 的莰烯氯化物的混合物，具有触杀、胃毒作用，杀虫谱广，击倒力强，持效期长，用于棉花、谷物、坚果、蔬菜作物上的棉红铃虫、棉铃象鼻虫、蚜虫、卷叶虫等的防治，对地下害虫也有效。

（3）环境归趋特征

根据土壤质地和气候条件的不同，毒杀芬在土壤中的降解半衰期为 70 d~120 a，属土壤中中等降解至难降解农药。具高生物富集性，生物富集系数可高达 $2×10^6$。

（4）毒理学数据

大鼠急性经口 LD_{50} 为 80~90 mg/kg；

大鼠急性经皮 LD_{50} 为 780~1 075 mg/kg；

对水生生物特别是鱼类的毒性较大，虹鳟鱼 LC_{50} 为 0.2 mg/L；

鸟急性经口 LD_{50} 为 30~100 mg/kg。

（5）每日允许摄入量（ADI）

0.000 25 mg/kg bw。

（6）最大残留限量（mg/kg）

稻谷 0.01、麦类 0.01、旱粮类 0.01、杂粮类 0.01；

大豆 0.01；

鳞茎类蔬菜 0.05、芸薹属类蔬菜 0.05、叶菜类蔬菜 0.05、茄果类蔬菜 0.05、瓜类蔬菜 0.05、豆类蔬菜 0.05、茎类蔬菜 0.05、根茎类和薯芋类蔬菜 0.05、水生类蔬菜 0.05、芽菜类蔬菜 0.05、其他类蔬菜 0.05；

柑橘类水果 0.05、仁果类水果 0.05、核果类水果 0.05、浆果和其他小型水果 0.05、热带和亚热带水果 0.05、瓜果类水果 0.05。

2. 存在的突出问题

① 长期使用毒杀芬，作物害虫产生抗性。
② 毒杀芬的质量不稳定。
③ 毒杀芬对鱼毒性大。
④ 毒杀芬具有持久性、生物富集性和"三致"效应。

3. 管理情况

（1）国内管理情况

1990 年国家质量技术监督局发布《危险货物品名表》（GB 12268—90），对 1986 年国家标准局发布的《危险货物分类与品名编号》（GB 6944—86）进行了细化，将毒杀芬列入第 6 类第 1 项毒害品。

2002 年，中华人民共和国农业部公告第 199 号中明令禁止使用毒杀芬。

2019 年，农业农村部农药管理司将其列入《禁限用农药名录》中的禁止（停止）使用的农药。

（2）境外管理情况

美国环保局于 1982 年严格限制毒杀芬的使用。

2001 年被列入《斯德哥尔摩公约》。

（四）二溴氯丙烷

1. 基本信息

中文通用名称：二溴氯丙烷。
英文通用名称：dibromochloropropane。
化学名称：1,2-二溴-3-氯丙烷。
CAS 号：96-12-8。

（1）理化性质

分子式：$C_3H_5Br_2Cl$。

分子量：236.3。

化学结构式：

性状：无色液体，有刺鼻气味。

熔点：6 ℃。

闪点：80.5 ℃。

相对密度：2.08（20 ℃）。

蒸气压：$1.07×10^5$ mPa（21 ℃）

logKow：2.63。

溶解度：水 1 g/L（室温），与烃油、丙酮、异丙醇、甲醇、1,3-二氯丙烷和1,1,2-三氯乙烷混溶。

（2）作用方式与用途

二溴氯丙烷是一种土壤熏蒸剂，用于防治各种危害作物根系的害虫，对线虫颇为有效。主要用于防治花生、蔬菜、茶、桑等作物的根线虫，也可防治柑橘树的粉蚧壳虫、甜瓜的根瘤病等。

（3）毒理学数据

大鼠急性经口 LD_{50} 为 170~300 mg/kg；

小鼠急性经口 LD_{50} 为 260~40 mg/kg；

鲈鱼 LC_{50}（24 h）为 30~50 mg/L。

（4）最大残留限量

《食品安全国家标准　食品中农药最大残留限量》（GB 2763—2021）中没有二溴氯丙烷的最大残留限量标准和 ADI 值。

2. 存在的突出问题

① 能引起肾脏、肝脏损害。

② 动物实验表明二溴氯丙烷具有致癌性和致突变性。

③ 施用后，在作物、大气和饮用水中有残留。

3. 管理情况

（1）国内管理情况

2002 年，中华人民共和国农业部公告第 199 号中明令禁止使用二溴氯丙烷。

2019 年，农业农村部农药管理司将其列入《禁限用农药名录》中的禁止（停止）使用的农药。

（2）境外管理情况

1979 年起，美国环保局全面禁止使用二溴氯丙烷。

（五）杀虫脒

1. 基本信息

中文通用名称：杀虫脒。

英文通用名称：chlordimeform。

化学名称：N-(4-氯-2-甲基苯基)-N,N′-二甲基甲脒。

CAS 号：6164-98-3。

（1）理化性质

分子式：$C_{10}H_{13}ClN_2$。

分子量：196.7。

化学结构式：

性状：白色氨样气味结晶。

熔点：32 ℃。

闪点：130.8 ℃。

相对密度：1.10（30 ℃）。

蒸气压：48 mPa（20 ℃）。

亨利常数：3.78×10^{-2} Pa·m^3/mol（20 ℃）。

logKow：1.8。

溶解度：水 250 mg/L（20 ℃）；丙酮、苯、氯仿、乙酸乙酯、己烷、甲醇>200（g/L, 20 ℃）。

（2）作用方式与用途

通常用作杀卵剂，对卵和幼龄期的螨最有效，还用于防治鳞翅目（胡桃小蠹蛾、二化螟、海滨夜蛾、甘蓝银纹夜蛾、棉铃虫）的卵和早龄幼虫。

（3）环境归趋特征

易累积于土壤表层。

（4）毒理学数据

大鼠急性经口 LD_{50} 为 340 mg/kg。

（5）每日允许摄入量（ADI）

0.001 mg/kg bw。

（6）最大残留限量（mg/kg）

稻谷 0.01、糙米 0.01、麦类 0.01、旱粮类 0.01、杂粮类 0.01；

棉籽 0.01；

鳞茎类蔬菜 0.01、芸薹属类蔬菜 0.01、叶菜类蔬菜 0.01、茄果类蔬菜 0.01、瓜类蔬菜 0.01、豆类蔬菜 0.01、茎类蔬菜 0.01、根茎类和薯芋类蔬菜 0.01、水生类蔬菜 0.01、芽菜类蔬菜 0.01、其他类蔬菜 0.01；

柑橘类水果 0.01、仁果类水果 0.01、核果类水果 0.01、浆果和其他小型水果 0.01、热带和亚热带水果 0.01、瓜果类水果 0.01。

2. 存在的突出问题

① 对人有潜在致癌危险，对动物有致癌作用。

② 杀虫脒代谢物对氯邻甲苯胺为人类致癌物。

3. 管理情况

（1）国内管理情况

2002 年，中华人民共和国农业部公告第 199 号中明令禁止使用杀虫脒。

2019 年，农业农村部农药管理司将其列入《禁限用农药名录》中的禁止（停止）使用的农药。

（2）境外管理情况

杀虫脒是一种重要的棉花杀虫剂，美国于 1968 年经政府批准开始使用。1976 年 9 月，生产杀虫脒的美国厂商，决定停止销售，并收回市场上的存货，原因是初步试验发现杀虫脒在田鼠体内致癌。美国环保局考虑到杀虫脒的生产单位已自动撤回其产品，因而未颁布禁用此药的决定。

（六）二溴乙烷

1. 基本信息

中文通用名称：二溴乙烷。
英文通用名称：ethylene dibromide。
化学名称：1,2-二溴乙烷。
CAS 号：106-93-4。

（1）理化性质

分子式：$C_2H_4Br_2$。
分子量：187.9。
化学结构式：

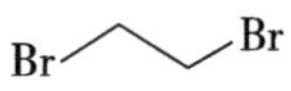

性状：无色，略带甜味，液体。
熔点：9.3 ℃。
闪点：17.0 ℃。
相对密度：2.172（25 ℃）。
蒸气压：1.5×10^6 mPa（25 ℃）；5.2×10^6 mPa（48 ℃）。
logKow：1.76。
溶解度：水 4.3 g/L（30 ℃），溶于乙醚、乙醇和最常见的有机溶剂。

（2）作用方式与用途

能够防治线虫、金针虫等地下害虫，也用于熏蒸仓库。

（3）最大残留限量

《食品安全国家标准　食品中农药最大残留限量》（GB 2763—2021）中没有二溴乙烷的最大残留限量标准。

2. 存在的突出问题

具有致畸、致癌和致突变作用，可导致不可逆的 DNA 损伤。

3. 管理情况

（1）国内管理情况

2002 年，中华人民共和国农业部公告第 199 号中明令禁止使用二溴乙烷。

2019 年，农业农村部农药管理司将其列入《禁限用农药名录》中的禁止（停止）使用的农药。

（2）境外管理情况

1984 年，美国环保局禁止将二溴乙烷用于土壤、粮食和加工业（磨面）。

（七）除草醚

1. 基本信息

中文通用名称：除草醚。

英文通用名称：nitrofen。

化学名称：2,4-二氯苯基-4′-硝基苯基醚。

CAS 号：1836-75-5。

（1）理化性质

分子式：$C_{12}H_7Cl_2NO_3$。

分子量：284.1。

化学结构式：

性状：针状结晶。

熔点：70~71 ℃。

闪点：171.9 ℃。

相对密度：1.451。

蒸气压：1.06 mPa（40 ℃）。

溶解度：水 0.7~1.2 mg/L（22 ℃）。

（2）作用方式与用途

除草醚是具有一定选择性的触杀型除草剂，主要作用部位是杂草的幼芽。作用原理是干扰植物的呼吸作用，抑制 ATP 的生成，使营养的吸收、运输因能量缺乏而受到抑制。光强和温度对除草醚的药效有一定影响：该药在黑暗中不能发挥药效，见光才会产生活性，并且随光强增加，其活性增加，因此在晴天应用效果好，阴天不利于充分发挥作用；发挥药效的温度一般在 20 ℃以上，气温越高，除草效果越好，反之就差。

（3）环境归趋特征

水溶性低，在土壤中不易迁移，易被土壤吸附并累积在土壤表层。在土壤中易降解，降解半衰期为 2~14 d。

（4）毒理学数据

纯品大鼠急性经口 LD_{50} 为 1.9 g/kg；

原药大鼠急性经口 LD_{50} 为 2.37 g/kg；

大鼠亚慢性经口最大无作用剂量为 100 mg/kg；

鲤鱼 TLm（48 h）为 300 mg/L。

（5）最大残留限量

《食品安全国家标准　食品中农药最大残留限量》（GB 2763—2021）中没有除草醚的最大残留限量标准和 ADI 值。

2. 存在的突出问题

除草醚具有致畸、致突变、致癌作用。

3. 管理情况

（1）国内管理情况

2002 年，中华人民共和国农业部公告第 199 号中明令禁止使用除草醚。

2019 年，农业农村部农药管理司将其列入《禁限用农药名录》中的禁止（停止）使用的农药。

（2）境外管理情况

1980 年 8 月 21 日，美国环保局取消了除草醚在美国的使用。

（八）艾氏剂

1. 基本信息

中文通用名称：艾氏剂。

英文通用名称：aldrin。

化学名称：六氯-六氢-二甲撑萘。

CAS 号：309-00-2。

（1）理化性质

分子式：$C_{12}H_8C_6O$。

分子量：364.9。

化学结构式：

性状：白色无臭晶体。

熔点：104~104.5 ℃。

闪点：65.0 ℃。

相对密度：1.56（25 ℃）。

蒸气压：8.6 mPa（20 ℃）。

亨利常数：4.44 Pa·m³/mol。

logKow：5.17～7.4。

溶解度：水 0.027 mg/L（27 ℃）；在丙酮，苯和二甲苯中>600 g/L（27 ℃）。

（2）作用方式与用途

是一种极为有效的杀虫剂，具有触杀和胃毒作用。可用于防治土壤害虫，如白蚁、蚂蚁，也用于保护木材。

（3）环境归趋特征

生物降解缓慢，土壤和地表水中的半衰期在 20 d～1.6 a，具有中等程度的持久性。吸附常数为 400～28 000 mL/g，在土壤中属易吸附到较难吸附农药。生物富集系数为 735～20 000，为中等富集到高富集性农药。

（4）毒理学数据

美洲鹑的急性经口 LD_{50} 为 6.59 mg/kg；

鱼类的急性经口 LC_{50}（24 h）为 0.018～0.089 mg/L。

（5）每日允许摄入量（ADI）

0.000 1 mg/kg bw。

（6）最大残留限量（mg/kg）

稻谷 0.02、麦类 0.02、旱粮类 0.02、杂粮类 0.02、成品粮 0.02；

大豆 0.05；

鳞茎类蔬菜 0.05、芸薹属类蔬菜 0.05、叶菜类蔬菜 0.05、茄果类蔬菜 0.05、瓜类蔬菜 0.05、豆类蔬菜 0.05、茎类蔬菜 0.05、根茎类和薯芋类蔬菜 0.05、水生类蔬菜 0.05、芽菜类蔬菜 0.05、其他类蔬菜 0.05；

柑橘类水果 0.05、仁果类水果 0.05、核果类水果 0.05、浆果和其他小型水果 0.05、热带和亚热带水果 0.05、瓜果类水果 0.05；

茶叶 0.2；

哺乳动物肉类（海洋哺乳动物除外）0.2（以脂肪计）；

禽肉类 0.2（以脂肪计）；

蛋类 0.1；

生乳 0.006。

2. 存在的突出问题

① 属于持久性有机污染物。

② 美国已将艾氏剂列为致癌物质。

3. 管理情况

（1）国内管理情况

1990 年国家质量技术监督局发布《危险货物品名表》（GB 12268—90），对 1986 年国家标准局发布的《危险货物分类与品名编号》（GB 6944—86）进行了细化，将艾氏剂列入第 6 类第 1 项毒害品。

1994 年国家环保局、海关总署和对外贸易经济合作部发布《化学品首次进口及有毒化学品进出口环境管理规定》，将艾氏剂列入中国禁止或严格限制类有毒化学品名单。

2002 年，中华人民共和国农业部公告第 199 号中明令禁止使用艾氏剂。

2019 年，农业农村部农药管理司将其列入《禁限用农药名录》中的禁止（停止）使用的农药。

（2）境外管理情况

澳大利亚从 1994 年 6 月起禁止使用杀虫剂艾氏剂。

2001 年被列入《斯德哥尔摩公约》。

（九）狄氏剂

1. 基本信息

中文通用名称：狄氏剂。

英文通用名称：dieldrin。

化学名称：(lR,4S,4aS,5R,6R,7S,8S,8aR)-1,2,3,4,10,10-六氯-1,4,4a,5,6,7,8,8a-八氢-6,7-环氧-l,4,5,8-二亚甲基萘。

CAS 号：60-57-1。

（1）理化性质

分子式：$C_{12}H_8Cl_6O$。

分子量：380.9。

化学结构式：

性状：白色无臭晶体。

熔点：175~176 ℃。

闪点：65.0 ℃。

相对密度：1.62（20 ℃）。

蒸气压：0.4 mPa（20 ℃）。

亨利常数：1.01 Pa·m³/mol。

logKow：0.704。

溶解度：水 0.186 mg/L（20 ℃）。

（2）作用方式与用途

狄氏剂主要用于防治蝼蛄、蛴螬、金针虫等地下害虫，也可用于防治黏虫、玉米螟、蝗虫及棉花害虫。除此之外，其对白蚁的防治也有效，但对蚜、螨的效果很差。

（3）环境归趋特征

易挥发，不易水解。在土壤中难降解，半衰期约 7 a。生物富集系数为 3 300～14 500，为高生物富集性农药。

（4）毒理学数据

大鼠的急性经口 LD_{50} 为 37～87 mg/kg；

大鼠的急性经皮 LD_{50} 为 60～90 mg/kg。

（5）每日允许摄入量（ADI）

0.000 1 mg/kg bw。

（6）最大残留限量（mg/kg）

稻谷 0.02、麦类 0.02、旱粮类 0.02、杂粮类 0.02、成品粮 0.02；

大豆 0.05；

鳞茎类蔬菜 0.05、芸薹属类蔬菜 0.05、叶菜类蔬菜 0.05、茄果类蔬菜 0.05、瓜类蔬菜 0.05、豆类蔬菜 0.05、茎类蔬菜 0.05、根茎类和薯芋类蔬菜 0.05、水生类蔬菜 0.05、芽菜类蔬菜 0.05、其他类蔬菜 0.05；

柑橘类水果 0.02、仁果类水果 0.02、核果类水果 0.02、浆果和其他小型水果 0.02、热带和亚热带水果 0.02、瓜果类水果 0.02；

哺乳动物肉类（海洋哺乳动物除外）0.2（以脂肪计）；

禽肉类 0.2（以脂肪计）；

蛋类（鲜）0.1；

生乳 0.006。

2. 存在的突出问题

属于持久性有机污染物，为致癌物质。

3. 管理情况

（1）国内管理情况

1990 年国家质量技术监督局发布《危险货物品名表》（GB 12268—90），对 1986 年国家标准局发布的《危险货物分类与品名编号》（GB 6944—86）进行了细化，将狄氏剂列入第 6 类第 1 项毒害品。

1994 年国家环保局、海关总署和对外贸易经济合作部发布《化学品首次进口及有毒化学品进出口环境管理规定》，将狄氏剂列入中国禁止或严格限制类有毒化学品名单。

2002 年，中华人民共和国农业部公告第 199 号中明令禁止使用狄氏剂。

2019 年，农业农村部农药管理司将其列入《禁限用农药名录》中的禁止（停止）使用的农药。

（2）境外管理情况

1972 年，美国环保局颁布关于狄氏剂的禁用令。

澳大利亚从 1994 年 6 月起禁止使用杀虫剂狄氏剂。

2001 年被列入《斯德哥尔摩公约》。

（十）汞制剂

1. 基本信息

汞制剂作为杀菌剂具有悠久的历史，早在 1705 年氯化汞就被推荐作为木材防腐剂，1755 年氯化汞又开始用于小麦腥黑穗病的防治。两个世纪以后，1913 年里姆（E. Riehm）首先使用有机汞处理种子防治小麦黑穗病。1914 年以后赛力散（醋酸苯汞）作为杀菌剂用于种子处理和以石灰粉稀释喷粉防治水稻稻瘟病。从此，有机汞作为杀菌剂，尤其是作为种子消毒剂得到迅速发展。后来，在保持药效高、用量低的前提下，在增大分子量降低汞用量、扩大杀菌谱、降低对温血动物的毒性方面取得了很大进展，有近 20 个有机汞杀菌剂品种商品化。

有机汞杀菌剂按化学结构可分为两大类。一类为烷基汞类，主要品种有氯化乙汞（西力生）、甲氧乙氯汞、磷酸乙汞、碘化甲汞、氰化甲汞、氰胍甲汞、氰胍乙汞等；另一类为芳基、芳氨基、芳氧基与芳硫基汞类，主要品种有氯化苯汞、醋酸苯汞（赛力散）、磺胺苯汞、磺胺乙汞、福美苯汞、苯汞铵、碘化苯汞、亚胺甲汞、亚胺乙汞、萘磺汞、喹啉甲汞等。按其使用方法又可分为种子消毒剂、喷撒剂和土壤处理剂。有机汞杀菌剂几乎都可作为种子消毒剂，但是能够喷洒或喷粉施用的只有醋酸苯汞、磺胺苯汞、福美苯汞、碘化苯汞、亚胺乙汞等数种。可用作土壤处理的有甲氧乙氯汞、磷酸乙汞等。在有机汞杀菌剂中最重要的品种是醋酸苯汞和氯化乙汞。

高效，杀菌力强是这类杀菌剂的主要特点。种子处理用量一般为种子量的 0.2%～0.3%，最高不超过 1%。田间喷洒或喷粉，以汞量计为 20～30 g/hm²。因此汞剂使用成本低廉，广泛应用在麦、棉等种子处理上，对水稻稻瘟病、叶枯病效果显著。汞种子处理剂具有包括对真菌和细菌的广谱生物活性，能有效防治种子和苗期的病害，如大麦坚黑穗病、大麦条纹病以及由大量真菌引起的种腐、苗腐病害。

（1）氯化乙汞

中文通用名称：氯化乙汞。

英文通用名称：mercuric ethyl chloride。

化学名称：氯化乙基汞。

CAS 号：107-27-7。

分子式：C_2H_5ClHg。

分子量：265.1。

性状：纯品为白色结晶。

熔点：193 ℃。

作用方式与用途：汞抑制病原菌所有的酶，能使蛋白质凝固或变性，而致病原菌死亡。杀菌毒力高于醋酸苯汞，但田间喷洒时易挥发，持效性较差，防治稻瘟病的效果不如醋酸苯汞。主要用于拌种：以 2% 粉剂拌种防治麦类黑穗病、条斑病；燕麦、谷子、大豆等种传病害的用药量为种子量的 0.3%；防治棉花立枯病、炭疽病的用量为种子量的

0.4%~0.5%。它与五氯硝基苯制成的五西合剂，拌种防治棉花立枯病和炭疽病，效果更佳。

环境归趋特征：挥发性较强，遇光易分解。

毒理学数据：对温血动物高毒，小白鼠急性口服 LD_{50} 为 30 mg/kg。

（2）醋酸苯汞

中文通用名称：醋酸苯汞。

英文通用名称：phenyl mercuric acetate。

化学名称：乙酸苯汞。

CAS 号：62-38-4。

分子式：$C_8H_8HgO_2$。

分子量：336.8。

性状：纯品为白色结晶。

熔点：149 ℃。

溶解度：不溶于水，微溶于乙醇、苯，易溶于乙酸、丙酮。

作用方式与用途：汞抑制病原菌所有的酶，能使蛋白质凝固或变性，而致病原菌死亡。禾谷类以种子量 0.2%~0.3% 的剂量拌种即可有效地防治麦类和高粱的黑穗病、谷子白发病、水稻稻瘟病和白叶枯病；以种子量 0.8% 剂量拌种可防治棉花立枯病和炭疽病；田间喷粉防治水稻稻瘟病的汞用量为 25~30 g/hm^2。

毒理学数据：对温血动物高毒、雏鼠急性口服 LD_{50} 为 40 mg/kg。

汞制剂最大残留限量：《食品安全国家标准　食品中农药最大残留限量》（GB 2763—2021）中没有汞制剂的最大残留限量标准和 ADI 值。

2. 存在的突出问题

① 存在严重的残留毒性问题，长期大量使用汞制剂，累积在植物、土壤和水中的汞，通过食物链危害生物、牲畜和人体。

② 有机汞毒性比金属汞蒸气和无机汞盐大，有机汞具有较大的脂溶性，能通过血脑屏障进入脑内，进入人体后，易在人体内蓄积。

③ 对哺乳动物毒性高，易在人和动物体内积累而导致汞中毒。

3. 国内管理情况

2002 年，中华人民共和国农业部公告第 199 号中明令禁止使用汞制剂。

2019 年，农业农村部农药管理司将其列入《禁限用农药名录》中的禁止（停止）使用的农药。

（十一）砷　类

1. 基本信息

无机砷制剂有效成分为含砷化合物。主要品种有亚砷酸酐、砷酸铅和砷酸钙。

亚砷酸酐（又称白砒、砒霜、信石）有 3 种不同的异形体：无定形，无色玻璃状固体，相对密度 3.720，在潮湿空气中逐渐转变成八面体结晶；八面体结晶，相对密度 3.689，是最主要、最常见、最稳定的形态，加热至 125～150 ℃时，开始升华；斜方形结晶，熔点 315 ℃，相对密度 3.950，可溶于水，水溶液呈酸性，易溶于碱性溶液，不溶于有机溶剂，对高等动物高毒，对鱼类等水生生物毒性较高，大鼠急性经口 LD_{50} 为 20 mg/kg，无积累作用。

砷酸铅有多种，作为杀虫剂使用的是酸式砷酸铅，白色板状结晶或无定形粉末，难溶于水，不溶于有机溶剂，可溶于酸和碱，在碱性溶液中会产生可溶性砷，引起药害，对光和空气稳定。对高等动物高毒。

砷酸钙有多种，作为杀虫剂使用的是碱式砷酸钙，白色或灰白色粉末，微溶于水，可溶于酸，对高等动物高毒，大鼠急性经口 LD_{50} 为 20 mg/kg。砷酸钙对鱼类等水生生物毒性较高。

无机砷制剂主要属原生质毒剂，具有胃毒作用，砷酸铅还有一定的触杀作用，无内吸及熏蒸作用。杀虫谱较广，对咀嚼式口器害虫有效。应用加工成粉剂、可湿性粉剂、糊剂和毒饵使用。亚砷酸酐和砷酸钙配制成毒饵用于防治地下害虫、蝗虫和灭鼠。砷酸铅和砷酸钙加工成粉剂和可湿性粉剂用于防治危害水稻、棉花、果树、蔬菜的咀嚼式口器害虫，如砷酸铅可用于防治稻苞虫、稻螟蛉、棉红铃虫、卷叶虫、金刚钻、小造桥虫、枣尺蠖、梨尺蠖、柿星尺蠖、木撩尺蠖、苹果食心虫、苹果蠹蛾、梨小食心虫、舞毒蛾、菜青虫等。砷酸钙可用于防治稻负泥虫、烟青虫、黏虫、各种叶甲、棉铃虫、棉铃象甲、玉米螟、枣尺蠖、苹果蠹蛾、二十八星瓢虫等。

因会产生药害，亚砷酸酐不能直接施于作物，砷酸铅不能用于桃、梅、杏、柿、大豆、菜豆等作物，砷酸钙不能用于梨、柿、桃、杏、大豆等作物。为防止产生药害，在施用砷制剂时须特别谨慎。施药时须注意劳动保护，施药后须防止人、畜进入施药区，以免中毒。

有机砷制剂为化学结构中含砷的有机合成杀菌剂。砷酸盐和亚砷酸盐具有杀菌活性已早为人知，但有实用意义的有机砷作为杀菌剂是 1931 年德国拜耳公司首先推荐的种子处理剂甲基硫砷（asazine）。1953 年拜耳公司又推出了福美甲胂。1960 年日本三井公司推荐了磺原胂（mongalit），1963 年日本组合化学工业公司与北兴化学工业公司分别发展了田安和月桂胂。60 年代中国也相继开发了田安、甲基胂酸锌、福美胂等有机砷杀菌剂。由于砷制剂存在残毒问题，70 年代以后发展受到了限制。我国主要的有机砷杀菌剂为田安和甲基胂酸锌。

（1）田安

分子式：$(CH_3AsO_3)_2FeNH_4$ 或 $(CH_3AsO_3)_4Fe_2 \cdot nNH_4$。

理化性质：纯品为棕色粉末，工业品为棕红色水溶液，具有氨臭味，5%～5.7%的水溶液相对密度为 1.1～1.2，工业品用水稀释后为红色透明液体，pH 值为 8～9。对光和热稳定，但对碱和酸均不稳定，遇强碱分解逸出氨气，沉淀出褐色的甲基胂酸铁及氢氧化铁；遇酸则先有沉淀析出，而后慢慢溶解并解离。

毒理学数据：纯品大鼠急性经口 LD_{50} 为 10 000 mg/kg；小鼠急性经口 LD_{50} 为 707 mg/kg；对皮肤及黏膜有刺激作用。

作用方式及用途：能使菌体内丙酮酸累积，使菌体发生变异，从而达到防病的效果；主要用于水稻纹枯病，葡萄炭疽病、白腐病、白粉病，瓜类炭疽病，人参斑点病等病害的防治，防治水稻纹枯病通常采用喷洒方法。

（2）甲基胂酸锌

分子式：$CH_3AsO_3Zn \cdot H_2O$。

理化性质：纯品为有金属光泽的晶体，原药为白色粉末，难溶于水和多种有机溶剂，微溶于酸性介质中，性质稳定，遇光和热不易分解。

毒理学数据：小鼠急性经口 LD_{50} 为 468 mg/kg；大鼠急性经皮 LD_{50} 为 1 000 mg/kg。

作用方式及用途：抑制菌核萌发，防止病原菌侵入稻株体内。在已被侵染的水稻植株上，则抑制菌丝生长、杀死病原菌、减少菌核形成，控制病害扩展。对防治水稻纹枯病有特效，可采用喷雾、泼浇、毒土撒施等方法。

砷制剂最大残留限量：《食品安全国家标准 食品中农药最大残留限量》（GB 2763—2021）中没有砷制剂的最大残留限量标准和 ADI 值。

2. 存在的突出问题

① 土壤和作物中砷富集。

② 砷与巯基形成稳定的化合物，抑制细胞内含巯基的细胞呼吸酶，高浓度的砷可完全抑制细胞呼吸而引起细胞死亡。使机体的新陈代谢发生障碍，神经系统、毛细血管、肝脏和心肌均有明显损伤。砷可引起皮肤癌、肺癌、淋巴细胞瘤和造血系统癌症等，也具有致突变作用。

3. 国内管理情况

2002 年，中华人民共和国农业部公告第 199 号中明令禁止使用砷类农药。

2019 年，农业农村部农药管理司将其列入《禁限用农药名录》中的禁止（停止）使用的农药。

（十二）铅类

1. 基本信息

铅类农药主要有砷酸铅、磷化铅。

（1）砷酸铅

工业品砷酸铅由正砷酸铅 $Pb_3(AsO_4)_2$ 和酸式砷酸铅 $PbHAsO_4$ 所组成，其中 95% 以上是 $PbHAsO_4$，工业上习惯把酸式砷酸铅称为砷酸铅。

性状：纯品应为白色或无色透明、单斜晶系板状或菱形结晶或无定形粉末。

熔点：1 042 ℃（分解）。

相对密度：5.79。

溶解度：不溶于水，溶于氨水、氢氧化钠水溶液。在热水中或在潮湿空气中长期储放易发生水解，释放出砷酸。可溶于硝酸、碱液中，遇碱或与硬水混合则产生可溶性砷。在

200 ℃以下稳定，在 280 ℃以上失水形成焦砷酸铅。

作用方式与用途：酸式砷酸铅杀虫剂，有胃毒和一定触杀作用，用于防治果树的卷叶蛾、梨星毛虫、棉花的棉红铃虫等。

毒理学数据：大鼠急性经口 LD_{50} 为 125 mg/kg；兔急性经口 LD_{50} 为 100 mg/kg。

（2）磷化铅

分子式 PbP_5，分子量 362.1，黑色不稳定可燃物，在加热时随磷的失去而解离；真空中 400 ℃及遇水及稀酸均分解。可用作熏蒸剂，会产生磷化氢气体；也用于种子储存、粮食仓库等；用磷化铅熏蒸，每立方米库容用药 3~6 g，施药时要严格遵守操作规程，防止磷化铅与水接触，爆炸起火。

铅类农药最大残留限量：《食品安全国家标准　食品中农药最大残留限量》（GB 2763—2021）中没有铅类农药的最大残留限量标准和 ADI 值。

2. 存在的突出问题

① 会造成铅的累积。

② 对所有动物都有毒性作用，对蛋白代谢、细胞能量平衡及细胞的遗传系统有较大的影响。

3. 国内管理情况

2002 年，中华人民共和国农业部公告第 199 号中明令禁止使用铅类农药。

2019 年，农业农村部农药管理司将其列入《禁限用农药名录》中的禁止（停止）使用的农药。

（十三）敌枯双

1. 基本信息

中文通用名称：敌枯双。

英文通用名称：bis-ADTA。

化学名称：N,N-甲撑-双(2-氨基-1,3,4-噻二唑)。

CAS 号：26907-37-9。

（1）理化性质

分子式：$C_5H_6N_6S_2$。

分子量：214.3。

化学结构式：

性状：白色短针状结晶。

熔点：197~198 ℃。

闪点：196.4 ℃。

相对密度：1.719。

溶解度：微溶于水（15 ℃时溶解约 0.5%，沸水约 1.2%）；稍溶于异丙醇和冰醋酸；可溶于二甲基甲酰胺、稀盐酸和苯等芳烃类溶剂。

（2）作用方式与用途

敌枯双为选择性内吸杀菌剂，主要用于防治植物细菌病害。对水稻白叶枯病、细菌性条斑病、柑橘溃疡病、番茄、花生青枯病等，具有保护和治疗作用。有较长的残效，可叶面喷洒、土壤浇灌等。

（3）环境归趋特征

中性或碱性水溶液中稳定，酸性条件下可分解成为二分子敌枯唑和一分子甲醛。

（4）毒理学数据

小鼠急性经口 LD_{50} 为 2 250 mg/kg；

大鼠急性经口 LD_{50} 为 260 mg/kg；

人畜皮肤接触药剂的蒸气或粉尘，最易在黏膜部位产生类似药物性皮炎和接触性皮炎症状，造成糜烂；

致畸试验记录大鼠交配后第 6 d 起每日经口暴露 0.1 mg/kg，连续 6 d 可引起致畸，或大鼠交配后 10 d 一次给药 1 mg/kg，也可以致畸。

（5）最大残留限量

《食品安全国家标准　食品中农药最大残留限量》（GB 2763—2021）中没有敌枯双的最大残留限量标准和 ADI 值。

2. 存在的突出问题

对试验动物（大鼠、小鼠和猴）有致畸作用。敌枯双的使用，虽在稻米中残留不高，但由于大气、土壤、河流、水生动植物、鸟类、家禽家畜等受到污染，均能通过食物链而影响人类。

3. 国内管理情况

2002 年，中华人民共和国农业部公告第 199 号中明令禁止使用敌枯双。

2019 年，农业农村部农药管理司将其列入《禁限用农药名录》中的禁止（停止）使用的农药。

（十四）氟乙酰胺

1. 基本信息

中文通用名称：氟乙酰胺。

英文通用名称：fluoroacetamide。

化学名称：氟乙酰胺。

CAS 号：640-19-7。

（1）理化性质

分子式：C_2H_4FNO。

分子量：77.1。

化学结构式：

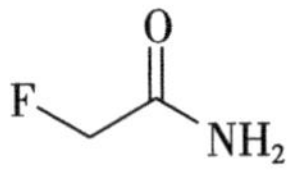

性状：白色针状结晶。

熔点：108 ℃。

闪点：110.4 ℃。

相对密度：1.136。

蒸气压：1.77 mPa（25 ℃）。

logKow：−1.05。

溶解度：易溶于水，溶于丙酮，中度溶于乙醇，微溶于脂族和芳族烃。

（2）作用方式与用途

氟乙酰胺具有内吸和触杀作用，用于防治棉花、大豆、高粱、小麦和苹果的蚜虫，柑橘介壳虫，森林螨类等效果很好，尤其对棉花抗性蚜虫特别有效。也用作杀鼠剂。

（3）环境归趋特征

易挥发进入大气中。在大气中，易与羟基自由基反应而发生降解，半衰期为 7.8 d；中性条件下难水解，水解半衰期为 2.4 a。在土壤中难吸附，吸附常数为 6.4 mL/g。低生物富集性，生物富集系数为 3。

（4）毒理学数据

褐鼠急性经口 LD_{50} 约 13 mg/kg；

人类口服半致死量为 2~10 mg/kg。氟乙酰胺进入人体后形成氟乙酸，干扰正常的三羧酸循环，导致三磷酸腺苷合成障碍及氟柠檬酸直接刺激中枢神经系统，引起神经及精神症状。

（5）最大残留限量

《食品安全国家标准　食品中农药最大残留限量》（GB 2763—2021）中没有氟乙酰胺的最大残留限量标准和 ADI 值。

2. 存在的突出问题

对人畜高毒，还能引起二次中毒。

3. 管理情况

（1）国内管理情况

1982 年，农牧渔业部和卫生部颁发的《农药安全使用规定》中规定不许把氟乙酰胺作为灭鼠药销售和使用。

2002 年，中华人民共和国农业部公告第 199 号中明令禁止使用氟乙酰胺。

2019 年，农业农村部农药管理司将其列入《禁限用农药名录》中的禁止（停止）使用的农药。

（2）境外管理情况

1991 年列入《鹿特丹公约》PIC 名单。

（十五）甘氟

1. 基本信息

中文通用名称：甘氟。

英文通用名称：gliftor。

化学名称：1,3-二氟-2-丙醇和 1-氯-3-氟-2-丙醇的混合物。

CAS 号：8065-71-2。

（1）理化性质

分子式：$C_3H_6F_2O$、C_3H_6FClO。

分子量：96.0（1,3-二氟-2-丙醇）、112.5（1-氯-3-氟-2-丙醇）。

化学结构式：

性状：无色或微黄色油状液体。

熔点：55 ℃。

闪点：42.2 ℃。

相对密度：1.244（20 ℃）。

溶解度：与水、乙醇、乙醚互溶。

1965 年，苏联将其用于灭鼠，当时有效成分为 1,3-二氟-2-丙醇，后又加入 1-氯-3-氟-2-丙醇，两者比例分别为 70% 和 30%。商品原油有效成分大于 80%。我国于 1985 年开始试产，1989 年 5 月 25 日由江苏省泗阳县鼠药厂取得 75% 原药临时登记。1997 年批准北京昌化精细化工厂 1.5% 毒饵临时登记。

（2）作用方式与用途

属急性速效含氟杀鼠剂，能通过皮肤吸收，可经消化系统、呼吸系统或皮肤接触致鼠中毒死亡。具有灭效高、残效期短、不易产生抗药性等优点，主要用于杀灭农田害鼠和草原害鼠。

（3）毒理学数据

大鼠急性经口 LD_{50} 为 165 mg/kg；

小鼠急性经口 LD_{50} 为 96 mg/kg；

兔子急性经口 LD_{50} 为 7.6 mg/kg。

（4）最大残留限量

《食品安全国家标准 食品中农药最大残留限量》（GB 2763—2021）中没有甘氟的最

大残留限量标准和 ADI 值。

2. 存在的突出问题

毒性强，并且极易造成二次中毒：甘氟在生物体内可代谢转换成毒性更大的氟乙酸，氟乙酸可以使三羧酸循环受阻损害神经系统，导致一系列的病变，危害极大。

3. 国内管理情况

2002 年，中华人民共和国农业部公告第 199 号中明令禁止使用甘氟。

2019 年，农业农村部农药管理司将其列入《禁限用农药名录》中的禁止（停止）使用的农药。

（十六） 毒鼠强

1. 基本信息

中文通用名称：毒鼠强。

英文通用名称：tetramine。

化学名称：2,6-二硫-1,3,5,7-四氮三环-[3,3,1,1,3,7]癸烷-2,2,6,6-四氧化物。

CAS 号：80-12-6。

（1）理化性质

分子式：$C_4H_8N_4O_4S_2$。

分子量：240.3。

化学结构式：

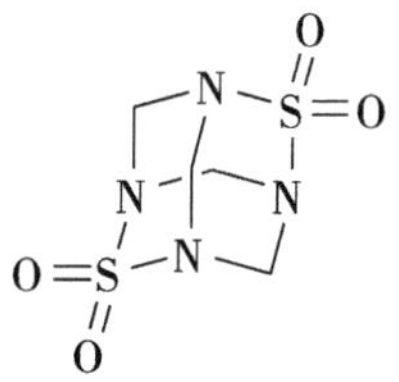

性状：白色轻质粉末。

闪点：255.1 ℃。

相对密度：2.28。

溶解度：水 0.25 g/L，微溶于丙酮，不溶于甲醇和乙醇，易溶于苯、乙酸乙酯，微溶于水、二甲基亚砜，不溶于甲醇和乙醇。

（2）作用方式与用途

毒鼠强属惊厥性毒剂，杀鼠毒力大于毒鼠碱。适口性良好，作用非常快，在大剂量时，中毒动物在 3 min 内即死亡，中毒症状主要是阵发性抽搐。

（3）毒理学数据

大鼠急性经口 LD_{50} 为 0.1~0.3 mg/kg。

（4）最大残留限量

《食品安全国家标准 食品中农药最大残留限量》（GB 2763—2021）中没有毒鼠强的最大残留限量标准和 ADI 值。

2. 存在的突出问题

① 毒性大，其毒性是氰化钾的 100 倍，砒霜的 300 倍，5 mg 毒鼠强即可致人死亡，1 kg 可毒死 20 万人。

② 具有内吸性，其化学性质相当稳定，在植物体内可长期残留，对生态环境造成长期污染，即使被动物摄取后仍不能分解，吃了被毒鼠强毒死的动物仍可导致二次中毒。

3. 国内管理情况

2002 年，中华人民共和国农业部公告第 199 号中明令禁止使用毒鼠强。

2019 年，农业农村部农药管理司将其列入《禁限用农药名录》中的禁止（停止）使用的农药。

（十七） 氟乙酸钠

1. 基本信息

中文通用名称：氟乙酸钠。
英文通用名称：sodium fluoroacetate。
化学名称：氟乙酸钠。
CAS 号：62-74-8。

（1）理化性质

分子式：$C_2H_2FNaO_2$。

分子量：100.0。

化学结构式：

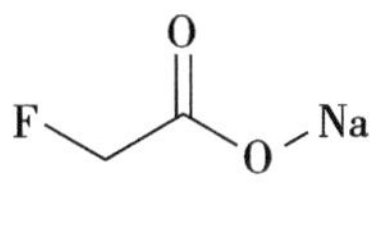

性状：白色粉末。

熔点：200 ℃。

pKa：2.72（25 ℃）。

溶解度：易溶于水，几乎不溶于乙醇、丙酮和石油。

（2）作用方式与用途

一种高效、内吸性强的有机氟农药，用于森林、农田、果园杀灭蚜虫、红蜘蛛、介壳虫等，又用作灭鼠剂。

（3）环境归趋特征

在环境介质中以阴离子的形式存在，在土壤中的吸附较弱。

（4）毒理学数据

对大多数哺乳动物和鸟类的致死剂量通常都在 10 mg/kg 以下；

大鼠的急性经口 LD_{50} 为 0.22 mg/kg；

小鼠的急性经口 LD_{50} 为 8.0 mg/kg。

氟乙酸钠在动物体内被代谢为高毒的氟代柠檬酸盐，此过程曾被称为"致死合成"。氟代柠檬酸盐在三羧酸循环（TCA）中使代谢中断，而这是产生能量的主要途径。氟代柠檬酸盐有 2 种作用机制：首先是使代谢柠檬酸盐的乌头酸酶受到抑制，其次是使柠檬酸盐在线粒体壁中的传动机制失活。中毒症状可以延缓到几小时后出现，这将视不同种类的动物而异，受到主要影响的器官是心脏和中枢神经系统。在食草动物中心脏是主要的；而对于食肉类动物，主要出现的是中枢神经受到抑制和抽搐；在杂食类动物中，心脏和中枢神经系统的症状均有表现。除此之外，氟乙酸钠还存在二次毒性的问题。

（5）最大残留限量

《食品安全国家标准　食品中农药最大残留限量》（GB 2763—2021）中没有氟乙酸钠的最大残留限量标准和 ADI 值。

2. 存在的突出问题

剧毒农药，可经皮肤、呼吸道、消化道等多种途径吸收中毒，并能引起极严重的二次中毒。氟乙酸钠农药毒性大，性质稳定，在体内及自然界中不易分解。

3. 国内管理情况

2002 年，中华人民共和国农业部公告第 199 号中明令禁止使用氟乙酸钠。

2019 年，农业农村部农药管理司将其列入《禁限用农药名录》中的禁止（停止）使用的农药。

（十八）毒鼠硅

1. 基本信息

中文通用名称：毒鼠硅。

英文通用名称：silatrane。

化学名称：1-(4-氯苯基)-2,8,9-三氧代-5-氮-1-硅双环(3,3,3)十一烷。

CAS 号：29025-67-0。

（1）理化性质

分子式：$C_{12}H_{16}ClNO_3Si$。

分子量：285.8。

化学结构式：

性状：白色结晶粉末。

熔点：230~235 ℃。

闪点：141.2 ℃。

相对密度：1.28。

蒸气压：82.9 mPa（25 ℃）。

溶解度：难溶于水，易溶于苯、氯仿等有机溶剂。

（2）作用方式与用途

主要作用于运动神经，用于毒杀黄鼠、沙鼠，中毒鼠表现为兴奋、急跑、狂躁，常在痉挛后几分钟死亡。

（3）毒理学数据

小家鼠急性经口 LD_{50} 为 0.2~2.0 mg/kg。

（4）最大残留限量

《食品安全国家标准　食品中农药最大残留限量》（GB 2763—2021）中没有毒鼠硅的最大残留限量标准和 ADI 值。

2. 存在的突出问题

毒性强，作用快，中毒后无解剂。

3. 国内管理情况

2002 年，中华人民共和国农业部公告第 199 号中明令禁止使用毒鼠硅。

2019 年，农业农村部农药管理司将其列入《禁限用农药名录》中的禁止（停止）使用的农药。

（十九）甲胺磷

1. 基本信息

中文通用名称：甲胺磷。

英文通用名称：methamidophos。

化学名称：O-甲基-S-甲基-硫代磷酸酰胺。

CAS 号：10265-92-6。

（1）理化性质

分子式：$C_2H_8NO_2PS$。

分子量：141.1。

化学结构式：

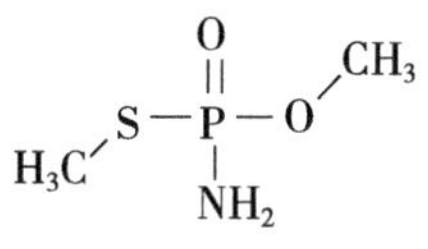

$$H_3C-S-\overset{\overset{O}{\|}}{\underset{\underset{NH_2}{|}}{P}}-O-CH_3$$

性状：白色针状结晶。

熔点：45 ℃。

闪点：212.0 ℃。

相对密度：1.27（20 ℃）。

蒸气压：2.3 mPa（20 ℃）；4.7 mPa（25 ℃）。

亨利常数：<$1.6×10^{-6}$ Pa·m^3/mol（20 ℃）。

logKow：−0.8（20 ℃）。

溶解度：水>200 g/L（20 ℃），异丙醇和二氯甲烷>200，己烷 0.1~1，甲苯 2~5（g/L，20 ℃）。

（2）作用方式与用途

胆碱酯酶的抑制剂，具有触杀和胃毒作用的内吸、传导性杀虫剂，具有一定的熏蒸作用。它能够抑制胆碱酯酶的活性，使乙酰胆碱在突触处大量积累，干扰神经冲动的正常传导，导致昆虫死亡。对螨类还有杀卵作用，杀虫范围广，持效期长，对蚜、螨可持效 10 d 左右，对飞虱、叶蝉约 15 d，对鳞翅目幼虫胃毒作用小于敌百虫，而对蝼蛄、蛴螬等地下害虫防效优于对硫磷。

（3）环境归趋特征

在土壤中易降解，降解半衰期在田间<2 d，在水中 5~27 d（pH 值 7）。易光解，光解半衰期为 0.578 d。

（4）毒理学数据

大鼠急性经口 LD_{50} 为雄 15.6 mg/kg，雌 13.0 mg/kg；

大鼠吸入 LC_{50}（4 h）为 213 mg/m^3 空气；

山齿鹑急性经口 LD_{50} 为 10 mg/kg；

日本鹌鹑 LC_{50}（5 d）为 92 mg/L；

虹鳟鱼 LC_{50}（96 h）为 25 mg/L；

大型溞 EC_{50}（48 h）为 0.27 mg/L；

羊角月牙藻 E_rC_{50}（96 h）>178 mg/L。

（5）每日允许摄入量（ADI）

0.004 mg/kg bw。

（6）最大残留限量（mg/kg）

糙米 0.5、麦类 0.05、旱粮类 0.05、杂粮类 0.05；

棉籽 0.1；

鳞茎类蔬菜 0.05、芸薹属类蔬菜 0.05、叶菜类蔬菜 0.05、茄果类蔬菜 0.05、瓜类蔬菜 0.05、豆类蔬菜 0.05、茎类蔬菜 0.05、根茎类和薯芋类蔬菜 0.05（萝卜除外）、萝卜 0.1、水生类蔬菜 0.05、芽菜类蔬菜 0.05、其他类蔬菜 0.05；

柑橘类水果 0.05、仁果类水果 0.05、核果类水果 0.05、浆果和其他小型水果 0.05、热带和亚热带水果 0.05、瓜果类水果 0.05；

甜菜 0.02；

茶叶 0.05；

哺乳动物肉类（海洋哺乳动物除外）0.01；

哺乳动物内脏（海洋哺乳动物除外）0.01；

禽肉类 0.1；

禽肉内脏 0.1；

蛋类 0.01；

生乳 0.02；

叶类调味料 0.1；

干辣椒 0.1；

果类调味料 0.1；

种子类调味料 0.1；

根茎类调味料 0.1。

2. 存在的突出问题

① 高毒，人畜风险大。

② 防治害虫效果已大为下降，对天敌杀伤力大，引起稻飞虱、稻纵卷叶螟等害虫再度猖獗。

3. 管理情况

（1）国内管理情况

2002 年，中华人民共和国农业部公告第 199 号中规定甲胺磷不得用于蔬菜、果树、茶叶、中草药材上。

中华人民共和国农业部公告第 274 号规定自 2003 年 12 月 31 日起，撤销所有含甲胺磷的混配制剂的登记。

中华人民共和国农业部公告第 322 号规定自 2004 年 1 月 1 日起，撤销所有含甲胺磷的复配产品的登记证；自 2004 年 6 月 30 日起，禁止在国内销售和使用含甲胺磷的复配产品。自 2005 年 1 月 1 日起，除原药生产企业外，撤销其他企业含有甲胺磷的制剂产品的登记证。自 2007 年 1 月 1 日起，撤销含有甲胺磷的制剂产品的登记证，全面禁止甲胺磷在农业上使用，只保留部分生产能力用于出口。

中华人民共和国农业部、国家发展和改革委员会、国家工商行政管理总局、国家质量监督检验检疫总局公告第 632 号规定自 2007 年 1 月 1 日起，全面禁止在国内销售和使用甲胺磷。撤销所有含甲胺磷的登记证和生产许可证（生产批准证书）。

2008 年，国家发展改革委、农业部、国家工商总局、国家检验检疫总局、国家环保总局、国家安全监督总局第 1 号关于停止甲胺磷生产流通和使用的公告规定废止甲胺磷的农药产品登记证、生产许可证和生产批准证书。

2019 年，农业农村部农药管理司将其列入《禁限用农药名录》中的禁止（停止）使用的农药。

（2）境外管理情况

巴西从 2012 年 6 月 30 日开始取消有机磷类杀虫剂甲胺磷在该国的使用，而该产品的销售则提前至 2011 年底截止。2012 年 12 月 31 日取消含甲胺磷有效成分的混剂登记。

尼加拉瓜已经取消了所有含有甲胺磷的产品的登记。

（二十）甲基对硫磷

1. 基本信息

中文通用名称：甲基对硫磷。

英文通用名称：parathion-methyl。

化学名称：O,O-二甲基-O-(4-硝基苯基)硫代磷酸酯。

CAS 号：298-00-0。

（1）理化性质

分子式：$C_8H_{10}NO_5PS$。

分子量：263.2。

化学结构式：

性状：白色结晶。

熔点：35~36 ℃（29 ℃）。

闪点：46.1 ℃。

相对密度：1.358（20 ℃）。

蒸气压：0.2 mPa（20 ℃）；0.41 mPa（25 ℃）。

亨利常数：8.57×10^{-3} Pa·m^3/mol。

logKow：2.86。

溶解度：水 55 mg/L（20 ℃）；易溶于普通有机溶剂，例如二氯甲烷、甲苯>200，己烷 10~20（g/L，20 ℃）；微溶于石油醚和某些类型的矿物油。

（2）作用方式与用途

胆碱酯酶抑制剂，具有触杀、胃毒和熏蒸作用的广谱、非内吸性杀虫、杀螨剂。常用于防治棉花的棉铃象甲、蚜虫、叶螨、鳞翅目害虫，果树上的鳞翅目害虫、叶螨、椿象、长白蚧、吹绵蚧等，水稻的螟虫、纵卷叶螟、黏虫、稻象甲、叶蝉、飞虱等。

（3）环境归趋特征

在土壤中属中等吸附到较难吸附农药。在土壤中较难降解，土壤降解半衰期为 366~1 516 d，残留期取决于土壤 pH 值，在酸性土壤中（pH 值 3.8~4.2）可持留 5 个月；自然水体中易降解，水解半衰期为 6.5~13 d（40 ℃，pH 值<8），提高 pH 值和温度可加速甲基对硫磷的水解。

（4）毒理学数据

大鼠的急性经口 LD_{50} 约为 2 mg/kg（饲料）；

小鼠的急性经口 LD_{50}<60 mg/kg（饲料）；

雄大鼠急性经皮 LD_{50}（24 h）约 71 mg/kg；

雌大鼠急性经皮 LD_{50}（24 h）约 76 mg/kg；

大鼠吸入 LC_{50}（4 h）约 0.03 mg/L 空气（气溶胶）；

野鸭 LC_{50}（5 d）1 044 mg/kg；

虹鳟鱼 LC_{50}（96 h）1.5 mg/L；

大型溞 LC_{50}（48 h）0.002 5 mg/L；

羊角月牙藻 E_rC_{50} 为 3 mg/L。

（5）每日允许摄入量（ADI）

0.003 mg/kg bw。

（6）最大残留限量（mg/kg）

稻谷 0.02、麦类 0.02、旱粮类 0.02、杂粮类 0.02；

棉籽油 0.02；

鳞茎类蔬菜 0.02、芸薹属类蔬菜 0.02、叶菜类蔬菜 0.02、茄果类蔬菜 0.02、瓜类蔬菜 0.02、豆类蔬菜 0.02、茎类蔬菜 0.02、根茎类和薯芋类蔬菜 0.02、水生类蔬菜 0.02、芽菜类蔬菜 0.02、其他类蔬菜 0.02；

柑橘类水果 0.02、仁果类水果 0.01、核果类水果 0.02、浆果和其他小型水果 0.02、热带和亚热带水果 0.02、瓜果类水果 0.02；

甜菜 0.02、甘蔗 0.02；

茶叶 0.02。

2. 存在的突出问题

剧毒农药。

3. 管理情况

（1）国内管理情况

2002 年，中华人民共和国农业部公告第 199 号中规定甲基对硫磷不得用于蔬菜、果树、茶叶、中草药材上。

中华人民共和国农业部公告第 274 号规定自 2003 年 12 月 31 日起，撤销所有含甲基对硫磷的混配制剂的登记。

中华人民共和国农业部公告第 322 号规定自 2004 年 1 月 1 日起，撤销所有含甲基对硫磷的复配产品的登记证；自 2004 年 6 月 30 日起，禁止在国内销售和使用含有甲基对硫磷的复配产品。自 2005 年 1 月 1 日起，除原药生产企业外，撤销其他企业含有甲基对硫磷的制剂产品的登记证。自 2007 年 1 月 1 日起，撤销含有甲基对硫磷的制剂产品的登记证，全面禁止甲基对硫磷在农业上使用，只保留部分生产能力用于出口。

中华人民共和国农业部、国家发展和改革委员会、国家工商行政管理局、国家质量监督检验检疫总局公告第 632 号规定自 2007 年 1 月 1 日起，全面禁止在国内销售和使用甲基对硫磷，撤销所有含甲基对硫磷的登记证和生产许可证（生产批准证书）。

2008 年，国家发展改革委、农业部、国家工商总局、国家检验检疫总局、国家环保总局、国家安全监督总局 2008 年第 1 号关于停止甲基对硫磷农药生产流通和使用的公告规定废止甲基对硫磷农药产品登记证、生产许可证和生产批准证书。

2019 年，农业农村部农药管理司将其列入《禁限用农药名录》中的禁止（停止）使用的农药。

（2）境外管理情况

美国环保局规定于 2013 年 12 月 31 日全面禁止使用含有甲基对硫磷的产品。

尼加拉瓜已经取消了所有含有甲基对硫磷的产品的登记。

（二十一）　对硫磷

1. 基本信息

中文通用名称：对硫磷。

英文通用名称：parathion。

化学名称：O,O-二乙基-O-(4-硝基苯基)硫代磷酸酯。

CAS 号：56-38-2。

（1）理化性质

分子式：$C_{10}H_{14}NO_5PS$。

分子量：291.3。

化学结构式：

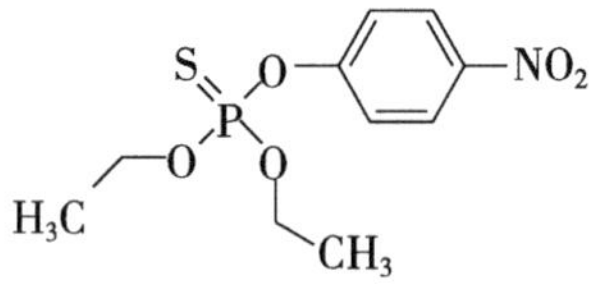

性状：无色油状液体。

熔点：6.1 ℃。

闪点：174.0 ℃。

相对密度：1.269 4。

蒸气压：0.89 mPa（20 ℃）。

亨利常数：0.030 2 Pa·m³/mol。

logKow：3.83。

溶解度：水 11 mg/L（20 ℃）；与大多数有机溶剂完全混溶，例如二氯甲烷>200，异丙醇、甲苯、己烷 50~100（g/L，20 ℃）。

（2）作用方式与用途

胆碱酯酶抑制剂，具有触杀、胃毒和一定熏蒸作用的广谱性杀虫、杀螨剂。无内吸性，但有强烈的渗透性。施于叶表面的药剂可渗入叶内杀死在叶背吸食的蚜、螨及叶蝉。施于稻田水中的药剂，能渗入叶鞘内及心叶中杀死已侵入叶鞘和心叶的 1 龄螟虫幼虫。在植物体表及体内，由于阳光和酶的作用分解较快，残效期一般为 4~5 d。本品进入昆虫体内后，在多功能氧化酶的作用下，先氧化成毒力比对硫磷更大的对氧磷，然后与胆碱酯酶结合，破坏神经系统的传导作用，从而导致昆虫死亡。

主要用于防治棉花、水稻、果树、大豆等的同翅目、鳞翅目、半翅目、鞘翅目、双翅目等咀嚼式和刺吸式口器害虫及叶螨。对天敌昆虫和捕食性螨类以及蜜蜂等益虫有很强毒性。

（3）环境归趋特征

在酸性水中难降解，在碱性水中较难降解，不同 pH 条件下的水解半衰期（22 ℃）分别为 272 d（pH 值 4）、260 d（pH 值 7）、130 d（pH 值 9）。在土壤中能很快降解为二氧化碳（实验室和田间），降解中间产物为砜、氨基化物和 4-硝基苯酚。

（4）毒理学数据

大鼠急性经口 LD_{50} 约为 2 mg/kg；

小鼠急性经口 LD_{50} 约为 12 mg/kg；

雄大鼠急性经皮 LD_{50} 约为 71 mg/kg；

雌大鼠急性经皮 LD_{50} 约为 76 mg/kg；

大鼠吸入 LC_{50}（4 h）0.03 mg/L 空气（气溶胶）；

虹鳟鱼 LC_{50}（96 h）1.5 mg/L；

大型溞 LC_{50}（48 h）0.002 5 mg/L；

羊角月牙藻 E_rC_{50} 为 0.5 mg/L。

（5）每日允许摄入量（ADI）

0.004 mg/kg bw。

（6）最大残留限量（mg/kg）

稻谷 0.1、麦类 0.1、旱粮类 0.1、杂粮类 0.1、大豆 0.1、棉籽油 0.1；

鳞茎类蔬菜 0.01、芸薹属类蔬菜 0.01、叶菜类蔬菜 0.01、茄果类蔬菜 0.01、瓜类蔬菜 0.01、豆类蔬菜 0.01、茎类蔬菜 0.01、根茎类和薯芋类蔬菜 0.01、水生类蔬菜 0.01、芽菜类蔬菜 0.01、其他类蔬菜 0.01；

柑橘类水果 0.01、仁果类水果 0.01、核果类水果 0.01、浆果和其他小型水果 0.01、热带和亚热带水果 0.01、瓜果类水果 0.01。

2. 存在的突出问题

剧毒农药，对人、畜均有毒性，可经皮肤、黏膜、呼吸道等侵入人体，引起中毒。中毒后不及时抢救，死亡率极高。

3. 国内管理情况

2002 年，中华人民共和国农业部公告第 199 号规定在蔬菜、果树、茶叶、中草药材上不得使用对硫磷。

中华人民共和国农业部公告第 274 号规定自 2003 年 12 月 31 日起，撤销所有含对硫磷的混配制剂的登记。

中华人民共和国农业部公告第 322 号规定自 2004 年 1 月 1 日起撤销所有含对硫磷的复配产品的登记证；自 2004 年 6 月 30 日起禁止在国内销售和使用含对硫磷的复配产品。自 2005 年 1 月 1 日起，除原药生产企业外，撤销其他企业含有对硫磷的制剂产品的登记证。自 2007 年 1 月 1 日起，撤销含对硫磷的制剂产品的登记证，全面禁止对硫磷在农业上使用，只保留部分生产能力用于出口。

中华人民共和国农业部、国家发展和改革委员会、国家工商行政管理总局、国家质量监督检验检疫总局公告第 632 号规定自 2007 年 1 月 1 日起，全面禁止在国内销售和使用对硫磷，撤销所有含对硫磷的登记证和生产许可证（生产批准证书）。

2008 年，国家发展改革委、农业部、国家工商总局、国家检验检疫总局、国家环保总局、国家安全监督总局 2008 年第 1 号关于停止对硫磷生产流通和使用的公告规定废止对硫磷的农药产品登记证、生产许可证和生产批准证书。

2019 年，农业农村部农药管理司将其列入《禁限用农药名录》中的禁止（停止）使用的农药。

（二十二） 久效磷

1. 基本信息

中文通用名称：久效磷。

英文通用名称：monocrotophos。

化学名称：O,O-二甲基-O-[1-甲基-2-(甲基氨基甲酰)乙烯基]磷酸酯。

CAS 号：6923-22-4。

（1）理化性质

分子式：$C_7H_{14}NO_5P$。

分子量：223.2。

化学结构式：

性状：无色，吸湿性晶体。

熔点：54~55 ℃。

闪点：144.4 ℃。

相对密度：1.22（20 ℃）。

蒸气压：0.29 mPa（20 ℃）。

logKow：-0.22。

溶解度：水 100%（20 ℃），甲醇 100%，丙酮 70%，正辛醇 25%，甲苯 6%（20 ℃），微溶于煤油和柴油。

久效磷有顺、反 2 种异构体，一般工业产品是 2 种异构体的混合物，其中生物活性较高的顺式异构体，含量为 80% 左右。

（2）作用方式与用途

久效磷是一种高效内吸性有机磷杀虫、杀螨剂，作用机制为抑制昆虫体内的胆碱酯酶。具有很强的触杀、胃毒作用和一定的杀卵作用。

杀虫谱广，速效性好，残留期长，能快速穿透植物组织，对刺吸、咀嚼和蛀食性的多种害虫有效。主要用于棉花、谷物、果树、豆类、甜菜、烟草、马铃薯、林木等作物，防治叶螨、蚜虫、蓟马、飞虱、粉虱、叶蝉及鳞翅目、鞘翅目害虫等。

（3）环境归趋特征

在 pH 值 1~7 的水中水解慢；pH 值>7 时，水解迅速加快。在 pH 值 7、20 ℃水中的半衰期为 66 d，属中等降解农药。在土壤中快速地降解，降解半衰期为（实验室）1~5 d，属易降解农药。吸附常数为 19 mL/g，属难土壤吸附农药。生物富集系数为 0.41，属低生物富集性。

（4）毒理学数据

雄大鼠急性经口 LD_{50} 为 18 mg/kg；

雌大鼠急性经口 LD_{50} 为 20 mg/kg；

雄大鼠急性经皮 LD_{50} 为 126 mg/kg；

雌大鼠急性经皮 LD_{50} 为 112 mg/kg；

大鼠吸入 LC_{50}（4 h）0.08 mg/L 空气；

雄日本鹌鹑急性经口 LD_{50}（14 d）为 3.7 mg/kg；

虹鳟鱼 LC_{50}（48 h）为 7 mg/L；

大型溞 LC_{50}（24 h）为 0.24 μg/L；

对蜜蜂有较高毒性，LD_{50}（mg/只）：经口 0.028~0.033，接触 0.025~0.35。

（5）每日允许摄入量（ADI）

0.000 6 mg/kg bw。

（6）最大残留限量（mg/kg）

稻谷 0.02、麦类 0.02、旱粮类 0.02、杂粮类 0.02；

大豆 0.03、棉籽油 0.05；

鳞茎类蔬菜 0.03、芸薹属类蔬菜 0.03、叶菜类蔬菜 0.03、茄果类蔬菜 0.03、瓜类蔬菜 0.03、豆类蔬菜 0.03、茎类蔬菜 0.03、根茎类和薯芋类蔬菜 0.03、水生类蔬菜 0.03、芽菜类蔬菜 0.03、其他类蔬菜 0.03；

柑橘类水果 0.03、仁果类水果 0.03、核果类水果 0.03、浆果和其他小型水果 0.03、热带和亚热带水果 0.03、瓜果类水果 0.03；

甜菜 0.02、甘蔗 0.02。

2. 存在的突出问题

高毒农药。

3. 国内管理情况

2002 年，中华人民共和国农业部公告第 199 号规定在蔬菜、果树、茶叶、中草药材上不得使用农药久效磷。

中华人民共和国农业部公告第 274 号规定自 2003 年 12 月 31 日起，撤销所有含久效磷的混配制剂的登记。

中华人民共和国农业部公告第 322 号规定自 2004 年 1 月 1 日起撤销所有含久效磷的复配产品的登记证；自 2004 年 6 月 30 日起禁止在国内销售和使用含有久效磷的复配产品；自 2005 年 1 月 1 日起除原药生产企业外，撤销其他企业含有久效磷的制剂产品的登记证；自 2007 年 1 月 1 日起撤销含有久效磷的制剂产品的登记证，全面禁止久效磷在农业上使用，只保留部分生产能力用于出口。

中华人民共和国农业部、国家发展和改革委员会、国家工商行政管理总局、国家质量监督检验检疫总局公告第 632 号规定自 2007 年 1 月 1 日起，全面禁止在国内销售和使用久效磷，撤销所有含久效磷的登记证和生产许可证（生产批准证书）。

2008 年，国家发展改革委、农业部、国家工商总局、国家检验检疫总局、国家环保总局、国家安全监督总局 2008 年第 1 号关于停止久效磷生产流通和使用的公告规定废止久效磷产品登记证、生产许可证和生产批准证书。

2019 年，农业农村部农药管理司将其列入《禁限用农药名录》中的禁止（停止）使用的农药。

（二十三） 磷胺

1. 基本信息

中文通用名称：磷胺。
英文通用名称：phosphamidon。
化学名称：(EZ)-2-氯-2-二乙基氨基甲酰-1-甲基乙烯基二甲基磷酸酯。
CAS 号：13171-21-6。

（1）理化性质

分子式：$C_{10}H_{19}ClNO_5P$。
分子量：299.7。
化学结构式：

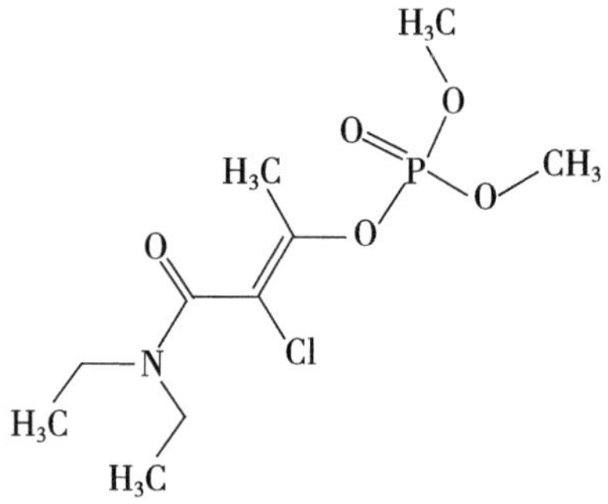

H₃C 表示的化学结构式略

性状：淡黄色液体。
熔点：−45 ℃。
相对密度：1.21（25 ℃）。
蒸气压：2.2 mPa（25 ℃）。
logKow：0.79。
溶解度：易溶于水，水溶液呈中性或弱碱性；微溶于稀氨水；不溶于液氨、丙酮、乙醇和乙醚。

磷胺有顺、反 2 种异构体，一般工业产品是含 30% 反式和 70% 顺式的 2 种异构体混合物。

（2）作用方式与用途

高效、高毒、广谱、内吸性杀虫剂和杀螨剂，胆碱酯酶抑制剂，以胃毒为主，也有较强的触杀作用。可经由叶片和根部吸收。

主要用于棉花、水稻、果树等作物防治多种刺吸式口器、咀嚼式口器和蛀食性害虫，如蚜虫、飞虱、叶蝉、蓟马、鳞翅目害虫，特别是已对内吸磷和对硫磷产生抗药性的蚜虫、红蜘蛛效果显著。

（3）环境归趋特征

随 pH 值升高，水解速度加快，属水中易降解到中等降解农药。不同 pH 值下水解半衰期（20 ℃）：60 d（pH 值 5）、54 d（pH 值 7）、12 d（pH 值 9）。在土壤中易降解，降解半衰期为 <3~6 d。生物富集系数小于 1，属低生物富集性农药。

（4）毒理学数据

大鼠急性经口 LD_{50} 为 17.9~30 mg/kg；

大鼠急性经皮 LD_{50} 为 374~530 mg/kg；

大鼠吸入 LC_{50}（4 h）为 0.18 mg/L 空气；

小鼠 LC_{50}（4 h）为 0.033 mg/L 空气；

日本鹌鹑急性经口 LD_{50} 为 3.6~7.5 mg/kg；

野鸭急性经口 LD_{50} 为 3.8 mg/kg；

日本鹌鹑 LC_{50}（8 d）为 90~250 mg/L；

虹鳟鱼 LC_{50}（96 h）为 7.8 mg/L；

大型溞 LC_{50}（48 h）为 0.01~0.22 mg/L。

（5）每日允许摄入量（ADI）

0.000 5 mg/kg bw。

（6）最大残留限量（mg/kg）

稻谷 0.02；

鳞茎类蔬菜 0.05、芸薹属类蔬菜 0.05、叶菜类蔬菜 0.05、茄果类蔬菜 0.05、瓜类蔬菜 0.05、豆类蔬菜 0.05、茎类蔬菜 0.05、根茎类和薯芋类蔬菜 0.05、水生类蔬菜 0.05、芽菜类蔬菜 0.05、其他类蔬菜 0.05；

柑橘类水果 0.05、仁果类水果 0.05、核果类水果 0.05、浆果和其他小型水果 0.05、热带和亚热带水果 0.05、瓜果类水果 0.05。

2. 存在的突出问题

高毒农药，对蜜蜂、甲壳类动物高毒，对人和动物健康高风险。

3. 管理情况

（1）国内管理情况

2002 年，中华人民共和国农业部公告第 199 号规定在蔬菜、果树、茶叶、中草药材上不得使用农药磷胺。

中华人民共和国农业部公告第 274 号规定自 2003 年 12 月 31 日起，撤销所有含磷胺的混配制剂的登记。

中华人民共和国农业部公告第 322 号规定自 2004 年 1 月 1 日起撤销所有含磷铵的复配产品的登记证；自 2004 年 6 月 30 日起禁止在国内销售和使用含有磷铵的复配产品。自

2005 年 1 月 1 日起除原药生产企业外，撤销其他企业含有磷铵的制剂产品的登记。自 2007 年 1 月 1 日起撤销含有磷铵的制剂产品的登记证，全面禁止磷铵在农业上使用，只保留部分生产能力用于出口。

中华人民共和国农业部、国家发展和改革委员会、国家工商行政管理总局、国家质量监督检验检疫总局公告第 632 号规定自 2007 年 1 月 1 日起，全面禁止在国内销售和使用磷胺，撤销所有含磷胺的登记证和生产许可证（生产批准证书）。

2008 年，国家发展改革委、农业部、国家工商总局、国家检验检疫总局、国家环保总局、国家安全监督总局第 1 号关于停止磷胺生产流通和使用的公告规定废止磷胺的农药产品登记证、生产许可证和生产批准证书。

2019 年，农业农村部农药管理司将其列入《禁限用农药名录》中的禁止（停止）使用的农药。

（2）境外管理情况

印度从 2000 年 3 月禁止磷胺在农作物上使用。

（二十四）苯线磷

1. 基本信息

中文通用名称：苯线磷。

英文通用名称：fenamiphos。

化学名称：O-乙基-O-(3-甲基-4-甲硫基)苯基-N-异丙基磷酰胺。

CAS 号：22224-92-6。

（1）理化性质

分子式：$C_{13}H_{22}NO_3PS$。

分子量：303.4。

化学结构式：

性状：白色结晶。

熔点：49.2 ℃。

闪点：200.0 ℃。

相对密度：1.191（23 ℃）。

蒸气压：0.12 mPa（20 ℃）；4.8 mPa（50 ℃）。

亨利常数：$1×10^{-5}$ Pa·m³/mol（20 ℃）。

logKow：3.30（20 ℃）。

溶解度：水 0.4 g/L（20 ℃）；二氯甲烷、异丙醇、甲苯>200，己烷 10~20（g/L，

20 ℃）。

（2）作用方式与用途

胆碱酯酶的抑制剂，是一种具有触杀和胃毒作用的高效、内吸性杀虫剂。残效期长，药剂从根部吸收进入植物体内，经茎秆和叶片向顶部输导，在植物体内可以上下传导，同时药剂也能很好地分布于土壤中。由于药剂水溶性好，借助雨水或灌溉水进入作物的根层，对线虫的防治提供了双重的保护作用。

主要用于防治花生的根结线虫。

（3）环境归趋特征

土壤表面易光解，光解半衰期为 2.23 h。土壤吸附常数为 73~1 686 mL/g，属中等土壤吸附到难土壤吸附农药。土壤中降解半衰期为 24~72 d（实验室）、2.1~43 d（田间），属土壤中易降解到中等降解农药。32 ℃时，不同 pH 值下水解半衰期分别为 228 h（pH 值 4.1）、5 310 h（pH 值 7.1）和 37 h（pH 值 9.1），在酸性和碱性水体中易降解，在中性水体中难降解。生物富集系数为 21~61，属中等生物富集性。

（4）毒理学数据

大鼠急性经口 LD_{50} 约为 6 mg/kg；

小鼠急性经口 LD_{50} 约为 10 mg/kg；

大鼠急性经皮 LD_{50} 为 80 mg/kg；

大鼠吸入 LC_{50}（4 h）约为 0.12 mg/L 空气（气溶胶）；

山齿鹑急性经口 LD_{50} 为 0.7~1.6 mg/kg；

山齿鹑饲喂 LC_{50}（5 d，饲料）为 38 mg/kg；

虹鳟鱼 LC_{50}（96 h）为 0.072 1 mg/L；

大型溞 LC_{50}（48 h）为 0.001 9 mg/L；

羊角月牙藻 E_rC_{50} 为 11 mg/L。

（5）每日允许摄入量（ADI）

0.000 8 mg/kg bw。

（6）最大残留限量

稻谷 0.02、糙米 0.02、麦类 0.02、旱粮类 0.02、杂粮类 0.02；

棉籽 0.05、大豆 0.02、花生仁 0.02、花生毛油 0.02、棉籽毛油 0.05、花生油 0.02；

鳞茎类蔬菜 0.02、芸薹属类蔬菜 0.02、叶菜类蔬菜 0.02、茄果类蔬菜 0.02、瓜类蔬菜 0.02、豆类蔬菜 0.02、茎类蔬菜 0.02、根茎类和薯芋类蔬菜 0.02、水生类蔬菜 0.02、芽菜类蔬菜 0.02、其他类蔬菜 0.02；

柑橘类水果 0.02、仁果类水果 0.02、核果类水果 0.02、浆果和其他小型水果 0.02、热带和亚热带水果 0.02、瓜果类水果 0.02；

哺乳动物肉类（海洋哺乳动物除外）0.01；

哺乳动物内脏（海洋哺乳动物除外）0.01；

禽肉类 0.01；

禽类内脏 0.01；

蛋类 0.01；

生乳 0.005。

2. 存在的突出问题

高毒农药。

3. 国内管理情况

2002 年，中华人民共和国农业部公告第 199 号规定在蔬菜、果树、茶叶、中草药材上不得使用苯线磷。

中华人民共和国农业部公告第 1586 号规定自 2011 年 6 月 15 日起，停止受理苯线磷新增田间试验申请、登记申请及生产许可申请；停止批准含有上述农药的新增登记证和农药生产许可证（生产批准文件），自 2011 年 10 月 31 日起，撤销（撤回）苯线磷的登记证、生产许可证（生产批准文件），停止生产；自 2013 年 10 月 31 日起，停止销售和使用。

2019 年，农业农村部农药管理司将其列入《禁限用农药名录》中的禁止（停止）使用的农药。

（二十五）地虫硫磷

1. 基本信息

中文通用名称：地虫硫磷。

英文通用名称：fonofos。

化学名称：(R,S)-O-乙基-S-苯基-乙基二硫代磷酸酯。

CAS 号：944-22-9。

（1）理化性质

分子式：$C_{10}H_{15}OPS_2$。

分子量：246.3。

化学结构式：

性状：白色固体。

熔点：−31.7 ℃。

闪点：2.0 ℃。

相对密度：1.16（25 ℃）。

蒸气压：28 mPa（25 ℃）。

logKow：3.94。

溶解度：水 13 mg/L（22 ℃）；可与有机溶剂混溶，例如丙酮、乙醇、甲基异丁基酮、二甲苯、煤油。

（2）作用方式与用途

一种触杀性二硫代磷酸酯类杀虫剂，胆碱酯酶的抑制剂，该药毒性较大。由于硫代磷酸酯类比磷酸酯类结构容易穿透昆虫的角质层，因此防除害虫效果较佳。可用于防治小麦、大豆、花生等作物地下害虫，在播种前将颗粒剂撒施于播种沟或播种穴，播种后覆土；防治甘蔗地蛴螬和蔗龟，可以种植前施药或在蔗旁开浅沟施药后覆土。

（3）环境归趋特征

在酸性介质中水解半衰期为 101 d（pH 值 4，40 ℃），属较难降解；在碱性介质中水解半衰期 1.8 d（pH 值 10，40 ℃），属易降解。在土壤中的消解半衰期为 37~43 d（田间），属中等降解。土壤中的吸附系数为 68~5 128 mL/g，属较易土壤吸附到难土壤吸附。生物富集系数为 300，属高生物富集性农药。

（4）毒理学数据

雄大鼠急性经口 LD_{50} 为 11.5 mg/kg；

大鼠急性经皮 LD_{50} 为 147 mg/kg；

雄大鼠吸入 LC_{50}（4 h）为 51 μg/L 空气；

雌大鼠吸入 LC_{50}（4 h）为 17 μg/L 空气；

野鸭急性经口 LD_{50} 为 128 mg/kg；

虹鳟鱼 LC_{50} 为 0.05 mg/L；

大型溞 LC_{50}（48 h）为 1 μg/L；

对蜜蜂有毒，LD_{50} 为 0.008 7 mg/只。

（5）每日允许摄入量（ADI）

0.002 mg/kg bw。

（6）最大残留限量（mg/kg）

稻谷 0.05、麦类 0.05、旱粮类 0.05、杂粮类 0.05；

大豆 0.05、花生仁 0.05；

鳞茎类蔬菜 0.01、芸薹属类蔬菜 0.01、叶菜类蔬菜 0.01、茄果类蔬菜 0.01、瓜类蔬菜 0.01、豆类蔬菜 0.01、茎类蔬菜 0.01、根茎类和薯芋类蔬菜 0.01、水生类蔬菜 0.01、芽菜类蔬菜 0.01、其他类蔬菜 0.01；

柑橘类水果 0.01、仁果类水果 0.01、核果类水果 0.01、浆果和其他小型水果 0.01、热带和亚热带水果 0.01、瓜果类水果 0.01；

甘蔗 0.1。

2. 存在的突出问题

高毒农药。

3. 国内管理情况

2002 年中华人民共和国农业部公告第 199 号规定在蔬菜、果树、茶叶、中草药材上不得使用地虫硫磷。

中华人民共和国农业部公告第 1586 号规定自 2011 年 6 月 15 日起，停止受理地虫硫磷新增田间试验申请、登记申请及生产许可申请；停止批准含有上述农药的新增登记证和农药生产许可证（生产批准文件）；自 2011 年 10 月 31 日起，撤销（撤回）地虫硫磷的登记证、生产许可证（生产批准文件），停止生产；自 2013 年 10 月 31 日起，停止销售和使用。

2019 年，农业农村部农药管理司将其列入《禁限用农药名录》中的禁止（停止）使用的农药。

（二十六）甲基硫环磷

1. 基本信息

中文通用名称：甲基硫环磷。

英文通用名称：phosfolan-methyl。

化学名称：O,O-二甲基-N-(1,3-二硫戊环-2-亚基)磷酰胺。

CAS 号：5120-23-0。

（1）理化性质

分子式：$C_5H_{10}NO_3PS_2$。

分子量：227.2。

化学结构式：

性状：浅黄色透明油状液体。

闪点：141.0 ℃。

相对密度：1.54。

溶解度：溶于水，易溶于丙酮、苯、乙醇等有机溶剂。

（2）作用方式与用途

一种内吸性杀虫剂，具有高效、广谱、残效期长的特点，其作用机制是抑制胆碱酯酶的活性。对刺吸式口器和咀嚼式口器的多种害虫，如蚜虫、红蜘蛛、蓟马、甜菜多甲、尺蠖、地老虎、蝼蛄、蛴螬、黑绒金龟子等均有良好的防治效果。可以用于棉花、大豆、花生等作物上。

（3）环境归趋特征

在中性及微酸性水溶液中较稳定，碱性溶液中易水解。

（4）毒理学数据

雌性大鼠急性经口 LD_{50} 为 27~50 mg/kg；

雄性小鼠急性经口 LD_{50} 为 72~79 mg/kg；

雄性大鼠急性经皮最小致死量低于 0.02~0.04 mL/（m^2·kg）；

大鼠经口最大无作用剂量为 0.46 mg/（kg·d）。

（5）每日允许摄入量（ADI）

《食品安全国家标准 食品中农药最大残留限量》（GB 2763—2019）中没有甲基硫环磷的 ADI 值。

（6）最大残留限量（mg/kg）

稻谷 0.03、麦类 0.03、旱粮类 0.03、杂粮类 0.03；

棉籽 0.03、大豆 0.03；

鳞茎类蔬菜 0.03、芸薹属类蔬菜 0.03、叶菜类蔬菜 0.03、茄果类蔬菜 0.03、瓜类蔬菜 0.03、豆类蔬菜 0.03、茎类蔬菜 0.03、根茎类和薯芋类蔬菜 0.03、水生类蔬菜 0.03、芽菜类蔬菜 0.03、其他类蔬菜 0.03；

柑橘类水果 0.03、仁果类水果 0.03、核果类水果 0.03、浆果和其他小型水果 0.03、热带和亚热带水果 0.03、瓜果类水果 0.03；

甜菜 0.03、甘蔗 0.03；

茶叶 0.03。

2. 存在的突出问题

高毒农药。

3. 国内管理情况

2002 年，中华人民共和国农业部公告第 194 号规定停止受理甲基硫环磷的新增临时登记申请。

2002 年，中华人民共和国农业部公告第 199 号规定在蔬菜、果树、茶叶、中草药材上不得使用甲基硫环磷。

中华人民共和国农业部公告第 1586 号规定自 2011 年 6 月 15 日起，停止受理甲基硫环磷新增田间试验申请、登记申请及生产许可申请；停止批准含有上述农药的新增登记证和农药生产许可证（生产批准文件）；自 2011 年 10 月 31 日起，撤销（撤回）甲基硫环磷的登记证、生产许可证（生产批准文件），停止生产；自 2013 年 10 月 31 日起，停止销售和使用。

2019 年，农业农村部农药管理司将其列入《禁限用农药名录》中的禁止（停止）使用的农药。

（二十七）磷化钙

1. 基本信息

中文通用名称：磷化钙。

英文通用名称：calcium phosphide。

化学名称：磷化钙。

CAS 号：1305-99-3。

（1）理化性质

分子式：Ca_3P_2。

分子量：182.2。

性状：红棕色结晶粉末或灰色块状。

熔点：1 600 ℃。

相对密度：2.51。

溶解度：不溶于乙醇、乙醚和苯。

（2）作用方式与用途

磷化钙吸收空气中水分产生磷化氢毒气熏杀害虫。磷化氢为无色气体，其比重为1.185，接近于空气的比重，在粮堆中向各个方向扩散的速度差异不大，渗透力强，可深达3米，并能穿透虫体表面，杀虫力极强。用作熏蒸剂，熏蒸成品粮，但必须严防污染粮食，收集药渣应深埋在远离饮水水源处，不可乱丢乱放。

（3）最大残留限量

《食品安全国家标准 食品中农药最大残留限量》（GB 2763—2021）中没有磷化钙的最大残留限量标准和 ADI 值。

2. 存在的突出问题

① 高毒农药。

② 磷化氢局部浓度过高不能及时扩散，会发生自燃现象。

③ 属于易燃易爆化学危险物品。粮食熏蒸时，容易引起火灾。

3. 国内管理情况

中华人民共和国农业部公告第1586号规定自2011年6月15日起，停止受理磷化钙农药新增田间试验申请、登记申请及生产许可申请；停止批准含有上述农药的新增登记证和农药生产许可证（生产批准文件）；自2011年10月31日起，撤销（撤回）磷化钙的登记证、生产许可证（生产批准文件），停止生产；自2013年10月31日起，停止销售和使用。

2019年，农业农村部农药管理司将其列入《禁限用农药名录》中的禁止（停止）使用的农药。

（二十八）磷化镁

1. 基本信息

中文通用名称：磷化镁。

英文通用名称：magnesium phosphide。

化学名称：二磷化三镁。

CAS 号：12057-74-8。

（1）理化性质

分子式：Mg_3P_2。

分子量：134.9。

性状：亮黄色立方系结晶，硬而脆。

熔点：>750 ℃。

闪点：57.2 ℃。

相对密度：2.055。

溶解度：溶于酸。

（2）作用方式与用途

主要用于面粉厂、仓库、提升设备、容器、行李等以及加工食品、饲料、原粮等的空间熏蒸。磷化镁遇空气中的水分，分解产生磷化氢气体。磷化氢气体是实际发生作用的农药活性成分。磷化氢气体毒性极高，当空气中含 0.01 mg/L 磷化氢，就对害虫有致死作用。

（3）每日允许摄入量（ADI）

0.011 mg/kg bw。

（4）最大残留限量（mg/kg）

稻谷 0.05（残留以磷化氢计）。

2. 存在的突出问题

① 高毒农药。

② 磷化氢局部浓度过高不能及时扩散，会发生自燃现象。

③ 属于易燃易爆化学危险物品。粮食熏蒸时，容易引起火灾。

3. 国内管理情况

中华人民共和国农业部公告第 1586 号规定自 2011 年 6 月 15 日起，停止受理磷化镁新增田间试验申请、登记申请及生产许可申请；停止批准含有上述农药的新增登记证和农药生产许可证（生产批准文件）；自 2011 年 10 月 31 日起，撤销（撤回）磷化镁的登记证、生产许可证（生产批准文件），停止生产；自 2013 年 10 月 31 日起，停止销售和使用。

2019 年，农业农村部农药管理司将其列入《禁限用农药名录》中的禁止（停止）使用的农药。

（二十九）磷化锌

1. 基本信息

中文通用名称：磷化锌。

英文通用名称：zinc phosphide。

化学名称：二磷化三锌。

CAS 号：1314-84-7。

（1）理化性质

分子式：Zn_3P_2。

分子量：258.1。

性状：暗灰色结晶或粉末。

熔点：420 ℃。

相对密度：4.55。

溶解度：几乎不溶于水（缓慢分解），微溶于二硫化碳和苯，几乎不溶于醇。

（2）作用方式与用途

遇水和潮湿空气会缓慢分解，遇酸则剧烈分解放出剧毒的磷化氢气体。用作杀鼠剂，与胃酸作用产生磷化氢，磷化氢进入血液危害鼠的肝、肾和心脏。中毒动物 24 h 内即可死亡，是急性杀鼠品种。对其他哺乳动物和禽类有较高的毒性，中毒尸体内残留的磷化氢可引起食肉动物中毒。

（3）毒理学数据

大鼠急性经口 LD_{50} 为 45.7 mg/kg；

山齿鹑急性经口 LD_{50} 为 13.5 mg/kg；

虹鳟鱼 LC_{50} 为 0.5 mg/L。

（4）最大残留限量

《食品安全国家标准　食品中农药最大残留限量》（GB 2763—2021）中没有磷化锌的最大残留限量标准和 ADI 值。

2. 存在的突出问题

高毒农药。

3. 国内管理情况

中华人民共和国农业部公告第 1586 号规定自 2011 年 6 月 15 日起，停止受理磷化锌新增田间试验申请、登记申请及生产许可申请；停止批准含有上述农药的新增登记证和农药生产许可证（生产批准文件）；自 2011 年 10 月 31 日起，撤销（撤回）磷化锌的登记证、生产许可证（生产批准文件），停止生产；自 2013 年 10 月 31 日起，停止销售和使用。

2019 年，农业农村部农药管理司将其列入《禁限用农药名录》中的禁止（停止）使用的农药。

（三十）硫线磷

1. 基本信息

中文通用名称：硫线磷。

英文通用名称：cadusafos。

化学名称：O-乙基-S,S-二仲丁基二硫代磷酸酯。

CAS 号：95465-99-9。

（1）理化性质

分子式：$C_{10}H_{28}O_2PS_2$。

分子量：270.4。

化学结构式：

性状：淡黄色透明液体。

熔点：<25 ℃。

闪点：129.4 ℃。

相对密度：1.054（20 ℃）。

蒸气压：1.2×10^2 mPa（25 ℃）。

亨利常数：0.13 Pa·m^3/mol（25 ℃）。

logKow：3.9。

溶解度：水 245 mg/L，与丙酮、乙腈、二氯甲烷、乙酸乙酯、甲苯、甲醇、异丙醇和庚烷完全混溶。

（2）作用方式与用途

硫线磷是胆碱酯酶的抑制剂。它是一种触杀性杀虫剂，无熏蒸作用，具有施用方便、用量少等特点。

（3）环境归趋特征

土壤中降解半衰期为 11～15 d，属土壤中易降解农药。吸附常数为 144～351 mL/g，属较难土壤吸附到难土壤吸附农药。

（4）毒理学数据

大鼠急性经口 LD_{50} 为 37.1 mg/kg；

小鼠急性经口 LD_{50} 为 71.4 mg/kg；

大鼠吸入 LC_{50}（4 h）为 0.026 mg/L 空气；

山齿鹑急性经口 LD_{50} 为 16 mg/kg；

虹鳟鱼 LC_{50}（96 h）为 0.13 mg/L；

大型溞 LC_{50}（48 h）为 1.6 μg/L；

藻 EC_{50}（96 h）为 5.3 mg/L；

蜜蜂 LD_{50} 为 1.86～2.07 μg/只。

（5）每日允许摄入量（ADI）

0.000 5 mg/kg bw。

（6）最大残留限量（mg/kg）

稻谷 0.02、麦类 0.02、旱粮类 0.02、杂粮类 0.02；

大豆 0.02、花生仁 0.02；

鳞茎类蔬菜 0.02、芸薹属类蔬菜 0.02、叶菜类蔬菜 0.02、茄果类蔬菜 0.02、瓜类蔬菜 0.02、豆类蔬菜 0.02、茎类蔬菜 0.02、根茎类和薯芋类蔬菜 0.02、水生类蔬菜 0.02、芽菜类蔬菜 0.02、其他类蔬菜 0.02；

柑橘类水果 0.005、仁果类水果 0.02、核果类水果 0.02、浆果和其他小型水果 0.02、热带和亚热带水果 0.02；

　　甘蔗 0.005。

2. 存在的突出问题

剧毒农药。

3. 国内管理情况

中华人民共和国农业部公告第 1586 号规定自 2011 年 6 月 15 日起，停止受理硫线磷新增田间试验申请、登记申请及生产许可申请；停止批准含有上述农药的新增登记证和农药生产许可证（生产批准文件）；自 2011 年 10 月 31 日起，撤销（撤回）硫线磷的登记证、生产许可证（生产批准文件），停止生产；自 2013 年 10 月 31 日起，停止销售和使用。

2019 年，农业农村部农药管理司将其列入《禁限用农药名录》中的禁止（停止）使用的农药。

（三十一）蝇毒磷

1. 基本信息

中文通用名称：蝇毒磷。

英文通用名称：coumaphos。

化学名称：O,O-二乙基-O-(3-氯-4-甲基香豆素-7)-硫代磷酸酯。

CAS 号：56-72-4。

（1）理化性质

分子式：$C_{14}H_{16}ClO_5PS$。

分子量：362.8。

化学结构式：

性状：无色晶体。

熔点：95 ℃。

相对密度：1.474（20 ℃）。

蒸气压：0.013 mPa（20 ℃）。

亨利常数：3.14×10^{-3} Pa·m^3/mol。

logKow：4.13。

溶解度：水 1.5 mg/L（20 ℃），在有机溶剂中的溶解度有限。

（2）作用方式与用途

胆碱酯酶的抑制剂，无内吸作用。对双翅目昆虫有显著的毒杀性作用，是防治家畜体外寄生虫，如蜱和疥螨的特效药。

（3）环境归趋特征

土壤表面光解半衰期为 23.8 d，为难光解农药。吸附常数为 5 778~21 120 mL/g，属易土壤吸附到较易土壤吸附农药。土壤中降解半衰期为 200~300 d，为难降解农药。生物富集系数为 110~540，属中等生物富集性农药。

（4）毒理学数据

大鼠急性经口 LD_{50} 为 16~987 mg/kg；

雌大鼠的急性经皮 LD_{50} 为 144 mg/kg；

雄大鼠吸入 LC_{50}（1 h）>1 081 mg/m^3 空气；

雌大鼠吸入 LC_{50}（1 h）为 341 mg/m^3 空气；

山齿鹑急性经口 LD_{50} 为 4.3 mg/kg；

大型溞 LC_{50}（48 h）为 1 μg/L。

（5）每日允许摄入量（ADI）

0.000 3 mg/kg bw。

（6）最大残留限量（mg/kg）

鳞茎类蔬菜 0.05、芸薹属类蔬菜 0.05、叶菜类蔬菜 0.05、茄果类蔬菜 0.05、瓜类蔬菜 0.05、豆类蔬菜 0.05、茎类蔬菜 0.05、根茎类和薯芋类蔬菜 0.05、水生类蔬菜 0.05、芽菜类蔬菜 0.05、其他类蔬菜 0.05；

柑橘类水果 0.05、仁果类水果 0.05、核果类水果 0.05、浆果和其他小型水果 0.05、热带和亚热带水果 0.05、瓜果类水果 0.05。

2. 存在的突出问题

高毒农药，土壤中残留期长，易生物富集。

3. 国内管理情况

2002 年，中华人民共和国农业部公告第 199 号规定在蔬菜、果树、茶叶、中草药材上不得使用蝇毒磷。

中华人民共和国农业部公告第 1586 号规定自 2011 年 6 月 15 日起，停止受理蝇毒磷新增田间试验申请、登记申请及生产许可申请；停止批准含有上述农药的新增登记证和农药生产许可证（生产批准文件）；自 2011 年 10 月 31 日起，撤销（撤回）蝇毒磷的登记证、生产许可证（生产批准文件），停止生产；自 2013 年 10 月 31 日起，停止销售和使用。

2019 年，农业农村部农药管理司将其列入《禁限用农药名录》中的禁止（停止）使用的农药。

（三十二）治螟磷

1. 基本信息

中文通用名称：治螟磷。

英文通用名称：sulfotep。

化学名称：O,O,O',O'-四乙基二硫代焦磷酸酯。

CAS 号：3689-24-5。

（1）理化性质

分子式：$C_8H_{20}O_5P_2S_2$。

分子量：322.3。

化学结构式：

性状：无色液体。

闪点：102.0 ℃。

相对密度：1.196（20 ℃）。

蒸气压：14 mPa（20 ℃）。

亨利常数：4.5×10^{-1} Pa·m³/mol（20 ℃）。

logKow：3.99（20 ℃）。

溶解度：水 10 mg/L（20 ℃），与大多数有机溶剂混溶，略溶于石油醚。

（2）作用方式与用途

胆碱酯酶的抑制剂，具有触杀和传导作用的非内吸性杀虫、杀螨剂。可防治水稻多种害虫，也可杀蚂蟥以及传播血吸虫的钉螺。多用来混制毒土撒施。

（3）环境归趋特征

易挥发，碱性条件下易水解。生物富集系数为 240，属中等生物富集性农药。吸附系数为 3 500 mL/g，属中等土壤吸附农药。

（4）毒理学数据

大鼠急性经口 LD_{50} 约为 10 mg/kg；

大鼠经皮 LD_{50}（4 h）为 262 mg/kg；

大鼠吸入 LC_{50}（4 h）约为 0.05 mg/L 空气（气溶胶）；

虹鳟鱼 LC_{50}（96 h）为 0.003 61 mg/L；

大型潘 LC_{50}（48 h）为 0.002 mg/L；

羊角月牙藻 E_rC_{50} 为 7.2 mg/L。

（5）每日允许摄入量（ADI）

0.001 mg/kg bw。

（6）最大残留限量（mg/kg）

鳞茎类蔬菜 0.01、芸薹属类蔬菜 0.01、叶菜类蔬菜 0.01、茄果类蔬菜 0.01、瓜类蔬菜 0.01、豆类蔬菜 0.01、茎类蔬菜 0.01、根茎类和薯芋类蔬菜 0.01、水生类蔬菜 0.01、芽菜类蔬菜 0.01、其他类蔬菜 0.01；

柑橘类水果 0.01、仁果类水果 0.01、核果类水果 0.01、浆果和其他小型水果 0.01、热带和亚热带水果 0.01、瓜果类水果 0.01。

2. 存在的突出问题

属高毒农药，易生物富集。

3. 国内管理情况

2002 年，中华人民共和国农业部公告第 194 号规定停止受理治螟磷（包括混剂）产品的新增临时登记申请。

2002 年，中华人民共和国农业部公告第 199 号规定在蔬菜、果树、茶叶、中草药材上不得使用治螟磷。

中华人民共和国农业部公告第 1586 号规定自 2011 年 6 月 15 日起，停止受理治螟磷新增田间试验申请、登记申请及生产许可申请；停止批准含有上述农药的新增登记证和农药生产许可证（生产批准文件）；自 2011 年 10 月 31 日起，撤销（撤回）治螟磷的登记证、生产许可证（生产批准文件），停止生产；自 2013 年 10 月 31 日起，停止销售和使用。

2019 年，农业农村部农药管理司将其列入《禁限用农药名录》中的禁止（停止）使用的农药。

（三十三）特丁硫磷

1. 基本信息

中文通用名称：特丁硫磷。

英文通用名称：terbufos。

化学名称：O,O-二乙基-S-(特丁硫基甲基)二硫代磷酸酯。

CAS 号：13071-79-9。

（1）理化性质

分子式：$C_9H_{21}O_2PS_3$。

分子量：288.4。

化学结构式：

性状：无色或淡黄色液体。

熔点：-29.2 ℃。

闪点：88.0 ℃。

相对密度：1.11（20 ℃）。

蒸气压：34.6 mPa（25 ℃）。

亨利常数：2.2 Pa·m³/mol。

logKow：2.77。

溶解度：水 4.5 mg/L（27 ℃），易溶于大多数有机溶剂，例如芳烃、氯代烃、醇、丙酮。

（2）作用方式与用途

胆碱酯酶的抑制剂，是一种高效、速效、广谱的杀虫剂，且有内吸、胃毒和熏蒸作用。因毒性高，只作土壤处理剂和拌种用，持效期长。主要用于防治棉花、甘蔗、玉米等作物的害虫。

（3）环境归趋特征

在土壤中易降解，降解半衰期为 9~27 d。吸附系数为 500~5 000 mL/g，属中等土壤吸附到较难土壤吸附农药。生物富集系数为 560，属中等生物富集性。

（4）毒理学数据

雄大鼠急性经口 LD_{50} 为 1.6 mg/kg；

雌大鼠急性经口 LD_{50} 为 5.4 mg/kg；

雌大鼠急性经皮 LD_{50} 为 9.8 mg/kg；

雄大鼠吸入 LC_{50}（4 h）为 0.006 1 mg/L 空气；

雌大鼠吸入 LC_{50}（4 h）为 0.001 2/L 空气；

鹌鹑急性经口 LD_{50} 为 15 mg/kg；

野鸭饲喂 LC_{50}（8 d，饲料）为 185 mg/kg；

虹鳟鱼 LC_{50}（96 h）为 0.01 mg/L。

（5）每日允许摄入量（ADI）

0.000 6 mg/kg bw。

（6）最大残留限量（mg/kg）

稻谷 0.01、麦类 0.01、旱粮类 0.01、杂粮类 0.01；

棉籽 0.01、花生仁 0.02；

鳞茎类蔬菜 0.01、芸薹属类蔬菜 0.01、叶菜类蔬菜 0.01、茄果类蔬菜 0.01、瓜类蔬菜 0.01、豆类蔬菜 0.01、茎类蔬菜 0.01、根茎类和薯芋类蔬菜 0.01、水生类蔬菜 0.01、芽菜类蔬菜 0.01、其他类蔬菜 0.01；

柑橘类水果 0.01、仁果类水果 0.01、核果类水果 0.01、浆果和其他小型水果 0.01、热带和亚热带水果 0.01、瓜果类水果 0.01；

甘蔗 0.01、甜菜 0.01；

茶叶 0.01；

哺乳动物肉类（海洋哺乳动物除外）0.05；

哺乳动物内脏（海洋哺乳动物除外）0.05；

禽肉类 0.05；

禽类内脏 0.05；

蛋类 0.01；

生乳 0.01。

2. 存在的突出问题

剧毒农药，易在水生生物中富集。

3. 国内管理情况

中华人民共和国农业部公告第 194 号规定自 2002 年 4 月 22 日起，停止受理特丁硫磷（包括混剂）产品的新增临时登记申请，自 2002 年 6 月 1 日起，撤销特丁硫磷（包括混剂）在甘蔗上的登记。

2002 年，中华人民共和国农业部公告第 199 号规定在蔬菜、果树、茶叶、中草药材上不得使用特丁硫磷。

中华人民共和国农业部公告第 1586 号规定自 2011 年 6 月 15 日起，停止受理特丁硫磷新增田间试验申请、登记申请及生产许可申请；停止批准含有上述农药的新增登记证和农药生产许可证（生产批准文件）；自 2011 年 10 月 31 日起，撤销（撤回）特丁硫磷的登记证、生产许可证（生产批准文件），停止生产；自 2013 年 10 月 31 日起，停止销售和使用。

2019 年，农业农村部农药管理司将其列入《禁限用农药名录》中的禁止（停止）使用的农药。

（三十四）　氯磺隆

1. 基本信息

中文通用名称：氯磺隆。

英文通用名称：chlorsulfuron。

化学名称：3-(4-甲氧基-6-甲基-1,3,5-三嗪-2-基)-1-(2-氯苯基)磺酰脲。

CAS 号：64902-72-3。

（1）理化性质

分子式：$C_{12}H_{12}ClN_5O_4S$。

分子量：357.8。

化学结构式：

性状：白色结晶，无臭味。

熔点：170~173 ℃。

相对密度：1.48。

蒸气压：$1.2×10^{-6}$ mPa（20 ℃）。

亨利常数：$5×10^{-10}$（pH值5）、$3.5×10^{-11}$（pH值7）、$3.2×10^{-12}$（pH值9）（Pa·m³/mol，20 ℃）。

logKow：-0.99（pH值7）。

溶解度：水0.876（pH值5）、12.5（pH值7）、134（pH值9）（g/L，20 ℃）；二氯甲烷1.4，丙酮4，甲醇15，甲苯3，己烷<0.01（g/L，25 ℃）。

（2）作用方式与用途

超高效磺酰脲类除草剂，侧链氨基酸合成抑制剂，具有内吸传导作用。药剂被杂草叶面或根系吸收后，可传导至植株全身，通过抑制乙酰乳酸酶的活性，阻碍支链氨基酸、缬氨酸和亮氨酸的合成，从而使细胞分裂停止，植株失绿，枯萎而死。

氯磺隆是广谱性除草剂，主要用于与水稻连作的大麦、小麦、黑麦、燕麦、亚麻等作物上，防除猪殃殃、大巢菜、稗、马唐、狗尾草、看麦娘、婆婆纳、繁缕、藜、蓼、苋、苍耳、田旋花、蒲公英多种杂草。对阔叶杂草（苗后早期施用）的防除作用比禾本科杂草（芽前及苗后早期施药）更好。

（3）环境归趋特征

不易光解。生物富集系数为3，属低生物富集性农药。难土壤吸附，其吸附系数为6.3~154 mL/g，pH值越低、有机碳含量越高，吸附越强。

（4）毒理学数据

雄大鼠急性经口 LD_{50} 为 5 545 mg/kg；

雌大鼠急性经口 LD_{50} 为 6 293 mg/kg；

大鼠吸入 LC_{50}（4 h）>5.9 mg/L（空气）；

大鼠最大无作用剂量（饲料，2 a）为 100 mg/kg；

野鸭和山齿鹑急性经口 LD_{50}>5 000 mg/kg；

野鸭和山齿鹑饲喂 LC_{50}（8 d）>5 000 mg/L；

虹鳟鱼 LC_{50}（96 h）>250 mg/L；

大型溞 EC_{50}（48 h）>112 mg/L；

蜜蜂 LD_{50}（接触）>100 μg/只。

（5）每日允许摄入量（ADI）

0.2 mg/kg bw。

（6）最大残留限量（mg/kg）

稻类0.01、麦类0.01、旱粮类0.01、杂粮类0.01、成品粮0.01；

小型油籽类0.02、中型油籽类0.02、大型油籽类0.02、油脂0.02；

鳞茎类蔬菜0.01、芸薹属类蔬菜0.01、叶菜类蔬菜0.01、茄果类蔬菜0.01、瓜类蔬菜0.01、豆类蔬菜0.01、茎类蔬菜0.01、根茎类和薯芋类蔬菜0.01、水生类蔬菜0.01、芽菜类蔬菜0.01、其他类蔬菜0.01；

干制蔬菜0.01；

柑橘类水果0.01、仁果类水果0.01、核果类水果0.01、浆果和其他小型水果0.01、热带和亚热带水果0.01、瓜果类水果0.01；

干制水果0.01；

坚果 0.02；

糖料 0.01；

饮料类 0.02；

食用菌 0.01；

调味料 0.02；

药用植物 0.05。

2. 存在的突出问题

① 氯磺隆对非靶标植物具有明显的危害，可导致植物毒性。

② 在土壤中残留时间长，且有累积作用，严重影响后茬作物的正常生长。

3. 国内管理情况

2006 年，中华人民共和国农业部公告第 671 号规定停止批准新增含氯磺隆产品（包括原药、单剂和复配制剂）的登记。

中华人民共和国农业部公告第 2032 号规定自 2013 年 12 月 31 日起，撤销氯磺隆（包括原药、单剂和复配制剂，下同）的农药登记证；自 2015 年 12 月 31 日起，禁止氯磺隆在国内销售和使用。

2019 年，农业农村部农药管理司将其列入《禁限用农药名录》中的禁止（停止）使用的农药。

（三十五） 胺苯磺隆

1. 基本信息

中文通用名称：胺苯磺隆。

英文通用名称：ethametsulfuron。

化学名称：3-(4-乙氧基-6-甲氨基-1,3,5-三嗪-2-基)-1-(2-甲氧基甲酰基苯基)磺酰脲。

CAS 号：97780-06-8。

(1) 理化性质

分子式：$C_{15}H_{18}N_6O_6S$。

分子量：410.4。

化学结构式：

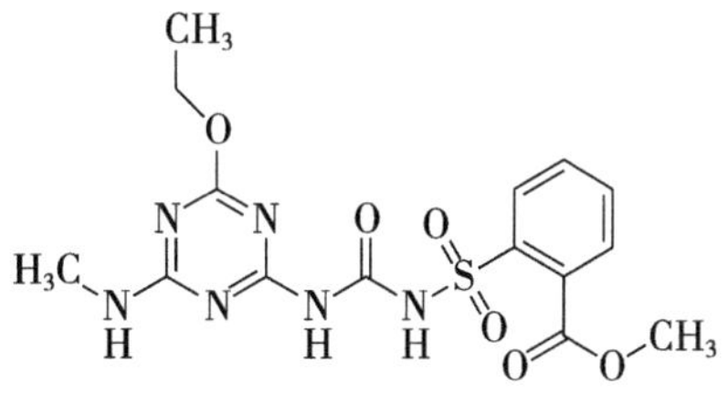

性状：白色结晶。

熔点：194 ℃。

相对密度：1.6。

蒸气压：$7.73×10^{-10}$ mPa（25 ℃）。

亨利常数：$<1×10^{-8}$ Pa·m³/mol（pH 值 5，20 ℃）、$<1×10^{-9}$ Pa·m³/mol（pH 值 6，20 ℃）。

logKow：0.89（pH 值 7）。

溶解度：水 1.7（pH 值 5）、50（pH 值 7）、410（pH 值 9）（mg/L，25 ℃）；丙酮 1.6，乙腈 0.83，乙醇 0.17，甲醇 0.35，二氯甲烷 3.9，乙酸乙酯 0.68（g/L）。

（2）作用方式与用途

属磺酰脲类除草剂，是侧链氨基酸合成抑制剂，抑制乙酰乳酸合成酶的活性。药剂通过植物的叶和根吸收，施药后杂草立即停止生长，1~3 周后出现坏死症状。防除油菜田阔叶杂草和禾本科杂草，如母菊、野芝麻、绒毛蓼、春蓼、繁缕、猪殃殃和看麦娘等。

（3）环境归趋特征

属低生物富集性。在中性和碱性条件下不易水解，酸性水体中中等降解，当 pH 值为 5 时，水解半衰期为 41 d。在酸性沉积物中有中等持久性，中性至碱性条件下有持久性，难生物降解。其在土壤表面和水中难光解。在土壤中的吸附常数为 1.7~5.5 mL/g，低 pH 值和高有机质含量，有利于土壤对胺苯磺隆的吸附。胺苯磺隆在土壤中的降解速率与土壤 pH 值具有明显的相关性。在红壤中（25 ℃）易降解，半衰期仅为 22.8 d，而在东北黑土和河南二合土中属中等降解，降解半衰期为 33~51 d。

（4）毒理学数据

大鼠急性经口 $LD_{50}>5g/kg$；

鹌鹑和野鸭急性经口 $LD_{50}>2.25g/kg$；

太阳鱼、虹鳟鱼、蓝鳃鱼 LC_{50}（96 h）>600 mg/L；

蚯蚓 $LD_{50}>1$ g/kg 土；

大型溞 LC_{50}（48 h）为 34 mg/L。

（5）每日允许摄入量（ADI）

0.2 mg/kg bw。

（6）最大残留限量（mg/kg）

稻类 0.01、麦类 0.01、旱粮类 0.01、杂粮类 0.01、成品粮 0.01；

小型油籽类 0.02、中型油籽类 0.02、大型油籽类 0.02、油脂 0.02；

鳞茎类蔬菜 0.01、芸薹属类蔬菜 0.01、叶菜类蔬菜 0.01、茄果类蔬菜 0.01、瓜类蔬菜 0.01、豆类蔬菜 0.01、茎类蔬菜 0.01、根茎类和薯芋类蔬菜 0.01、水生类蔬菜 0.01、芽菜类蔬菜 0.01、其他类蔬菜 0.01；

干制蔬菜 0.01；

柑橘类水果 0.01、仁果类水果 0.01、核果类水果 0.01、浆果和其他小型水果 0.01、热带和亚热带水果 0.01、瓜果类水果 0.01；

干制水果 0.01；

坚果 0.02；

糖料 0.01；

饮料 0.02；

食用菌 0.01；

调味料 0.02；

药用植物 0.05。

2. 存在的突出问题

残效期长，对后茬作物产生药害，水稻对其尤为敏感。

3. 国内管理情况

2006 年，中华人民共和国农业部公告第 671 号规定停止批准新增含胺苯磺隆产品（包括原药、单剂和复配制剂）的登记。

中华人民共和国农业部公告第 2032 号规定自 2013 年 12 月 31 日起，撤销胺苯磺隆单剂产品登记证。自 2015 年 12 月 31 日起禁止胺苯磺隆单剂产品在国内销售和使用；自 2015 年 7 月 1 日起，撤销胺苯磺隆原药和复配制剂产品登记证；自 2017 年 7 月 1 日起，禁止胺苯磺隆复配制剂产品在国内销售和使用。

2019 年，农业农村部农药管理司将其列入《禁限用农药名录》中的禁止（停止）使用的农药。

（三十六）甲磺隆

1. 基本信息

中文通用名称：甲磺隆。

英文通用名称：metsulfuron-methyl。

化学名称：2-[(4-甲氧基-6-甲基-1,3,5-三嗪基-2-基)脲基磺酰基]苯甲酸甲酯。

CAS 号：74223-64-6。

（1）理化性质

分子式：$C_{14}H_{15}N_5O_6S$。

分子量：381.4。

化学结构式：

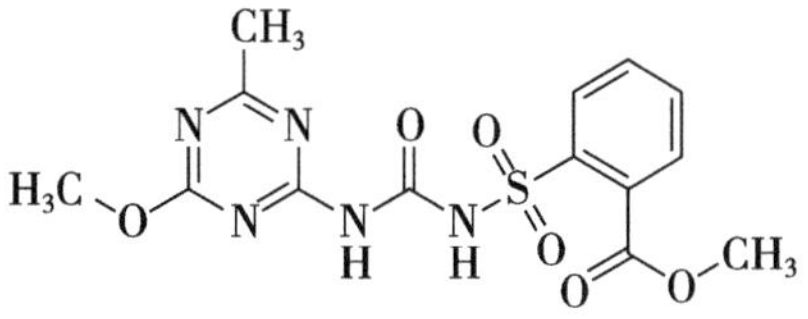

性状：灰白色固体，略带酯味。

熔点：162 ℃。

闪点：345.2 ℃。

相对密度：1.447（20 ℃）。

蒸气压：3.3×10^{-7} mPa（25 ℃）。

亨利常数：4.5×10^{-11} Pa·m³/mol（pH 值 7，25 ℃）。

logKow：0.018（pH 值 7，25 ℃）。

溶解度：水 0.548（pH 值 5）、2.79（pH 值 7）、213（pH 值 9）（g/L，25 ℃）；己烷 5.84×10^{-1}，乙酸乙酯 1.11×10^4，甲醇 7.63×10^3，丙酮 3.7×10^4，二氯甲烷 1.32×10^5，甲苯 1.24×10^3（mg/L，25 ℃）。

（2）作用方式与用途

本品为高活性、广谱、具有选择性的内吸传导型麦田除草剂。通过植物的根茎叶吸收，在体内迅速传导，抑制侧链氨基酸合成，从而抑制细胞的分裂，使杂草停止生长，并失绿，叶脉褪色，顶芽枯萎坏死。

甲磺隆是现有磺酰脲除草剂中活性最高的品种。适用于各类土壤，用于防除禾谷类田间一年生或多年生的多种阔叶杂草如风草、黑麦草、蓼、长春蔓、繁缕、虞美人、小野芝麻、荞麦蔓等，但对猪殃殃、田旋花、巢菜效果较差。甲磺隆的残留期长，不能在茶叶、玉米、棉花、烟草等敏感作物田使用。

（3）环境归趋特征

属土壤中中等降解农药，降解半衰期为 52 d，在酸性土壤中降解快，在碱性土壤中降解慢。吸附常数为 4～345 mL/g，属较难土壤吸附到难土壤吸附农药。生物富集系数为 1～17，属低富集性到中等富集性农药。

（4）毒理学数据

大鼠急性经口 LD_{50} >5 000m/kg；

大鼠吸入 LC_{50}（4 h）>5 mg/L 空气；

小鼠最大无作用剂量（1.5 a）为 5 000 mg/L；

野鸭急性经口 LD_{50} >2 510 mg/kg；

野鸭和山齿鹑饲喂毒性 LC_{50}（8 d）>5 620 mg/kg；

虹鳟鱼 LC_{50}（96 h）>150 mg/L；

大型溞 EC_{50}（48 h）>120 mg/L；

绿藻 EC_{50}（72 h）0.157 mg/L；

蜜蜂经口 LD_{50} >44.3 μg/只，接触 LD_{50} >50 μg/只。

（5）每日允许摄入量（ADI）

0.25 mg/kg bw。

（6）最大残留限量（mg/kg）

稻类 0.01、麦类 0.01、旱粮类 0.01、杂粮类 0.01、成品粮 0.01；

小型油籽类 0.02、中型油籽类 0.02、大型油籽类 0.02、油脂 0.02；

鳞茎类蔬菜 0.01、芸薹属类蔬菜 0.01、叶菜类蔬菜 0.01、茄果类蔬菜 0.01、瓜类蔬菜 0.01、豆类蔬菜 0.01、茎类蔬菜 0.01、根茎类和薯芋类蔬菜 0.01、水生类蔬菜 0.01、芽菜类蔬菜 0.01、其他类蔬菜 0.01；

干制蔬菜 0.01；

柑橘类水果 0.01、仁果类水果 0.01、核果类水果 0.01、浆果和其他小型水果 0.01、热带和亚热带水果 0.01、瓜果类水果 0.01；

干制水果 0.01；

坚果 0.02；

糖料 0.01；

饮料 0.02；

食用菌 0.01；

调味料 0.02；

药用植物 0.02。

2. 存在的突出问题

① 在土壤中残留时间长，且有累积作用，严重影响后茬作物的正常生长。

② 自甲磺隆在国内推广应用后，作物药害事故不断发生。

3. 国内管理情况

2006 年，中华人民共和国农业部公告第 671 号规定停止批准新增含甲磺隆产品（包括原药、单剂和复配制剂）的登记。

中华人民共和国农业部公告第 2032 号规定自 2013 年 12 月 31 日起，撤销甲磺隆单剂产品登记证。自 2015 年 12 月 31 日起禁止甲磺隆单剂产品在国内销售和使用，自 2015 年 7 月 1 日起撤销甲磺隆原药和复配制剂产品登记证。自 2017 年 7 月 1 日起禁止甲磺隆复配制剂产品在国内销售和使用。

2019 年，农业农村部农药管理司将其列入《禁限用农药名录》中的禁止（停止）使用的农药。

（三十七）福美胂

1. 基本信息

中文通用名称：福美胂。

英文通用名称：asomate。

化学名称：三(N-N-二甲基二硫代氨基甲酸)胂。

CAS 号：3586-60-5。

(1) 理化性质

分子式：$C_9H_{18}AsN_3S_6$。

分子量：435.6。

化学结构式：

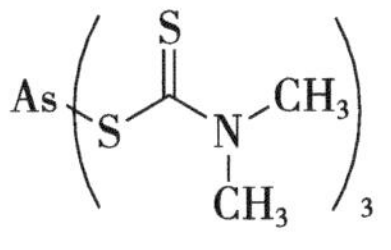

性状：黄绿色棱柱状结晶。

熔点：224~226 ℃。

闪点：232.6 ℃。

溶解度：不溶于水，微溶于丙酮、甲醇，在沸腾的苯中可溶解 60%。

(2) 作用方式与用途

药剂与菌体内含—SH 基的酶结合从而抑制三羧酸循环，有预防和治疗作用。持效期长，对苹果腐烂病有特效，还可防治各种白粉病、梨黑星病、水稻稻瘟病、玉米大斑病、大豆灰斑病等。对黄瓜、甜瓜和草莓的白粉病有效，对稻瘟病也有预防作用，对山楂红蜘蛛也有一定效果。不能与砷酸钙、砷酸铬、波尔多液混用。

（3）环境归趋特征

土壤中的福美胂易被微生物降解为无机砷在土壤中残留累积。

（4）毒理学数据

大鼠急性经口 LD_{50} 为 $335\sim370$ mg/kg。

（5）最大残留限量

《食品安全国家标准　食品中农药最大残留限量》（GB 2763—2021）中没有福美胂的最大残留限量标准和 ADI 值。

2. 存在的突出问题

进入土壤后，容易被微生物降解为无机砷在土壤中残留累积，造成对环境的污染和农作物砷残留量增加，对环境和人畜健康存在安全风险。

3. 国内管理情况

中华人民共和国农业部公告第 2032 号规定自 2013 年 12 月 9 日起停止受理福美胂农药登记申请，停止福美胂的新增农药登记证，自 2013 年 12 月 31 日起，撤销福美胂的农药登记证；自 2015 年 12 月 31 日起禁止福美胂在国内销售和使用。

2019 年，农业农村部农药管理司将其列入《禁限用农药名录》中的禁止（停止）使用的农药。

（三十八） 福美甲胂

1. 基本信息

中文通用名称：福美甲胂。

英文通用名称：urbacide。

化学名称：双(N,N-二甲基二硫代氨基甲酸)甲基胂。

CAS 号：2445-07-0。

（1）理化性质

分子式：$C_7H_{15}AsN_2S_4$。

分子量：330.4。

化学结构式：

性状：白色固体。

熔点：144 ℃。

闪点：169.8 ℃。

蒸气压：37.1 mPa（25 ℃）。

溶解度：不溶于水，溶于大多数有机溶剂。

（2）作用方式与用途

有机砷类有机合成保护性杀菌剂，可防治多种农作物真菌性病害，适用于果树、蔬菜、苗圃及其他经济作物。通常与福美锌和福美双复配成可湿性粉剂销售使用，商品名为退菌特。能防治水稻纹枯病、小麦白粉病、松、杉苗立枯病、果树炭疽病等。

（3）环境归趋特征

土壤中的福美甲胂易被微生物降解为无机砷在土壤中残留累积。

（4）毒理学数据

大鼠急性经口 LD_{50} 为 175 mg/kg；

兔子急性经口 LD_{50} 为 100 mg/kg。

（5）最大残留限量

《食品安全国家标准　食品中农药最大残留限量》（GB 2763—2021）中没有福美甲胂的最大残留限量标准和 ADI 值。

2. 存在的突出问题

进入土壤后，容易被微生物降解为无机砷在土壤中残留累积，造成对环境的污染和农作物砷残留量增加，对环境和人畜健康存在安全风险。

3. 国内管理情况

中华人民共和国农业部公告第 2032 号规定自 2013 年 12 月 9 日起停止受理福美甲胂的农药登记申请，停止福美甲胂的新增农药登记证，自 2013 年 12 月 31 日起，撤销福美甲胂的农药登记证；自 2015 年 12 月 31 日起禁止福美甲胂在国内销售和使用。

2019 年，农业农村部农药管理司将其列入《禁限用农药名录》中的禁止（停止）使用的农药。

（三十九）三氯杀螨醇

1. 基本信息

中文通用名称：三氯杀螨醇。

英文通用名称：dicofol。

化学名称：2,2,2-三氯-1,1-双(4-氯苯基)乙醇。

CAS 号：115-32-2。

（1）理化性质

分子式：$C_{14}H_9Cl_5O$。

分子量：370.5。

化学结构式：

性状：白色固体。

熔点：78.5~79.5 ℃。

闪点：193.0 ℃。

相对密度：1.45（25 ℃）。

蒸气压：0.053 mPa（25 ℃）。

亨利常数：2.45×10⁻² Pa·m³/mol。

logKow：4.30。

溶解度：水 0.8 mg/L（25 ℃）；丙酮 400、乙酸乙酯 400、甲苯 400、甲醇 36、己烷 36、异丙醇 30（g/L，25 ℃）。

（2）作用方式与用途

三氯杀螨醇是一种杀螨活性较高、对天敌和作物表现安全的有机氯杀螨剂。该药为神经毒剂，对害螨具有较强的触杀作用，无内吸性，对成、若螨和卵均有效，可控制许多农作物（包括水果、花卉、蔬菜和大田作物）的多种植食性螨（包括柑橘全爪螨、锈螨、叶螨和伪叶螨）。

（3）环境归趋特征

生物富集系数为 6 100，属高生物富集性农药。较易土壤吸附，吸附常数分别为 8 383 mL/g（沙土）、8 073 mL/g（沙壤土）、5 868 mL/g（粉沙壤土）、5 917 mL/g（黏壤土）。土壤降解半衰期为 60~100 d（田间），属土壤中易降解到中等降解农药；土表光解半衰期为 30 d（粉沙壤土）；水中光解半衰期分别为 1~4 d（pH 值 5）、15~93 d（其他 pH 条件），属难光解农药。

（4）毒理学数据

雄大鼠急性经口 LD_{50} 为 595 mg/kg；

雌大鼠急性经口 LD_{50} 为 578 mg/kg；

大鼠急性经皮 LD_{50}>5 000 mg/kg；

大鼠吸入 LC_{50}（4 h）>5 mg/L 空气；

日本鹌鹑 LC_{50}（5 d）为 1 418 mg/L；

虹鳟鱼 LC_{50}（24 h）为 0.12 mg/L；

大型溞 LC_{50}（48 h）为 0.14 mg/L；

栅藻 EC_{50}（96 h）为 0.075 mg/L；

蜜蜂接触 LD_{50}>50 μg/只，经口 LD_{50}>10 μg/只。

（5）每日允许摄入量（ADI）

0.002 mg/kg bw。

（6）最大残留限量（mg/kg）

稻类 0.02、麦类 0.02、旱粮类 0.02、杂粮类 0.02、成品粮 0.01；

小型油籽类 0.02、中型油籽类 0.02、大型油籽类 0.02、油脂 0.02；

鳞茎类蔬菜 0.01、芸薹属类蔬菜 0.01、叶菜类蔬菜 0.01、茄果类蔬菜 0.01、瓜类蔬菜 0.01、豆类蔬菜 0.01、茎类蔬菜 0.01、根茎类和薯芋类蔬菜 0.01、水生类蔬菜 0.01、芽菜类蔬菜 0.01、其他类蔬菜 0.01；

干制蔬菜 0.01；

柑橘类水果 0.01、仁果类水果 0.01、核果类水果 0.01、浆果和其他小型水果 0.01、热带和亚热带水果 0.01、瓜果类水果 0.01；

干制水果 0.01；

坚果 0.02；

糖料 0.01；

饮料 0.01；

食用菌 0.01；

调味料 0.01；

药用植物 0.02。

2. 存在的突出问题

三氯杀螨醇属持久性有机污染物。持久性有机污染物滴滴涕在三氯杀螨醇生产过程中作为中间原料使用，造成三氯杀螨醇中滴滴涕残留，危害到环境和人体健康。

3. 管理情况

（1）国内管理情况

2002 年，中华人民共和国农业部公告第 199 号规定三氯杀螨醇不得用于茶树上。

中华人民共和国农业部公告第 2445 号规定自 2016 年 9 月 7 日起撤销三氯杀螨醇的农药登记。自 2018 年 10 月 1 日起全面禁止三氧杀螨醇销售、使用。

2019 年，农业农村部农药管理司将其列入《禁限用农药名录》中的禁止（停止）使用的农药。

（2）境外管理情况

美国：2013 年 10 月 31 日取消三氯杀螨醇的登记。

欧盟：2008 年 9 月 30 日撤销该有效成分登记。

澳大利亚：自 20 世纪末至 2010 年逐步实现含三氯杀螨醇产品登记企业自动放弃。

2019 年被正式列入《斯德哥尔摩公约》。

（四十）林丹

1. 基本信息

中文通用名称：林丹。

英文通用名称：lindane。

化学名称：γ-(1,2,3,4,5,6)-六氯环己烷。

CAS 号：58-89-9。

（1）理化性质

分子式：$C_6H_6Cl_6$。

分子量：290.8。

化学结构式：

性状：白色结晶粉末。

熔点：112.86 ℃。

闪点：11.0 ℃。

相对密度：1.88（20 ℃）。

蒸气压：4.4 mPa（24 ℃）。

亨利常数：0.15 Pa·m³/mol。

logKow：3.5。

溶解度：水8.35 mg/L（pH值5，25 ℃）；丙酮>200，甲醇29~40，二甲苯>250，乙酸乙酯<200，正庚烷10~14（g/L，20 ℃）。

（2）作用方式与用途

林丹属于有机氯杀虫剂，杀虫谱广，具有胃毒触杀及微弱的熏蒸活性，作用于中枢神经系统中的突触部位，刺激前突触膜释放乙酰胆碱，使昆虫动作失调、痉挛、麻痹至死亡。用于防治水稻、小麦、大豆、玉米、蔬菜、果树、烟草、森林、粮仓等害虫。

（3）环境归趋特征

土壤吸附常数为400~2 000 mL/g，属中等吸附到较难土壤吸附农药。生物富集系数为140~2 100，属中等富集性到高富集性农药。水解半衰期分别为115.5 d（pH值3），281.7 d（pH值7），35.4 d（pH值9），属水中中等降解到难降解农药。

（4）毒理学数据

大鼠急性经口 LD_{50} 为88~270 mg/kg；

小鼠急性经口 LD_{50} 为59~246 mg/kg；

大鼠急性经皮 LD_{50} 为900~1 000 mg/kg；

大鼠吸入 LC_{50}（4 h）为1.56 mg/L 空气（气溶胶）；

山齿鹑急性经口 LD_{50} 为120~130 mg/kg，饲喂 LC_{50}（饲料）为919 mg/kg；

虹鳟鱼 LC_{50}（96 h）为0.022~0.028 mg/L；

大型潘 LC_{50}（48 h）为1.6~2.6 mg/L（静态）；

藻 EC_{50}（120 h）0.78 mg/L；

蜜蜂经口 LD_{50} 为0.011 μg/只，接触 LD_{50} 为0.23 μg/只。

（5）每日允许摄入量（ADI）

0.005 mg/kg bw。

（6）最大残留限量（mg/kg）

小麦0.05、大麦0.01、燕麦0.01、黑麦0.01、玉米0.01、鲜食玉米0.01、高梁 0.01；

哺乳动物肉类（海洋哺乳动物除外）脂肪含量 10% 以下 0.1（以原样计）、脂肪含量 10% 及以上 1（以脂肪计）、可食用内脏（哺乳动物）0.01；

家禽肉（脂肪）0.05；

可食用家禽内脏 0.01；

蛋类 0.1；

生乳 0.01。

2. 存在的突出问题

为持久性有机污染物。

3. 管理情况

（1）国内管理情况

生态环境部、外交部、国家发展和改革委员会、科学技术部、工业和信息化部、农业农村部、商务部、国家卫生健康委员会、应急管理部、海关总署、国家市场监督管理总局联合发布公告，为落实《关于持久性有机污染物的斯德哥尔摩公约》履约要求，自 2019 年 3 月 26 日起，禁止林丹除可接受用途外的生产、流通、使用和进出口。

2019 年，农业农村部农药管理司将其列入《禁限用农药名录》中的禁止（停止）使用的农药。

（2）境外管理情况

2009 年被列入《斯德哥尔摩公约》。

（四十一）硫丹

1. 基本信息

中文通用名称：硫丹。

英文通用名称：endosulfan。

化学名称：(1,4,5,6,7,7-六氯-8,9,10-三降冰片-5-烯-2,3-亚基双亚甲基)亚硫酸酯。

CAS 号：115-29-7。

（1）理化性质

分子式：$C_9H_6Cl_6O_3S$。

分子量：406.9。

化学结构式：

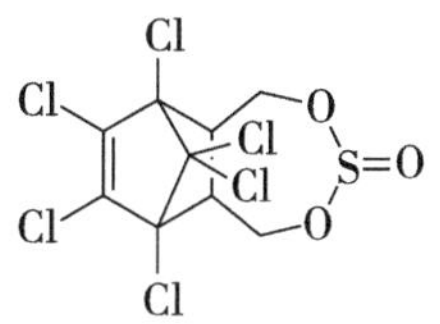

性状：白色晶体。

熔点：109.2 ℃（α-硫丹）；213.3 ℃（β-硫丹）。

闪点：−26.0 ℃。

相对密度：1.8（20 ℃）。

蒸气压：0.83 mPa（20 ℃）。

亨利常数：1.48（α-硫丹）；0.07（β-硫丹）（Pa·m³/mol，22 ℃）。

logKow：1.2。

溶解度：水0.32（α-硫丹），0.33（β-硫丹）（mg/L，22 ℃）；乙酸乙酯200、二氯甲烷200、甲苯200、乙醇65，己烷24（g/L，20 ℃）。

（2）作用方式与用途

硫丹是γ-氨基丁酸受体的拮抗剂，具触杀、胃毒和熏蒸多种作用的杀虫剂。防治棉花、果树、蔬菜、烟草、马铃薯及苜蓿上的多种咀嚼式和刺吸式口器害虫。对作物不易产生药害。防治棉铃虫、红铃虫、棉卷叶虫、金龟子、梨小食心虫、桃小食心虫、黏虫、蓟马、叶蝉等。

（3）环境归趋特征

土壤中硫丹（α和β）的降解半衰期为30~70 d，属土壤中等降解农药，主要代谢物是硫丹硫酸酯，硫丹硫酸酯降解得更慢。吸附常数为3 000~20 000 mL/g，属较易土壤吸附到中等土壤吸附农药。

（4）毒理学数据

大鼠急性经口 LD_{50} 为43 mg/kg；

雄大鼠急性经皮 LD_{50} 为384 mg/kg；

雌大鼠急性经皮 LD_{50} 为68 mg/kg；

雄大鼠吸入 LC_{50}（4 h）为0.034 5 mg/L空气；

雌大鼠吸入 LC_{50}（4 h）为0.012 6 mg/L空气；

野鸭急性经口 LD_{50} 为205~245 mg/kg；

金色圆腹雅鱼 LC_{50}（96 h）为0.002 mg/L；

大型溞 LC_{50}（48 h）为75~750 μg/L；

绿藻 EC_{50}（72 h）>0.56 mg/L。

（5）每日允许摄入量（ADI）

0.006 mg/kg bw。

（6）最大残留限量（mg/kg）

稻类0.05、麦类0.05、旱粮类0.05、杂粮类0.05、成品粮0.05；

小型油籽类0.05、中型油籽类0.05、大型油籽类0.05、油脂0.05；

鳞茎类蔬菜0.05、芸薹属类蔬菜0.05、叶菜类蔬菜0.05、茄果类蔬菜0.05、瓜类蔬菜0.05、豆类蔬菜0.05、茎类蔬菜0.05、根茎类和薯芋类蔬菜0.05、水生类蔬菜0.05、芽菜类蔬菜0.05、其他类蔬菜0.05；

干制蔬菜0.05；

柑橘类水果0.05、仁果类水果0.05、核果类水果0.05、浆果和其他小型水果0.05、热带和亚热带水果0.05、瓜果类水果0.05；

干制水果0.05；

坚果（榛子澳洲坚果除外）0.05、榛子0.02、澳洲坚果0.02；

糖料0.05；

饮料类（茶叶除外）0.05、茶叶10；

食用菌0.05；

调味料0.05；

药用植物0.05；

哺乳动物肉类（海洋哺乳动物除外），以脂肪中的残留量计0.2；

猪肝0.1、牛肝0.1、山羊肝0.1、绵羊肝0.1、猪肾0.03、牛肾0.03、山羊肾0.03、绵羊肾0.03；

禽肉类0.03；

禽类内脏0.03；

蛋类0.03；

生乳0.01。

2. 存在的突出问题

为持久性有机污染物。

3. 管理情况

（1）国内管理情况

2011年，中华人民共和国农业部公告第1586号规定停止受理硫丹新增田间试验申请、登记申请及生产许可申请；停止批准含有上述农药的新增登记证和农药生产许可证（生产批准文件）；撤销硫丹在苹果树、茶树上的登记。

2018年，中华人民共和国农业部公告第2552号规定撤销含硫丹产品的农药登记。

生态环境部、外交部、国家发展和改革委员会、科学技术部、工业和信息化部、农业农村部、商务部、国家卫生健康委员会、应急管理部、海关总署、国家市场监督管理总局联合发布公告，为落实《关于持久性有机污染物的斯德哥尔摩公约》履约要求，自2019年3月26日起，禁止硫丹除可接受用途外的生产、流通、使用和进出口。

2019年，农业农村部农药管理司将其列入《禁限用农药名录》中的禁止（停止）使用的农药。

（2）境外管理情况

2009年，新西兰环境风险管理局撤销了对杀虫剂硫丹的批准，禁止硫丹在新西兰生产、进口和使用。

2011年被列入《斯德哥尔摩公约》。

阿根廷于2012年7月1日全面禁止硫丹及其制剂的进口。

（四十二）溴甲烷

1. 基本信息

中文通用名称：溴甲烷。

英文通用名称：methyl bromide。

化学名称：溴甲烷。

CAS 号：74-83-9。

（1）理化性质

分子式：CH_3Br。

分子量：94.9。

化学结构式：

$$Br—CH_3$$

性状：无色无味的气体。

熔点：-93 ℃。

闪点：34.0 ℃。

相对密度：1.732（0 ℃）。

蒸气压：$1.9×10^8$ mPa（20 ℃）。

亨利常数：741 Pa·m^3/mol。

溶解度：水 17.5 g／L（20 ℃），与冰水形成结晶水合物；易溶于大多数有机溶剂，例如低级醇、醚、酯、酮、芳烃、卤代烃和二硫化碳。

（2）作用方式与用途

溴甲烷进入生物体后，一部分由呼吸系统排出，另一部分在体内积累引起中毒，直接作用于中枢神经系统和肺、肾、肝及心血管系统。具有强烈的熏蒸作用，能杀死各种害虫的卵、幼虫、蛹和成虫。沸点低，汽化快，在冬季低温条件下也能熏蒸，渗透力很强。

对菌、杂草、线虫和昆虫有效，在室内熏蒸可杀死水稻、小麦和豆类中的谷象、赤拟谷盗、粉螨、豆象等害虫；土壤熏蒸可杀立枯病、白绢病等病原菌和根瘤线虫。

（3）环境归趋特征

难土壤吸附，土壤中的吸附常数值为 9~22 mL/g，在土壤表面极易挥发。生物富集系数为 3，在水生生物中具低生物富集性。土壤残留物主要是溴离子和溴甲烷。在动物与植物中能代谢，主要形成溴离子。

（4）毒理学数据

大鼠急性经口 LD_{50}<100 mg/kg；

大鼠吸入 LC_{50}（4 h）为 3.03 mg/L 空气；

山齿鹑急性经口 LD_{50} 为 73 mg/kg；

虹鳟鱼 LC_{30}（96 h）为 3.9 mg/L；

大型溞 EC_{50}（48 h）为 2.6 mg/L。

（5）每日允许摄入量（ADI）

1 mg/kg bw。

（6）最大残留限量（mg/kg）

稻类 0.02、麦类 0.02、旱粮类 0.02、杂粮类 0.02、成品粮 0.02；

小型油籽类 0.02、中型油籽类 0.02、大型油籽类 0.02、油脂 0.02；

鳞茎类蔬菜 0.02、芸薹属类蔬菜 0.02、叶菜类蔬菜 0.02、茄果类蔬菜 0.02、瓜类蔬菜 0.02、豆类蔬菜 0.02、茎类蔬菜 0.02、根茎类和薯芋类蔬菜 0.02、水生类蔬菜 0.02、芽菜类蔬菜 0.02、其他类蔬菜 0.02；

干制蔬菜 0.02；

柑橘类水果 0.02、仁果类水果 0.02、核果类水果 0.02、浆果和其他小型水果 0.02、热带和亚热带水果 0.02、瓜果类水果 0.02；

干制水果 0.02；

坚果 0.02；

糖料 0.02；

饮料 0.02；

食用菌 0.02；

调味料 0.02；

药用植物 0.05。

2. 存在的突出问题

高毒农药，属蒙特利尔议定书规定的受管制产品（破坏臭氧层）。

3. 管理情况

（1）国内管理情况

2011 年，中华人民共和国农业部公告第 1586 号规定停止受理溴甲烷新增田间试验申请、登记申请及生产许可申请；停止批准含有上述农药的新增登记证和农药生产许可证（生产批准文件），以及撤销溴甲烷在草莓、黄瓜上的登记。

2015 年，中华人民共和国农业部公告第 2289 号规定将溴甲烷的登记使用范围和施用方法变更为土壤熏蒸，撤销除土壤熏蒸外的其他登记。溴甲烷应在专业技术人员指导下使用。

中华人民共和国农业部公告第 2552 号规定自 2019 年 1 月 1 日起将含溴甲烷产品的农药登记使用范围变更为检疫熏蒸处理，禁止含溴甲烷产品在农业上使用。

2019 年，农业农村部农药管理司将其列入《禁限用农药名录》中的禁止（停止）使用的农药。溴甲烷可用于免疫熏蒸。

（2）境外管理情况

美国环保局已撤销除临时登记豁免和装船前检疫用途之外的溴甲烷登记。

（四十三）氟虫胺

1. 基本信息

中文通用名称：氟虫胺。

英文通用名称：sulfluramid。

化学名称：N-乙基全氟辛基磺酰胺。

CAS 号：4151-50-2。

（1）理化性质

分子式：$C_{10}H_6F_{17}NO_2S$。

分子量：527.2。

化学结构式：

性状：无色晶体。

熔点：96 ℃（87～93 ℃）。

闪点：>93.0 ℃。

相对密度：1.156 1。

蒸气压：0.057 mPa（25 ℃）。

logKow：>6.8。

溶解度：不溶于水（25 ℃），二氯甲烷18.6，己烷1.4，甲醇833（g/L）。

（2）作用方式与用途

氟虫胺为有机氟杀虫剂，防治蚂蚁和蜚蠊。通过在氧化磷酸化的解偶联导致膜破坏而起作用。

（3）环境归趋特征

易土壤吸附，土壤中的吸附常数为 7.9×10^5 mL/g。易从潮湿的土壤表面挥发。生物富集系数为 1.3×10^4，在水生生物中具高生物富集性。

（4）毒理学数据

大鼠急性经口 LD_{50}>5 000 mg/kg；

大鼠吸入 LC_{50}（4 h）>4.4 mg/L 空气；

山齿鹑急性经口 LD_{50} 为 0.45 mg/kg；

山齿鹑 LC_{50}（8 d，饲料）为 300 mg/L；

虹鳟鱼 LC_{50}（96 h）>7.99 mg/L；

大型溞 LC_{50}（48 h）0.39 mg/L。

（5）最大残留限量

《食品安全国家标准　食品中农药最大残留限量》（GB 2763—2021）中没有氟虫胺的最大残留限量标准和 ADI 值。

2. 存在的突出问题

高风险农药，在人畜安全、农产品质量安全和生态环境安全等方面存在隐患。主要降解产物全氟辛烷磺酸（PFOS），其在环境和生物体内难降解，2009 年列入《斯德哥尔摩公约》。

3. 国内管理情况

中华人民共和国农业农村部公告第 148 号规定自 2019 年 3 月 22 日起，不再受理、批准含氟虫胺农药产品（包括该有效成分的原药、单剂、复配制剂，下同）的农药登记和登记延续；自 2019 年 3 月 26 日起撤销含氟虫胺农药产品的农药登记和生产许可；自 2020 年 1 月 1 日起，禁止使用含氟虫胺成分的农药产品。

2019 年，农业农村部农药管理司将其列入《禁限用农药名录》中的禁止（停止）使用的农药。

（四十四）杀扑磷

1. 基本信息

中文通用名称：杀扑磷。

英文通用名称：methidathion。

化学名称：O,O-二甲基-S-(2,3-二氢-5-甲氧基-2-氧代-1,3,4-噻二唑-3-基甲基)二硫代磷酸酯。

CAS 号：950-37-8。

（1）理化性质

分子式：$C_6H_{11}N_2O_4PS_3$。

分子量：302.3。

化学结构式：

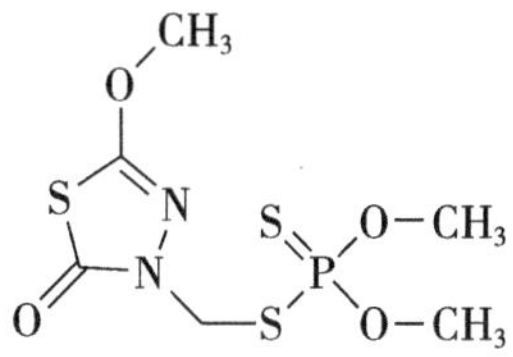

性状：无色结晶。

熔点：39~40 ℃。

闪点：100.0 ℃。

相对密度：1.51。

蒸气压：$2.5×10^{-1}$ mPa（20 ℃）。

亨利常数：$3.3 × 10^{-4}$ Pa·m^3/mol。

logKow：2.2。

溶解度：水 200 mg/L（25 ℃），乙醇 150，丙酮 670，甲苯 720，己烷 11，正辛醇 14（g/L，20 ℃）。

（2）作用方式与用途

胆碱酯酶抑制剂，具有触杀、胃毒作用的非内吸性杀虫剂。能有效地防治咀嚼式和刺吸式口器的昆虫，尤其是对介壳虫具有特效。适用于果树、棉花等作物上防治多种害虫。

（3）环境归趋特征

在土壤和水中易降解，降解半衰期为 3~18 d（实验室和田间）。土壤中吸附常数为 34~761 mL/g，属较难土壤吸附到难土壤吸附农药。生物富集系数为 1.5~6.4，具低生物富集性。

（4）毒理学数据

大鼠急性经口 LD_{50} 为 25~54 mg/kg；

小鼠急性经口 LD_{50} 为 25~70 mg/kg；

大鼠急性经皮 LD_{50} 为 297~1 663 mg/kg；

大鼠吸入 LC_{50}（4 h）为 140 mg/m³ 空气；

野鸭急性经口 LD_{50} 为 23.6~28 mg/kg；

山齿鹑 LC_{50}（8 d）为 224 mg/L；

虹鳟鱼 LC_{50}（96 h）为 0.01 mg/L；

大型溞 EC_{50}（48 h）为 7.2 μg/L；

羊角月牙藻 EC_{50}（72 h）为 22 mg/L；

蜜蜂经口 LD_{50} 为 190 μg/只，触杀 LD_{50} 为 150 μg/只。

（5）每日允许摄入量（ADI）

0.001 mg/kg bw。

（6）最大残留限量（mg/kg）

稻类 0.05、麦类 0.05、旱粮类 0.05、杂粮类 0.05、成品粮 0.05；

小型油籽类 0.05、中型油籽类 0.05、大型油籽类 0.05、油脂 0.05；

鳞茎类蔬菜 0.05、芸薹属类蔬菜 0.05、叶菜类蔬菜 0.05、茄果类蔬菜 0.05、瓜类蔬菜 0.05、豆类蔬菜 0.05、茎类蔬菜 0.05、根茎类和薯芋类蔬菜 0.05、水生类蔬菜 0.05、芽菜类蔬菜 0.05、其他类蔬菜 0.05；

干制蔬菜 0.05；

柑橘类水果 0.05、仁果类水果 0.05、核果类水果 0.05、浆果和其他小型水果 0.05、热带和亚热带水果 0.05、瓜果类水果 0.05；

干制水果 0.05；

猪肉 0.02、牛肉 0.02、绵羊肉 0.02、山羊肉 0.02；

猪内脏 0.02、牛内脏 0.02、绵羊内脏 0.02、山羊内脏 0.02；

猪脂肪 0.02、牛脂肪 0.02、绵羊脂肪 0.02、山羊脂肪 0.02；

禽肉类 0.02；

禽类脂肪 0.02；

禽类内脏 0.02；

蛋类 0.02；

生乳 0.001；

坚果 0.05；

糖料 0.05；

饮料类 0.05；

食用菌 0.05；

调味料（果类调味料除外）0.05、果类调味料 0.02；

药用植物 0.05。

2. 存在的突出问题

高毒农药。

3. 国内管理情况

2011 年，中华人民共和国公告第 1586 号规定停止受理杀扑磷新增田间试验申请、登记申请及生产许可申请；停止批准含有上述农药的新增登记证和农药生产许可证（生产批准文件）。

2019 年，农业农村部农药管理司将其列入《禁限用农药名录》中的禁止（停止）使用的农药。

（四十五）　百草枯

1. 基本信息

中文通用名称：百草枯。
英文通用名称：paraquat。
化学名称：1-1′-二甲基-4-4′-联吡啶阳离子盐。
CAS 号：4685-14-7。

（1）理化性质
分子式：$C_{12}H_{14}N_2$。
分子量：186.3。
化学结构式：

$$H_3C-\overset{+}{N}=\text{联吡啶}=\overset{+}{N}-CH_3$$

百草枯二氯盐的理化性质如下。
性状：白色，吸湿性晶体。
熔点：>300 ℃。
相对密度：1.5（25 ℃）。
蒸气压：$<1\times10^{-2}$ mPa（25 ℃）。
亨利常数：$<4\times10^{-9}$ Pa·m³/mol。
logKow：−4.5（20 ℃）。
溶解度：水 620 g/L（pH 值约 5~9，20 ℃），甲醇 143 g/L（20 ℃）。不溶于大多数其他有机溶剂。

（2）作用方式与用途
百草枯为速效触杀型灭生性季铵盐类除草剂，对叶绿体片层膜破坏力极强，使光合作用和叶绿素合成很快中止，叶片着药后 2~3 h 即开始受害变色，使其枯死；但无传导作用，只能使着药部位受害；不能破坏植株的根部和土壤内潜藏的种子。

可用于茶园、桑园、休闲地、免耕麦田、油菜等作物播种前除草。对于甘蔗、玉米、大豆、蔬菜、棉花等作物，在其生长中后期，如果有防护罩或定向喷雾，可以进行行间除草，也可用于田埂、渠道、道路、庭院等处除草。对一、二年生杂草防效最好。对车前、蓼、毛地黄、茅草、鸭趾草、香附子等莎草科杂草效果差。

（3）环境归趋特征

百草枯能被土壤和沉积物迅速并强力吸附（吸附常数为 8 000~40 000 000 mL/g），属易土壤吸附到较易土壤吸附农药。土壤中易降解，未被吸附的百草枯降解半衰期<1 周。低生物富集性，生物富集系数为 0.05~6.9。

（4）毒理学数据

大鼠急性经口 LD_{50} 为 58~118 mg/kg；

豚鼠急性经口 LD_{50} 为 22~80 mg/kg；

大鼠急性经皮 LD_{50}>660 mg/kg；

山齿鹑急性经口 LD_{50} 为 127 mg/kg；

虹鳟鱼 LC_{50}（96 h）为 18.6 mg/L；

大型溞 EC_{50}（48 h）>4.4 mg/L；

绿藻 E_rC_{50}（96 h）为 0.075 mg/L；

蜜蜂经口 LD_{50}（120 h）为 11.2 μg/只，接触 LD_{50}（120 h）50.9 μg/只。

（5）每日允许摄入量（ADI）

0.005 mg/kg bw。

（6）最大残留限量（mg/kg）

稻谷 0.05、玉米 0.1、高粱 0.03、杂粮类 0.5、小麦粉 0.5；

菜籽油 0.05、棉籽 0.2、大豆 0.5、葵花籽 2；

鳞茎类蔬菜 0.05、芸薹属类蔬菜 0.05、叶菜类蔬菜 0.05、茄果类蔬菜 0.05、瓜类蔬菜 0.05、豆类蔬菜 0.05、茎类蔬菜 0.05、根茎类和薯芋类蔬菜 0.05、水生类蔬菜 0.05、芽菜类蔬菜 0.05、其他类蔬菜 0.05；

柑橘类水果（柑、橘、橙除外）0.02、柑 0.2、橘 0.2、橙 0.2、仁果类水果（苹果除外）0.01、苹果 0.05、核果类水果 0.01、浆果和其他小型水果 0.01、橄榄 0.1、皮不可食的热带和亚热带水果（香蕉除外）0.01、香蕉 0.02、瓜果类水果 0.02；

坚果 0.05；

茶叶 0.2、啤酒花 0.1；

哺乳动物肉类（海洋哺乳动物除外）0.005；

哺乳动物内脏（海洋哺乳动物除外）0.05；

禽肉类 0.005；

禽类内脏 0.005；

蛋类 0.005；

生乳 0.005；

薄荷 0.05；

留兰香 0.5。

2. 存在的突出问题

高风险农药，误食后会对呼吸系统和消化系统产生极大的损害，并且没有特效的救治手段。

3. 管理情况

（1）国内管理情况

中华人民共和国农业部公告第 1745 号规定自 2014 年 7 月 1 日起，撤销百草枯水剂登记和生产许可、停止生产，保留母药生产企业水剂出口境外使用登记、允许专供出口生产，2016 年 7 月 1 日停止水剂在国内销售和使用。

2016 年，中华人民共和国农业部公告第 2445 号规定不再受理、批准百草枯的田间试验、登记申请，不再受理、批准百草枯境内使用的续展登记申请。保留母药生产企业产品的出口境外使用登记，母药生产企业可在续展登记时申请将现有登记变更为仅供出口境外使用登记。

2019 年，农业农村部农药管理司将其列入《禁限用农药名录》中的禁止（停止）使用的农药。

2020 年 9 月 25 日，农业农村部办公厅发布了《关于切实加强百草枯专项整治工作的通知》，国内企业合法生产的百草枯产品只能用于出口，不得境内销售。

（2）境外管理情况

泰国自 2020 年 6 月 1 日起，对百草枯实施禁令。

2007 年 7 月 23 日，英国政府撤销所有授权含有毒除草剂百草枯产品。即日起将授权吊销所有百草枯产品的广告、销售、供应、储存和使用。但是，现有的存货仍然可以使用和出售，直至 2008 年 7 月 11 日。

（四十六）2,4-滴丁酯

1. 基本信息

中文通用名称：2,4-滴丁酯。

英文通用名称：2,4-D butylate。

化学名称：2,4-二氯苯氧乙酸正丁酯。

CAS 号：94-80-4。

（1）理化性质

分子式：$C_{12}H_{14}Cl_2O_3$。

分子量：277.1。

化学结构式：

性状：无色油状液体。

熔点：9 ℃。

相对密度：1.242 8。

蒸气压：133.3 mPa（25~28 ℃）。

亨利常数：$4.9×10^{-2}$ Pa·m^3/mol。

溶解度：不溶于水，易溶于有机溶剂。

（2）作用方式与用途

2,4-滴丁酯为激素类选择性除草剂，具有较强的内吸传导性，可以穿过角质层和细胞膜，最后传导到各部位，影响核酸和蛋白质的合成。在植物顶端抑制核酸代谢和蛋白质合成，使生长点停止生长，嫩幼叶片不能伸展，抑制光合作用的正常进行；传导到植株下部时，使植物基部组织的核酸和蛋白质的合成增加，促进细胞异常分裂，根尖膨大，丧失吸收能力，造成基秆扭曲、畸形；还会使筛管堵塞、韧皮部破坏、有机物运输受阻，从而破坏植物正常的生理功能，最终导致植物死亡。主要用于苗后茎叶处理和土壤喷雾处理，防除禾本科作物田中阔叶杂草，对反枝苋、藜、蓼、马齿苋、铁苋菜、荠菜、播娘蒿、猪殃殃等阔叶杂草具有较好的防除效果。

（3）环境归趋特征

较难土壤吸附，土壤中吸附系数为 530 mL/g。2,4-滴丁酯很容易在鱼类中代谢，生物富集较弱。

（4）毒理学数据

大鼠急性经皮 LD$_{50}$ 为 500~1 500 mg/kg。

（5）每日允许摄入量（ADI）

0.01 mg/kg bw。

（6）最大残留限量（mg/kg）

小麦 0.05、玉米 0.05；

大豆 0.05；

甘蔗 0.05。

2. 存在的突出问题

① 具有较强的内吸传导性，很低浓度下抑制植物正常生长发育，出现畸形或死亡。

② 2,4-滴丁酯易挥发，使用时容易造成登记作物和邻近作物药害事故。

③ 对水生生物急性毒性为高毒，慢性毒性表现为存活率、生殖能力下降。

3. 国内管理情况

2016 年，中华人民共和国农业部公告第 2445 号规定不再受理、批准 2,4-滴丁酯（包括原药、母药、单剂、复配制剂，下同）的田间试验和登记申请，不再受理、批准 2,4-滴丁酯境内使用的续展登记申请。保留原药生产企业 2,4-滴丁酯产品的境外使用登记，原药生产企业可在续展登记时申请将现有登记变更为仅供出口境外使用登记。

2019 年，农业农村部农药管理司将其列入《禁限用农药名录》中的禁止（停止）使用的农药。自 2023 年 1 月 29 日起禁止使用。

四、限制使用农药信息

（一）甲拌磷

1. 基本信息

中文通用名称：甲拌磷。

英文通用名称：phorate。

化学名称：O,O-二乙基-S-[(乙硫基)甲基]二硫代磷酸酯。

CAS 号：298-02-2。

（1）理化性质

分子式：$C_7H_{17}O_2PS_3$。

分子量：260.4。

化学结构式：

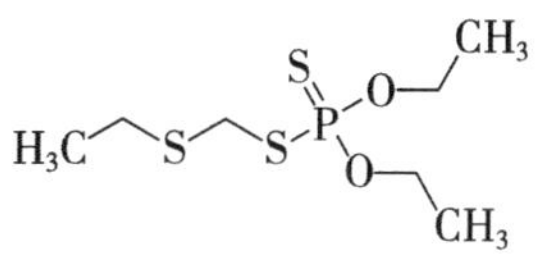

性状：透明的、有轻微臭味的油状液体。

熔点：-15 ℃。

闪点：>110.0 ℃。

相对密度：1.167。

蒸气压：112 mPa（20 ℃）。

亨利常数：$5.9×10^{-1}$ Pa·m³/mol。

logKow：3.0。

溶解度：不溶于水，溶于乙醇、乙醚、丙酮等。

（2）作用方式与用途

甲拌磷为高效、广谱的内吸性杀虫剂，具有触杀、胃毒、熏蒸作用，能在植物体内传导，对刺吸式口器和咀嚼式口器害虫都有良好防效，残效期长，是一种优良的种子处理剂。其作用方式为抑制昆虫神经组织中的胆碱酯酶的活性，从而破坏正常的神经冲动传导，导致中毒，直至死亡。用于防治如蚜虫、飞虱、蓟马、红蜘蛛、拟步行虫、跳甲、蝼蛄、金针虫等。对鳞翅目幼虫防效较差。

（3）环境归趋特征

土壤中易降解，土壤降解半衰期约7~10 d，可代谢为亚砜、砜及其硫代磷酸酯类化合物。土壤中吸附常数为543~3 200 mL/g，属中等土壤吸附到较难土壤吸附农药。具中等生物富集性，生物富集系数为90。

（4）毒理学数据

雄大鼠急性经口 LD_{50} 为 3.7 mg/kg；

雌大鼠急性经口 LD_{50} 为 1.6 mg/kg；

雄大鼠急性经皮 LD_{50} 为 6.2 mg/kg；

雌大鼠急性经皮 LD_{50} 为 2.5 mg/kg；

野鸡急性经口 LD_{50} 为 7.1 mg/kg；

虹鳟鱼 LC_{50}（96 h）为 0.013 mg/L；

蜜蜂接触 LD_{50} 为 10 μg/只。

（5）农药毒性等级

剧毒。

（6）每日允许摄入量（ADI）

0.000 7 mg/kg bw。

（7）最大残留限量（mg/kg）

稻谷 0.05、糙米 0.05、小麦 0.02、大麦 0.02、燕麦 0.02、黑麦 0.02、小黑麦 0.02、旱粮类（玉米除外）0.02、玉米 0.05、杂粮类 0.05；

棉籽 0.05、大豆 0.05、花生仁 0.1、玉米毛油 0.1、花生油 0.05、玉米油 0.02；

鳞茎类蔬菜 0.01、芸薹属类蔬菜 0.01、叶菜类蔬菜 0.01、茄果类蔬菜 0.01、瓜类蔬菜 0.01、豆类蔬菜 0.01、茎类蔬菜 0.01、根茎类和薯芋类蔬菜 0.01、水生类蔬菜 0.01、芽菜类蔬菜 0.01、其他类蔬菜 0.01；

干制蔬菜 0.01；

柑橘类水果 0.01、仁果类水果 0.01、核果类水果 0.01、浆果和其他小型水果 0.01、热带和亚热带水果 0.01、瓜果类水果 0.01；

干制水果 0.01；

甘蔗 0.01、甜菜 0.05；

茶叶 0.01、咖啡豆 0.05；

药用植物 0.01；

食用菌 0.01；

果类调味料 0.1、种子类调味料 0.5、根茎类调味料 0.1；

哺乳动物肉类（海洋哺乳动物除外）0.02；

哺乳动物内脏（海洋哺乳动物除外）0.02；

禽肉类 0.05；

蛋类 0.05；

生乳 0.01。

2. 生产使用情况

以下数据于 2020-6-30 查询中国农药信息网获得。

（1）登记情况

登记数量 173 个，单剂 83 个，复配剂 90 个。

（2）原药登记情况

原药含量：80%。

（3）制剂登记情况

颗粒剂，悬浮种衣剂，乳油。

（4）现行登记作物及防治对象

登记作物：大豆、高粱、红麻、花生、棉花、小麦、玉米。

防治对象：大豆-地下害虫；高粱-蚜虫；红麻-根结线虫；花生-地下害虫、蛴螬；小麦-地下害虫；棉花-蚜虫、地下害虫、小地老虎；玉米-地下害虫。

（5）已过期的登记作物及防治对象

登记作物：甘蔗、柑橘树、油菜。

防治对象：甘蔗-蔗螟；柑橘树-根结线虫；油菜-地下害虫、蚜虫、菌核病。

3. 存在的突出问题

对人、畜剧毒，是高风险农药，在人畜安全、农产品质量安全和生态环境安全等方面存在隐患。

4. 管理情况

（1）国内管理情况

中华人民共和国农业部公告第 194 号规定自 2002 年 4 月 22 日起停止受理甲拌磷新增临时登记申请，以及自 2002 年 6 月 1 日起撤销甲拌磷（包括混剂）在柑橘树上的登记。

2002 年，中华人民共和国农业部公告第 199 号规定在蔬菜、果树、茶叶、中草药材上不得使用甲拌磷。

2011 年，中华人民共和国农业部公告第 1586 号规定停止甲拌磷农药的新增田间试验申请、登记申请及生产许可申请；停止批准含有甲拌磷农药的新增登记证和农药生产许可证（生产批准文件）。

2019 年，农业农村部农药管理司将其列入《禁限用农药名录》中的在部分范围禁止使用的农药。

（2）境外管理情况

2019 年，鹿特丹公约缔约方大会第九届会议通过了将农药甲拌磷列入《公约》附件三的决定。

（二）甲基异柳磷

1. 基本信息

中文通用名称：甲基异柳磷。

英文通用名称：isofenphos-methyl。

化学名称：O-甲基-O-[(2-异丙氧基甲酰)苯基]-N-异丙基硫代磷酰胺。

CAS 号：99675-03-3。

（1）理化性质

分子式：$C_{14}H_{22}NO_4PS$。

分子量：331.4。

化学结构式：

性状：油状液体。

相对密度：1.522 1（20 ℃）。

溶解度：微溶于水，易溶于有机溶剂。

（2）作用方式与用途

对害虫具有较强的触杀和胃毒作用。杀虫谱广、残效期长。主要用于小麦、花生、大豆、玉米、地瓜、甜菜、苹果等作物，用于防治蛴螬、蝼蛄、金针虫等地下害虫，也可用于防治黏虫、蚜虫、烟青虫、桃小食心虫、红蜘蛛等。

（3）环境归趋特征

水中难降解，甲基异柳磷的水解半衰期为270.8 d（25 ℃），水解速率随pH值增加而增大。在土壤表面挥发性较弱，迁移性较弱，在土壤中易降解，降解半衰期为9~27 d（田间）。

（4）毒理学数据

大鼠急性经口 LD_{50} 为 21.52 mg/kg；

大鼠急性经皮 LD_{50} 为 76.72 mg/kg。

（5）农药毒性等级

高毒。

（6）每日允许摄入量（ADI）

0.003 mg/kg bw。

（7）最大残留限量（mg/kg）：

糙米0.02、玉米0.02、麦类0.02、旱粮类0.02、杂粮类0.02；

大豆0.02、花生仁0.05；

鳞茎类蔬菜0.01、芸薹属类蔬菜0.01、叶菜类蔬菜0.01、茄果类蔬菜0.01、瓜类蔬菜0.01、豆类蔬菜0.01、茎类蔬菜0.01、根茎类和薯芋类蔬菜（甘薯除外）0.01、甘薯0.05、水生类蔬菜0.01、芽菜类蔬菜0.01、其他类蔬菜0.01；

干制蔬菜0.01；

柑橘类水果0.01、仁果类水果0.01、核果类水果0.01、浆果和其他小型水果0.01、热带和亚热带水果0.01、瓜果类水果0.01；

干制水果0.01；

甜菜0.05、甘蔗0.02；

茶叶0.01；

食用菌0.01；

药用植物 0.02。

2. 生产使用情况

以下数据于 2020-6-30 查询中国农药信息网获得。

（1）登记情况

登记数量 92 个，单剂 34 个，复配剂 58 个。

（2）原药登记情况

原药含量：95%、90%、85%。

（3）制剂登记情况

乳油，颗粒剂，悬浮种衣剂，粉剂。

（4）现行登记作物及防治对象

登记作物：甘薯、高粱、花生、小麦、玉米。

防治对象：甘薯-茎线虫病、蛴螬；高粱-地下害虫；花生-蛴螬、地下害虫；小麦-地下害虫；玉米-地下害虫。

（5）已过期的登记作物及防治对象

大豆-地下害虫、孢囊线虫；甘蔗-蔗龟；水稻-象甲；甜菜-地下害虫、象甲。

3. 存在的突出问题

高毒农药。

4. 国内管理情况

2002 年，中华人民共和国农业部公告第 194 号规定停止受理甲基异柳磷（包括混剂）产品的新增临时登记申请。

2002 年，中华人民共和国农业部公告第 199 号规定在蔬菜、果树、茶叶、中草药材上不得使用甲基异柳磷。

2011 年，中华人民共和国农业部公告第 1586 号规定停止受理甲基异柳磷新增田间试验申请、登记申请及生产许可申请；停止批准含有上述农药的新增登记证和农药生产许可证（生产批准文件）。

中华人民共和国农业部公告第 2445 号规定自 2016 年 9 月 7 日起撤销甲基异柳磷在甘蔗作物上使用的农药登记；自 2018 年 10 月 1 日起禁止甲基异柳磷在甘蔗作物上使用。

2019 年，农业农村部农药管理司将其列入《禁限用农药名录》中的在部分范围禁止使用的农药。

（三）克百威

1. 基本信息

中文通用名称：克百威。

英文通用名称：carbofuran。

化学名称：2,3-二氢-2,2-二甲基-7-苯并呋喃基-N-甲基氨基甲酸酯。

CAS 号：1563-66-2。

（1）理化性质

分子式：$C_{12}H_{15}NO_3$。

分子量：221.3。

化学结构式：

性状：白色结晶。

熔点：153～154 ℃。

闪点：143.3 ℃。

相对密度：1.18（20 ℃）。

蒸气压：0.031 mPa（20 ℃），0.072 mPa（25 ℃）。

亨利常数：$2.14×10^{-5}$ Pa·m³/mol（20 ℃）。

logKow：1.52（20 ℃）。

溶解度：水 320 mg/L（20 ℃）；二氯甲烷>200，异丙醇 20～50，甲苯 10～20（g/L，20 ℃）。

（2）作用方式与用途

克百威是氨基甲酸酯类广谱性、内吸性杀虫剂，具有触杀和胃毒作用。其毒性机制为抑制胆碱酯酶的活性，但与其他氨基甲酸酯类杀虫剂不同的是，它与胆碱酯酶的结合不可逆，因此毒性高。克百威能被植物根系吸收，并能输送到植株各器官，在叶部积累较多，特别是叶缘，在果实中含量较少，当害虫咀嚼和刺吸带毒植物的叶汁或咬食带毒组织时，害虫体内胆碱酯酶受到抑制，引起害虫中毒死亡。广泛用于棉花、甘蔗、大豆、茶树、水稻、玉米、马铃薯、花生、谷物、香蕉、咖啡、烟草、苜蓿等作物害虫的防治。

（3）环境归趋特征

在土壤中属中等降解农药，降解半衰期为 30～60 d。难土壤吸附，吸附常数为 7.3～122 mL/g。具中等生物富集性，生物富集系数为 117。

（4）毒理学数据

大鼠急性经口 LD_{50} 为 8 mg/kg；

大鼠急性经皮 LD_{50}（24 h）>2 000 mg/kg；

大鼠吸入 LC_{50}（4 h）0.075 mg/L 空气；

日本鹌鹑急性经口 LD_{50} 为 2.5～5 mg/kg；

大型溞 LC_{50}（48 h）38.6 μg/L。

（5）农药毒性等级

高毒。

（6）每日允许摄入量（ADI）

0.001 mg/kg bw。

（7）最大残留限量（mg/kg）

糙米 0.1、麦类 0.05、旱粮类 0.05、杂粮类 0.05；

油菜籽 0.05、棉籽 0.1、大豆 0.2、花生仁 0.2、葵花籽 0.1；

鳞茎类蔬菜 0.02、芸薹属类蔬菜 0.02、叶菜类蔬菜 0.02、茄果类蔬菜 0.02、瓜类蔬菜 0.02、豆类蔬菜 0.02、茎类蔬菜 0.02、根茎类和薯芋类蔬菜（马铃薯除外）0.02、马铃薯 0.1、水生类蔬菜 0.02、芽菜类蔬菜 0.02、其他类蔬菜 0.02；

干制蔬菜 0.02；

柑橘类水果 0.02、仁果类水果 0.02、核果类水果 0.02、浆果和其他小型水果 0.02、热带和亚热带水果 0.02、瓜果类水果 0.02；

甘蔗 0.02、甜菜 0.1；

茶叶 0.02；

食用菌 0.02；

药用植物 0.02；

根茎类调味料 0.1；

猪肉 0.05、牛肉 0.05、山羊肉 0.05、绵羊肉 0.05、马肉 0.05；

猪内脏 0.05、牛内脏 0.05、羊内脏 0.05、马内脏 0.05；

猪脂肪 0.05、牛脂肪 0.05、山羊脂肪 0.05、绵羊脂肪 0.05、马脂肪 0.05。

2. 生产使用情况

以下数据于 2020-6-30 查询中国农药信息网获得。

（1）登记情况

登记数量 567 个，单剂 213 个，复配剂 354 个。

（2）原药登记情况

原药含量：90%。

（3）制剂登记情况

悬浮种衣剂，颗粒剂，乳油，种子处理干粉剂。

（4）现行登记作物及防治对象

登记作物：大豆、花生、棉花、水稻、甜菜、小麦、玉米。

防治对象：大豆-地下害虫；花生-线虫；棉花-蚜虫；水稻-螟虫、瘿蚊；甜菜-地下害虫；小麦-地下害虫；玉米-地下害虫。

（5）已过期的登记作物及防治对象

登记作物：油菜、甘蔗、柑橘树。

防治对象：油菜-地下害虫、蚜虫、菌核病；甘蔗-蚜虫、蔗龟、螟虫、蔗螟；柑橘树-锈壁虱。

3. 存在的突出问题

存在较高的生态和职业风险，农产品中残留易超标。高毒农药，对鸟类危害大。

4. 国内管理情况

中华人民共和国农业部公告第 194 号规定自 2002 年 4 月 22 日起停止受理克百威（包

括混剂）产品的新增临时登记申请，自 2002 年 6 月 1 日起，撤销克百威（包括混剂）在柑橘树上的登记。

2002 年，中华人民共和国农业部公告第 199 号规定在蔬菜、果树、茶叶、中草药材上不得使用克百威。

2011 年，中华人民共和国农业部公告第 1586 号规定停止受理克百威新增田间试验申请、登记申请及生产许可申请；停止批准含有上述农药的新增登记证和农药生产许可证（生产批准文件）。

中华人民共和国农业部公告第 2445 号规定自 2016 年 9 月 7 日起，撤销克百威在甘蔗作物上使用的农药登记；自 2018 年 10 月 1 日起禁止克百威在甘蔗作物上使用。

2019 年，农业农村部农药管理司将其列入《禁限用农药名录》中的在部分范围禁止使用的农药。

（四）水胺硫磷

1. 基本信息

中文通用名称：水胺硫磷。
英文通用名称：isocarbophos。
化学名称：O-甲基-O-(2-异丙氧基甲酰基苯基)硫代磷酰胺。
CAS 号：24353-61-5。

（1）理化性质

分子式：$C_{11}H_{16}NO_4PS$。

分子量：289.3。

化学结构式：

性状：无色菱形片状结晶。

熔点：45~46 ℃。

闪点：186.7 ℃。

相对密度：1.275。

logKow：2.7。

溶解度：不溶于水；溶于乙醇，乙醚，苯，丙酮和乙酸乙酯；不溶于石油醚。

（2）作用方式与用途

广谱有机磷杀虫剂，具触杀、胃毒和杀卵作用。在昆虫体内能首先被氧化成毒性更大的水胺氧磷，抑制昆虫体内的胆碱酯酶的活性。对螨类、鳞翅目、同翅目害虫具有很好的防效。主要用于防治红蜘蛛、介壳虫和水稻、棉花害虫。

（3）环境归趋特征

土壤中易降解。难土壤吸附，吸附常数为 190 mL/g。

（4）毒理学数据

大鼠急性经口 LD_{50} 为 28.5 mg/kg；

大鼠急性经皮 LD_{50} 为 447 mg/kg；

无致突变、致畸作用。

（5）农药毒性等级

高毒。

（6）每日允许摄入量（ADI）

0.003 mg/kg bw。

（7）最大残留限量（mg/kg）：

稻谷 0.05、糙米 0.05、麦类 0.05、旱粮类 0.05、杂粮类 0.05；

棉籽 0.05、花生仁 0.05；

鳞茎类蔬菜 0.05、芸薹属类蔬菜 0.05、叶菜类蔬菜 0.05、茄果类蔬菜 0.05、瓜类蔬菜 0.05、豆类蔬菜 0.05、茎类蔬菜 0.05、根茎类和薯芋类蔬菜 0.05、水生类蔬菜 0.05、芽菜类蔬菜 0.05、其他类蔬菜 0.05；

柑橘类水果 0.02、仁果类水果 0.01、核果类水果 0.05、浆果和其他小型水果 0.05、热带和亚热带水果 0.05、瓜果类水果 0.05；

甜菜 0.05、甘蔗 0.05；

茶叶 0.05。

2. 生产使用情况

以下数据于 2020-6-30 查询中国农药信息网获得。

（1）登记情况

登记数量 179 个，单剂 42 个，复配剂 137 个。

（2）原药登记情况

原药含量：95%。

（3）制剂登记情况

乳油。

（4）现行登记作物及防治对象

登记作物：棉花、水稻。

防治对象：棉花-红蜘蛛、棉铃虫；水稻-象甲。

（5）已过期的登记作物及防治对象

登记作物：柑橘树、梨树、苹果树。

防治对象：柑橘树-红蜘蛛；梨树-梨木虱；苹果树-红蜘蛛。

3. 存在的突出问题

高毒高风险农药，在人畜安全、农产品质量安全和生态环境安全等方面存在隐患。

4. 国内管理情况

2002 年，中华人民共和国农业部公告第 194 号规定停止受理水胺硫磷新增临时登记申请。

2011 年，中华人民共和国农业部公告第 1586 号规定停止受理水胺硫磷新增田间试验申请、登记申请及生产许可申请；停止批准含有上述农药的新增登记证和农药生产许可证（生产批准文件），撤销水胺硫磷在柑橘树上的登记。本公告发布前已生产产品的标签可以不再更改，但不得继续在已撤销登记的作物上使用。

2019 年，农业农村部农药管理司将其列入《禁限用农药名录》中的在部分范围禁止使用的农药。

（五）氧乐果

1. 基本信息

中文通用名称：氧乐果。
英文通用名称：omethoate。
化学名称：O,O-二甲基-S-(N-甲基氨基甲酰甲基)硫代磷酸酯。
CAS 号：1113-02-6。

（1）理化性质
分子式：$C_5H_{12}NO_4PS$。
分子量：213.2。
化学结构式：

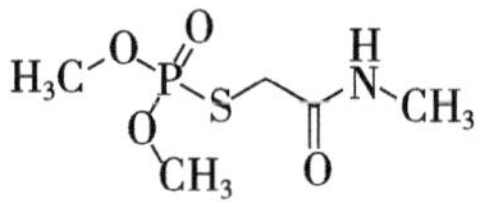

性状：无色透明油状液体。
熔点：$-28\ ℃$。
闪点：1.3（20 ℃）。
相对密度：1.32（20 ℃）。
蒸气压：3.3 mPa（20 ℃）。
亨利常数：$4.6×10^{-9}\ Pa·m^3/mol$。
logKow：-0.74（20 ℃）。
溶解度：与水、醇、丙酮和许多碳氢化合物混溶，微溶于二乙醚，几乎不溶于石油醚。

（2）作用方式与用途
胆碱酯酶的抑制剂，具有内吸、触杀和一定胃毒作用，具有击倒力快，高效、广谱、杀虫、杀螨等特点。用于防治粮、棉、果、林、菜等害虫、螨、蚧等，在低温下仍能保持杀虫活性，特别适合防治越冬的蚜虫、螨类、木虱和蚧类等。

（3）环境归趋特征
土壤的吸附常数值为 9.4 mL/g，难土壤吸附。土壤中易降解，降解半衰期仅几天，主要代谢物是二氧化碳。具低生物富集性，生物富集系数为 3。

（4）毒理学数据

大鼠急性经口 LD_{50} 约 25 mg/kg；

雄大鼠急性经皮 LD_{50}（24 h）约为 232 mg/kg；

雌大鼠急性经皮 LD_{50}（24 h）约为 145 mg/kg；

大鼠吸入 LC_{50}（4 h）约 0.3 mg/L 空气（气溶胶）；

雄日本鹌鹑急性经口 LD_{50} 为 79.7 mg/kg；

雌日本鹌鹑急性经口 LD_{50} 为 83.4 mg/kg；

虹鳟鱼 LC_{50}（96 h）为 9.1 mg/L；

大型溞 LC_{50}（48 h）为 0.022 mg/L；

羊角月牙藻 E_rC_{50} 为 167.5 mg/L。

（5）农药毒性等级

高毒。

（6）每日允许摄入量（ADI）

0.000 3 mg/kg bw。

（7）最大残留限量（mg/kg）

麦类 0.02、旱粮类 0.05、杂粮类 0.05；

棉籽 0.02、大豆 0.05；

鳞茎类蔬菜 0.02、芸薹属类蔬菜 0.02、叶菜类蔬菜 0.02、茄果类蔬菜 0.02、瓜类蔬菜 0.02、豆类蔬菜 0.02、茎类蔬菜 0.02、根茎类和薯芋类蔬菜 0.02、水生类蔬菜 0.02、芽菜类蔬菜 0.02、其他类蔬菜 0.02；

柑橘类水果 0.02、仁果类水果 0.02、核果类水果 0.02、浆果和其他小型水果 0.02、热带和亚热带水果 0.02、瓜果类水果 0.02；

甜菜 0.05、甘蔗 0.05；

茶叶 0.05；

果类调味料 0.01、根茎类调味料 0.05。

2. 生产使用情况

以下数据于 2020-6-30 查询中国农药信息网获得。

（1）登记情况

登记数量 114 个，单剂 46 个，复配剂 68 个。

（2）原药登记情况

原药含量：70%、92%。

（3）制剂登记情况

乳油。

（4）现行登记作物及防治对象

登记作物：大豆、棉花、森林、水稻、小麦。

防治对象：大豆-食心虫、蚜虫；森林-松干蚧、松毛虫；棉花-蚜虫；小麦-蚜虫；水稻-稻纵卷叶螟、飞虱。

（5）已过期的登记作物及防治对象

登记作物：柑橘树、烟草、杨树。

防治对象：柑橘树-矢尖蚧、红蜘蛛；烟草-矢尖蚧、蚜虫、烟青虫；杨树-黄斑星天牛、蚜虫、烟青虫。

3. 存在的突出问题

高毒农药。

4. 国内管理情况

中华人民共和国农业部公告第 194 号规定自 2002 年 4 月 22 日起停止受理氧乐果（包括混剂）产品的新增临时登记申请，以及自 2002 年 6 月 1 日起撤销氧乐果（包括混剂）在甘蓝上的登记。

2011 年，中华人民共和国农业部公告第 1586 号规定停止受理氧乐果新增田间试验申请、登记申请及生产许可申请；停止批准含有上述农药的新增登记证和农药生产许可证（生产批准文件），以及撤销氧乐果在柑橘树上的登记。

2019 年，农业农村部农药管理司将其列入《禁限用农药名录》中的在部分范围禁止使用的农药。

（六）天多威

1. 基本信息

中文通用名称：灭多威。

英文通用名称：methomyl。

化学名称：O-甲基氨基甲酰基-2-甲硫基乙醛肟。

CAS 号：16752-77-5。

（1）理化性质

分子式：$C_5H_{10}N_2O_2S$。

分子量：162.2。

化学结构式：

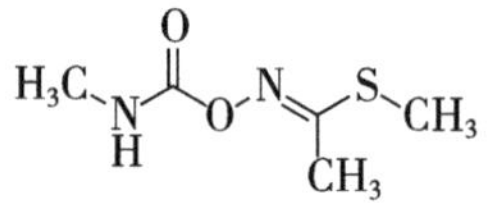

性状：白色结晶，稍有硫磺味。

熔点：78~79 ℃。

相对密度：1.294 6（25 ℃）。

蒸气压：0.72 mPa（25 ℃）。

亨利常数：2.1×10^{-6} Pa·m³/mol。

logKow：0.093。

溶解度：水 57.9 g/L（25 ℃），甲醇 1000，丙酮 730，乙醇 420，异丙醇 220，甲苯

30（g/L，25 ℃），微溶于烃。

（2）作用方式与用途

胆碱酯酶抑制剂，具有胃毒和触杀作用的内吸性杀虫剂和杀螨剂。可在果树、棉花、烟草、蔬菜、苜蓿、观赏植物、草场等作叶面喷洒，用于防治棉铃虫、玉米螟、苹果蠹蛾、苜蓿叶象甲、菜青虫、水稻螟虫、烟草卷叶虫、黏虫、大豆夜蛾、飞虱、蚜虫、蓟马等多种害虫。

（3）环境归趋特征

土壤和地下水中易降解，土壤中降解半衰期为 4~8 d（2 ℃，pH 值 5~8），地下水中降解半衰期<0.2 d。难土壤吸附，土壤吸附常数为 72~160 mL/g。具低生物富集性，生物富集系数为 3。

（4）毒理学数据

雄大鼠急性经口 LD_{50} 为 34 mg/kg；

雌大鼠急性经口 LD_{50} 为 30 mg/kg；

大鼠的吸入毒性 LC_{50}（4 h）为 0.258 mg/kg 空气；

虹鳟鱼 LC_{50}（96 h）为 2.49 mg/L；

蜜蜂接触 LD_{50} 为 0.16 μg/只，口服为 0.28 μg/只；

大型溞 LC_{50}（48 h）为 17 μg/L。

（5）农药毒性等级

高毒。

（6）每日允许摄入量（ADI）

0.02 mg/kg bw。

（7）最大残留限量（mg/kg）

麦类（大麦、燕麦除外）0.2、大麦 2、燕麦 0.02、旱粮类 0.05、杂粮类 0.2；

油菜籽 0.05、棉籽 0.5、大豆 0.2、大豆毛油 0.2、大豆油 0.2、棉籽油 0.04、玉米油 0.02；

鳞茎类蔬菜 0.2、芸薹属类蔬菜 0.2、叶菜类蔬菜 0.2、茄果类蔬菜 0.2、瓜类蔬菜 0.2、豆类蔬菜 0.2、茎类蔬菜 0.2、根茎类和薯芋类蔬菜 0.2、水生类蔬菜 0.2、芽菜类蔬菜 0.2、其他类蔬菜 0.2；

柑橘类水果 0.2、仁果类水果 0.2、核果类水果 0.2、浆果和其他小型水果 0.2、热带和亚热带水果 0.2、瓜果类水果 0.2；

甘蔗 0.2、甜菜 0.2；

茶叶 0.2；

薄荷 2、留兰香 2、果类调味料 0.07、欧芹 5、干辣椒 10；

哺乳动物肉类（海洋哺乳动物除外）0.02；

哺乳动物内脏（海洋哺乳动物除外）0.02；

禽肉类 0.02；

禽类内脏 0.02；

蛋类 0.02；

生乳 0.02。

2. 生产使用情况

以下数据于 2020-6-30 查询中国农药信息网获得。

（1）登记情况

登记数量 179 个，单剂 42 个，复配剂 137 个。

（2）原药登记情况

原药含量：98%。

（3）制剂登记情况

可溶粉剂，可溶液剂，可湿性粉剂，乳油。

（4）现行登记作物及防治对象

登记作物：大豆、棉花、桑树、水稻、小麦、烟草。

防治对象：大豆-美洲斑潜蝇；棉花-棉铃虫、棉蚜；桑树-桑螟、野蚕；水稻-二化螟、稻纵卷叶螟；小麦-蚜虫；烟草-烟青虫、烟蚜。

（5）已过期的登记作物及防治对象

甘蓝-小菜蛾、甜菜夜蛾、菜青虫；柑橘树-潜叶蛾、橘蚜；苹果树-红蜘蛛、黄蚜；十字花科蔬菜-甜菜夜蛾；玉米-玉米螟。

3. 存在的突出问题

高毒农药。

4. 国内管理情况

2002 年，中华人民共和国农业部公告第 194 号规定停止受理灭多威（包括混剂）产品的新增临时登记申请。

2011 年，中华人民共和国农业部公告第 1586 号规定停止受理灭多威新增田间试验申请、登记申请及生产许可申请；停止批准含有上述农药的新增登记证和农药生产许可证（生产批准文件）；以及撤销灭多威在柑橘树上的登记。

2019 年，农业农村部农药管理司将其列入《禁限用农药名录》中的在部分范围禁止使用的农药。

（七）涕灭威

1. 基本信息

中文通用名称：涕灭威。
英文通用名称：aldicarb。
化学名称：O-甲基氨基甲酰基-2-甲基-2-(甲硫基)丙醛肟。
CAS 号：116-06-3。

（1）理化性质

分子式：$C_7H_{14}N_2O_2S$。

分子量：190.3。

化学结构式：

性状：白色结晶固体，略带硫磺味。

熔点：98~100 ℃。

相对密度：1.20（20 ℃）。

蒸气压：3.87 mPa（24 ℃）。

亨利常数：$1.23×10^{-4}$ Pa·m³/mol（25 ℃）。

logKow：1.15。

溶解度：水4.93 g/L（pH值7，20 ℃）；溶于大多数有机溶剂，丙酮350，二氯甲烷300，苯150，二甲苯50（g/L，25 ℃）；几乎不溶于庚烷和矿物油。

（2）作用方式与用途

胆碱酯酶的抑制剂，具有触杀、胃毒和内吸作用。涕灭威施于土壤中，通过作物根部被吸收，经木质部传导到植物地上部分各组织和器官而起作用。对百余种作物的害虫都有很高的防治效果，尤其对棉花、玉米、马铃薯及多种经济作物的蚜虫、蓟马、甲虫、叶蝉、椿象、螨类及线虫等有效，但对一些鳞翅目幼虫几乎无效。

（3）环境归趋特征

属土壤中易降解到中等降解农药，降解半衰期为2~12 d（实验室）或0.5~2个月（田间），降解产物为亚砜和砜。涕灭威及其亚砜在中性和偏酸性的水中难降解，其降解半衰期可长达0.9~4.3 a。涕灭威及其降解产物亚砜和砜均难土壤吸附，涕灭威在土壤中的吸附常数为21~68 mL/g，其亚砜化合物吸附常数为13~48 mL/g，其砜类化合物吸附常数为11~32 mL/g。涕灭威难光解，光解半衰期为4.1 d（25 ℃）。具低生物富集性，生物富集系数为3。

（4）毒理学数据

大鼠急性经口 LD_{50} 为0.93 mg/kg；

雄兔急性经皮 LD_{50} 为20 mg/kg；

大鼠吸入 LD_{50}（4 h）为0.003 9 mg/L空气；

野鸭急性经口 LD_{50} 为1 mg/kg；

山齿鹑 LC_{50}（8 d）为71 mg/kg饲料；

虹鳟鱼 LC_{50}（96 h）为>0.56 mg/L；

大型溞 LC_{50}（21 h）为0.18 mg/L；

羊角月牙藻 E_rC_{50} 为（96 h）1.4 mg/L；

蜜蜂高毒（有效接触的情况下），LD_{50} 为0.285 μg/只，但是在使用时由于该化合物做成产品后剂型为粒剂，和土壤混在一起，不会和蜜蜂接触，对蜜蜂的风险较小。

（5）农药毒性等级

剧毒。

（6）**每日允许摄入量（ADI）**

0.003 mg/kg bw。

（7）**最大残留限量**

小麦 0.02、大麦 0.02、玉米 0.05；

棉籽 0.1、大豆 0.02、花生仁 0.02、葵花籽 0.05、棉籽油 0.01、花生油 0.01；

鳞茎类蔬菜 0.03、芸薹属类蔬菜 0.03、叶菜类蔬菜 0.03、茄果类蔬菜 0.03、瓜类蔬菜 0.03、豆类蔬菜 0.03、茎类蔬菜 0.03、根茎类和薯芋类蔬菜（甘薯、马铃薯、木薯、山药除外）0.03、马铃薯 0.1、甘薯 0.1、山药 0.1、木薯 0.1、水生类蔬菜 0.03、芽菜类蔬菜 0.03、其他类蔬菜 0.03；

柑橘类水果 0.02、仁果类水果 0.02、核果类水果 0.02、浆果和其他小型水果 0.02、热带和亚热带水果 0.02、瓜果类水果 0.02；

甜菜 0.05；

果类调味料 0.07、根茎类调味料 0.02；

哺乳动物肉类（海洋哺乳动物除外）0.01；

生乳 0.01。

2. 生产使用情况

以下数据于 2020-6-30 查询中国农药信息网获得。

（1）**登记情况**

登记数量 4 个，单剂 4 个。

（2）**原药登记情况**

原药含量：80%。

（3）**制剂登记情况**

颗粒剂。

（4）**现行登记作物及防治对象**

登记作物：甘薯、花生、棉花、烟草、月季。

防治对象：甘薯-茎线虫病；花生-线虫；棉花-蚜虫；烟草-烟蚜；月季-红蜘蛛。

（5）**已过期的登记作物及防治对象**

花卉-蚜虫、螨。

3. 存在的突出问题

剧毒、高风险农药。

4. 管理情况

（1）**国内管理情况**

中华人民共和国农业部公告第 194 号规定自 2002 年 4 月 22 日起停止受理涕灭威（包括混剂）产品的新增临时登记申请，以及自 2002 年 6 月 1 日起撤销涕灭威（包括混剂）在苹果树上的登记。

2002 年，中华人民共和国农业部公告第 199 号规定在蔬菜、果树、茶叶、中草药材上不得使用涕灭威。

2011 年，中华人民共和国农业部公告第 1586 号规定停止受理涕灭威新增田间试验申请、登记申请及生产许可申请；停止批准含有上述农药的新增登记证和农药生产许可证（生产批准文件）。

2019 年，农业农村部农药管理司将其列入《禁限用农药名录》中的在部分范围禁止使用的农药。

（2）境外管理情况

巴西、秘鲁、美国等国家已经全面禁止涕灭威的登记和使用。

（八）灭线磷

1. 基本信息

中文通用名称：灭线磷。

英文通用名称：ethoprophos。

化学名称：O-乙基-S,S-二丙基二硫代磷酸酯。

CAS 号：13194-48-4。

（1）理化性质

分子式：$C_8H_{19}O_2PS_2$。

分子量：242.3。

化学结构式：

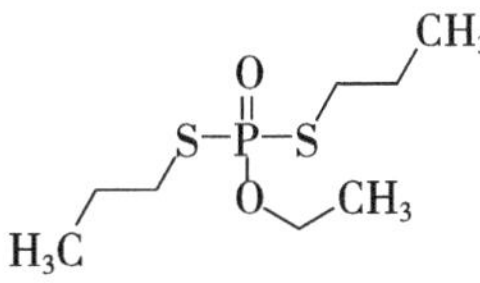

性状：淡黄色液体。

熔点：1.094（20 ℃）。

闪点：141.4 ℃。

相对密度：1.094（20 ℃）。

蒸气压：46.5 mPa（26 ℃）。

亨利常数：$1.7×10^{-2}$ Pa·m³/mol。

logKow：3.59。

溶解度：水 700 mg/L（20 ℃）；丙酮，乙醇，二甲苯，1,2-二氯乙烷，乙醚，乙酸乙酯，环己烷>300 g/kg（20 ℃）。

（2）作用方式与用途

胆碱酯酶的抑制剂，作用方式为触杀，为无内吸性的杀螨、杀虫剂，能防治各种植物线虫。在土壤内或水层下可较长时间内保持药效，是一种优良的土壤杀虫剂，适用于花生、大豆、菠萝、香蕉、烟草、蔬菜、甘蔗、观赏植物等。

（3）环境归趋特征

在含腐殖酸的土壤中属中等降解农药，降解半衰期约为 87 d（pH 值 4.5)，在沙土中易降解，降解半衰期约为 $14\sim28$ d（pH 值 7.2）。难土壤吸附，吸附常数为 $70\sim120$ mL/g。在水生生物中具低富集性到中等富集性，生物富集系数范围为 $4\sim17$。

（4）毒理学数据

大鼠急性经口 LD_{50} 为 62 mg/kg；

大鼠吸入 LC_{50}（4 h）为 123 mg/m³ 空气；

野鸭急性经口 LD_{50} 为 61 mg/kg；

虹鳟鱼 LC_{50}（96 h）为 13.8 mg/L。

（5）农药毒性等级

高毒。

（6）每日允许摄入量（ADI）

0.1 mg/kg bw。

（7）最大残留限量（mg/kg）

洋葱 1、结球莴苣 50、番茄 3、黄瓜 1、马铃薯 0.1；

苹果 10、葡萄 10、草莓 5、甜瓜类水果 3；

葡萄干 40。

2. 生产使用情况

以下数据于 2020-6-30 查询中国农药信息网获得。

（1）登记情况

登记数量 40 个，单剂 39 个，复配剂 1 个。

（2）原药登记情况

原药含量：95%。

（3）制剂登记情况

颗粒剂，乳油。

（4）登记作物及防治对象

登记作物：甘薯、红薯、花生、水稻。

防治对象：甘薯-茎线虫病；水稻-稻瘿蚊；花生-根结线虫；红薯-茎线虫病。

3. 存在的突出问题

高毒农药。

4. 管理情况

（1）国内管理情况

2002 年，中华人民共和国农业部公告第 199 号规定在蔬菜、果树、茶叶、中草药材上不得使用灭线磷。

2011 年，中华人民共和国农业部公告第 1586 号规定停止受理灭线磷新增田间试验申请、登记申请及生产许可申请；停止批准含有上述农药的新增登记证和农药生产许可证（生产批准文件）。

2019 年，农业农村部农药管理司将其列入《禁限用农药名录》中的在部分范围禁止使用的农药。

（2）境外管理情况

2019 年，欧盟委员会发布委员会实施条例（EU）2019/344，根据欧洲议会和理事会关于将植物保护产品投放市场的条例（EC）No 1107/2009，不再批准使用活性物质灭线磷并修订欧盟委员会实施细则（EU）540/2011 号。

（九）内吸磷

1. 基本信息

中文通用名称：内吸磷。

英文通用名称：demeton。

化学名称：同分异构体，含 2 种成分，分别为 O,O-二乙基-O-(2-乙基硫代乙基)硫代磷酸酯(内吸磷-O)和 O,O-二乙基-S-(2-乙基硫代乙基)硫代磷酸酯(内吸磷-S)。

CAS 号：8065-48-3。

（1）理化性质

分子式：$C_8H_{19}O_3PS_2$。

分子量：258.3。

化学结构式：

性状：淡黄色微溶于水的油状液体，带有硫醇臭味。

熔点：95~97 ℃（内吸磷-S）；92~93 ℃（内吸磷-O）。

闪点：45.0 ℃（内吸磷-S）；133.6 ℃（内吸磷-O）。

相对密度：1.132（21 ℃，内吸磷-S）；1.119（21 ℃，内吸磷-O）。

蒸气压：38 mPa（20 ℃，内吸磷-O）；35 mPa（20 ℃，内吸磷-S）。

亨利常数：$1.64×10^{-1}$ Pa·m^3/mol（20 ℃，内吸磷-O），$4.52×10^{-3}$ Pa·m^3/mol（20 ℃，内吸磷-S）。

logKow：3.21。

溶解度：内吸磷-O（室温），水 60 mg/L；溶于大多数有机溶剂。

内吸磷-S（室温），水 2 g/L；溶于大多数有机溶剂。

（2）作用方式与用途

内吸磷为内吸性杀虫剂和杀螨剂，具有一定的熏蒸活性，对刺吸性害虫和螨类有效。内吸磷-S 较易透入植物中。可防治棉蚜、棉红蜘蛛、苹果红蜘蛛、柑橘红蜘蛛、介壳虫、叶蝉、蓟马等，但对咀嚼式口器害虫效果较差。

（3）环境归趋特征

土壤的吸附常数值为 70~387 mL/g，属较难土壤吸附到难土壤吸附农药。在水生生物中具中等生物富集性，生物富集系数为 16。

（4）毒理学数据

雄大鼠急性经口 LD_{50} 为 6~12 mg/kg；

雌大鼠急性经口 LD_{50} 为 2.5~4.0 mg/kg；

雄大鼠急性经皮 LD_{50} 为 14 mg/kg。

（5）农药毒性等级

高毒。

（6）每日允许摄入量（ADI）

0.000 04 mg/kg bw。

（7）最大残留限量：

棉籽 0.02、花生仁 0.02；

鳞茎类蔬菜 0.02、芸薹属类蔬菜 0.02、叶菜类蔬菜 0.02、茄果类蔬菜 0.02、瓜类蔬菜 0.02、豆类蔬菜 0.02、茎类蔬菜 0.02、根茎类和薯芋类蔬菜 0.02、水生类蔬菜 0.02、芽菜类蔬菜 0.02、其他类蔬菜 0.02；

柑橘类水果 0.02、仁果类水果 0.02、核果类水果 0.02、浆果和其他小型水果 0.02、热带和亚热带水果 0.02、瓜果类水果 0.02；

茶叶 0.05。

2. 生产使用情况

在中国农药信息网上查询，均无原药和制剂登记（查询日期 2020-6-30）。

3. 存在的突出问题

高毒农药。

4. 国内管理情况

2002 年，中华人民共和国农业部公告第 194 号规定停止受理内吸磷（包括混剂）产品的新增临时登记申请。

2002 年，中华人民共和国农业部公告第 199 号规定在蔬菜、果树、茶叶、中草药材上不得使用内吸磷。

2019 年，农业农村部农药管理司将其列入《禁限用农药名录》中的在部分范围禁止使用的农药。

（十）硫环磷

1. 基本信息

中文通用名称：硫环磷。

英文通用名称：phosfolan。

化学名称：O,O-二乙基-N-(1,3-二硫戊环-2-亚基)磷酰胺。

CAS 号：947-02-4。

（1）理化性质

分子式：$C_7H_{14}NO_3PS_2$。

分子量：255.3。

化学结构式：

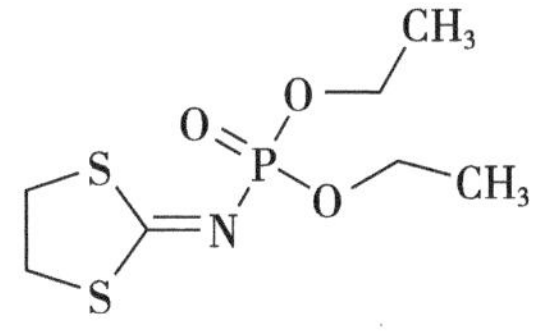

性状：浅黄色固体。

熔点：36.5 ℃。

闪点：158.7 ℃。

相对密度：1.42。

蒸气压：0.031 mPa（20 ℃）。

溶解度：水 650 g/L；溶于丙酮，苯，环己烷，乙醇和甲苯；微溶于二乙醚、己烷。

（2）作用方式与用途

是一种高效、内吸、持效期较长的广谱性杀虫、杀螨剂。适用于棉花、小麦、水稻、大豆、花生、甜菜、果树等作物上多种害虫的防治，尤其对棉红蜘蛛和棉蚜有特效。该药施于作物，可迅速被根、茎叶吸收，并输送到各生长点，即使短时间遇雨也不影响药效。棉花拌种防治苗期害虫，持效期可达 50 d 以上。

（3）环境归趋特征

难土壤吸附，土壤的吸附常数为 2.8 mL/g。水中难光解，半衰期为 14~18 d。具低生物富集性，生物富集系数为 0.32。

（4）毒理学数据

雄大鼠急性经口 LD_{50} 为 8.9 mg/kg；

雄小鼠急性经口 LD_{50} 为 12.1 mg/kg；

兔急性经皮 LD_{50} 为 23 mg/kg。

（5）农药毒性等级

高毒。

（6）每日允许摄入量（ADI）

0.005 mg/kg bw。

（7）最大残留限量（mg/kg）

小麦 0.03；

大豆 0.03；

鳞茎类蔬菜 0.03、芸薹属类蔬菜 0.03、叶菜类蔬菜 0.03、茄果类蔬菜 0.03、瓜类蔬菜 0.03、豆类蔬菜 0.03、茎类蔬菜 0.03、根茎类和薯芋类蔬菜 0.03、水生类蔬菜 0.03、芽菜类蔬菜 0.03、其他类蔬菜 0.03；

柑橘类水果 0.03、仁果类水果 0.03、核果类水果 0.03、浆果和其他小型水果 0.03、热带和亚热带水果 0.03、瓜果类水果 0.03；

茶叶 0.03。

2. 生产使用情况

以下数据于 2020-6-30 查询中国农药信息网获得。
（1）登记情况
登记数量 8 个，单剂 6 个，复配剂 2 个。
（2）原药登记情况
原药含量：70%。
（3）制剂登记情况
乳油，种衣剂。
（4）现行登记作物及防治对象
在中国农药信息网上查询，无现行有效的制剂登记。
（5）已过期的登记作物及防治对象
大豆-孢囊线虫；棉花-红蜘蛛、蚜虫、棉铃虫。

3. 存在的突出问题

高毒农药。

4. 国内管理情况

2002 年，中华人民共和国农业部公告第 199 号规定在蔬菜、果树、茶叶、中草药材上不得使用硫环磷。

2019 年，农业农村部农药管理司将其列入《禁限用农药名录》中的在部分范围禁止使用的农药。

（十一）氯唑磷

1. 基本信息

中文通用名称：氯唑磷。
英文通用名称：isazofos。
化学名称：O,O-二乙基-O-(5-氯-1-异丙基-1H-1,2,4-三唑-3-基)硫代磷酸酯。
CAS 号：42509-80-8。
（1）理化性质
分子式：$C_9H_{17}ClN_3O_3PS$。
分子量：313.7。

化学结构式：

性状：黄色液体。

熔点：<25 ℃。

相对密度：1.23（20 ℃）。

蒸气压：7.45 mPa（20 ℃）。

亨利常数：1.39×10^{-2} Pa·m^3/mol。

logKow：2.99。

溶解度：水 168 mg/L（23 ℃），可与氯仿、甲醇、苯等有机溶剂混溶。

（2）作用方式与用途

胆碱酯酶的抑制剂，主要干扰害虫神经系统的协调作用而导致害虫死亡。具有内吸、触杀和胃毒作用。适用于花生、玉米、甘蔗、柑橘、香蕉、梨、蔬菜、观赏植物、豆类、咖啡、水稻、烟草、牧草等作物，可有效地防治稻螟、稻飞虱、稻瘿蚊、稻蓟马、蔗螟、蔗龟、金针虫、玉米螟、瑞典麦秆蝇、地老虎、切叶蚁等害虫。

（3）环境归趋特征

土壤的吸附常数为 91.3~385 mL/g，属较难土壤吸附到难土壤吸附农药。在土壤中易降解，降解半衰期为 10 d。在水生生物中具中等生物富集性，生物富集系数为 170。

（4）毒理学数据

大鼠急性经口 LD_{50} 为 40~60 mg/kg；

雄大鼠急性经皮 LD_{50}>3 100 mg/kg；

雌大鼠急性经皮 LD_{50} 为 118 mg/kg；

大鼠吸入 LC_{50}（4 h）0.24 mg/L 空气；

山齿鹑急性经口 LD_{50} 为 11.1 mg/kg；

虹鳟鱼 LC_{50}（96 h）为 0.008~0.019 mg/L；

大型溞 LC_{50}（48 h）为 0.001 4 mg/L。

（5）农药毒性等级

高毒。

（6）每日允许摄入量（ADI）

0.000 05 mg/kg bw。

（7）最大残留限量

糙米 0.05；

鳞茎类蔬菜 0.01、芸薹属类蔬菜 0.01、叶菜类蔬菜 0.01、茄果类蔬菜 0.01、瓜类蔬菜 0.01、豆类蔬菜 0.01、茎类蔬菜 0.01、根茎类和薯芋类蔬菜 0.01、水生类蔬菜 0.01、芽菜类蔬菜 0.01、其他类蔬菜 0.01；

柑橘类水果 0.01、仁果类水果 0.01、核果类水果 0.01、浆果和其他小型水果 0.01、热带和亚热带水果 0.01、瓜果类水果 0.01；

茶叶 0.01。

2. 生产使用情况

以下数据于 2020-6-30 查询中国农药信息网获得。

（1）登记情况

登记数量 4 个，单剂 4 个。

（2）原药登记情况

原药含量：93%。

（3）制剂登记情况

颗粒剂。

（4）登记作物及防治对象

在中国农药信息网上查询，没有现行有效的制剂登记。

（5）已过期的登记作物及防治对象

甘蔗-蔗龟、蔗螟、稻瘿蚊；水稻-飞虱、三化螟、螟虫。

3. 存在的突出问题

高毒农药。

4. 国内管理情况

2002 年，中华人民共和国农业部公告第 199 号规定在蔬菜、果树、茶叶、中草药材上不得使用氯唑磷。

2019 年，农业农村部农药管理司将其列入《禁限用农药名录》中的在部分范围禁止使用的农药。

（十二） 乙酰甲胺磷

1. 基本信息

中文通用名称：乙酰甲胺磷。

英文通用名称：acephate。

化学名称：O-甲基-S-甲基-N-乙酰基-硫代磷酰胺。

CAS 号：30560-19-1。

（1）理化性质

分子式：$C_4H_{10}NO_3PS$。

分子量：183.2。

化学结构式：

性状：白色结晶。

熔点：88~90 ℃。

闪点：2.0 ℃。

相对密度：1.35。

蒸气压：0.226 mPa（24 ℃）。

亨利常数：$5.05×10^{-8}$ Pa·m^3/mol。

logKow：-0.89。

溶解度：水 790 g/L（20 ℃），丙酮 151，乙醇>100，乙酸乙酯 35，苯 16，己烷 0.1（g/L，20 ℃）。

（2）作用方式与用途

胆碱酯酶的抑制剂。广谱、低毒、持效期长，具有内吸、触杀和胃毒作用，并可杀卵，是缓效性有机磷杀虫剂，对多种作物安全，适用于蔬菜、茶树、烟草、棉花、水稻、小麦、油菜、果树等作物。用于防治多种咀嚼式、刺吸式口器害虫和害螨。

（3）环境归趋特征

在土壤中易降解，其主要代谢物为甲胺磷，好氧条件下降解半衰期为 2 d，厌氧条件下降解半衰期为 7 d。难土壤吸附，吸附常数为 4.7 mL/g。在水生生物中具低生物富集性，生物富集系数为 10。

（4）毒理学数据

雄大鼠急性经口 LD_{50} 为 1 447 mg/kg；

雌大鼠急性经口 LD_{50} 为 1 030 mg/kg；

大鼠吸入 LC_{50}（4 h）>15 mg/L 空气；

野鸭急性经口 LD_{50} 为 350 mg/kg；

虹鳟鱼 LC_{50}（96 h）>1 000 mg/L；

大型溞 EC_{50}（48 h）为 67.2 mg/L；

羊角月牙藻 E_rC_{50}（72 h）>980 mg/L；

蜜蜂接触 LD_{50} 为 1.2 μg/只。

（5）农药毒性等级

低毒。

（6）每日允许摄入量（ADI）

0.03 mg/kg bw。

（7）最大残留限量（mg/kg）

糙米 1、小麦 0.2、玉米 0.2；

棉籽 2、大豆 0.3；

鳞茎类蔬菜 0.02、芸薹属类蔬菜 0.02、叶菜类蔬菜 0.02、茄果类蔬菜 0.02、瓜类蔬菜 0.02、豆类蔬菜 0.02、茎类蔬菜 0.02、根茎类和薯芋类蔬菜 0.02、水生类蔬菜 0.02、芽菜类蔬菜 0.02、其他类蔬菜 0.02；

干制蔬菜 0.02；

柑橘类水果 0.02、仁果类水果 0.02、核果类水果 0.02、浆果和其他小型水果 0.02、热带和亚热带水果 0.02、瓜果类水果 0.02；

干制水果 0.02；

茶叶 0.05；

食用菌 0.05；

药用植物 0.05；

调味料（干辣椒、薄荷、留兰香除外）0.2、干辣椒 50、薄荷 25、留兰香 25。

2. 生产使用情况

以下数据于 2020-6-30 查询中国农药信息网获得。

（1）登记情况

登记数量 196 个，单剂 156 个，复配剂 40 个。

（2）原药登记情况

原药含量：97%。

（3）制剂登记情况

乳油，饵剂，可溶性粉剂。

（4）现行登记作物及防治对象

登记作物：观赏菊花、棉花、室内、水稻、松树、卫生、小麦、烟草、玉米。

防治对象：观赏菊花-蚜虫；棉花-棉铃虫；室内-蜚蠊；水稻-三化螟、二化螟；松树-松毛虫；卫生-蜚蠊；小麦-黏虫；烟草-烟青虫；玉米-玉米螟、黏虫。

（5）已过期的登记作物及防治对象

桑树-桑尺蠖。

3. 存在的突出问题

乙酰甲胺磷的代谢产物为高毒农药甲胺磷，易导致蔬菜中高毒农药甲胺磷超标。

4. 管理情况

（1）国内管理情况

中华人民共和国农业部公告第 2552 号规定自 2017 年 8 月 1 日起撤销乙酰甲胺磷（包括含农药有效成分的单剂、复配制剂，下同）用于蔬菜、瓜果、茶叶、菌类和中草药材作物的农药登记，不再受理、批准乙酰甲胺磷用于蔬菜、瓜果、茶叶、菌类和中草药材作物的农药登记申请。自 2019 年 8 月 1 日起禁止乙酰甲胺磷在蔬菜、瓜果、茶叶、菌类和中草药材作物上使用。

2019 年，农业农村部农药管理司将其列入《禁限用农药名录》中的在部分范围禁止使用的农药。

（2）境外管理情况

2003 年，欧盟委员会决定对含有乙酰甲胺磷产品不再进行登记；2019 年，加拿大对乙酰甲胺磷采取限制使用措施。经重新评估后，加拿大拟取消乙酰甲胺磷某些登记用途，一些保留的登记用途需采取缓解措施。

（十三） 丁硫克百威

1. 基本信息

中文通用名称：丁硫克百威。

英文通用名称：carbosulfan。

化学名称：2,3-二氢-2,2-二甲基苯并呋喃-7-基(二丁基氨基硫)-N-甲基氨基甲酸酯。

CAS 号：55285-14-8。

（1）理化性质

分子式：$C_{20}H_{32}N_2O_3S$。

分子量：380.6。

化学结构式：

性状：橙色至棕色透明黏稠液体。

闪点：96.0 ℃。

相对密度：1.054（20 ℃）。

蒸气压：$3.58×10^{-2}$ mPa（25 ℃）。

亨利常数：$4.66×10^{-3}$ Pa·m³/mol。

logKow：5.4。

溶解度：水 3 mg/L（25 ℃）；可与大多数有机溶剂混溶，例如二甲苯、己烷、氯仿、二氯甲烷、甲醇、乙醇、丙酮等。

（2）作用方式与用途

是一种具有广谱，内吸作用的氨基甲酸酯类杀虫剂，对害虫以胃毒作用为主。有较高的内吸性，较长的残效，对成虫、幼虫都有防效，对水稻无药害。在昆虫体内代谢为克百威起杀虫作用。其杀虫机制是干扰昆虫的神经系统，抑制胆碱酯酶的活性，使昆虫的肌肉及腺体持续兴奋，最终导致昆虫死亡。防治蚜虫、金针虫、螨、甜菜隐食甲、甜菜跳甲、樗鸡、马铃薯甲虫、果树卷叶蛾、稻瘿蚊、苹果蠹蛾、茶小叶蝉、梨小食心虫、介壳虫等。做土壤处理可防治地下害虫（倍足亚纲、叩甲科、综合纲）和叶面害虫。

（3）环境归趋特征

在土壤中，有氧或缺氧条件下均易降解，降解半衰期是 3~30 d，主要的代谢产物是克百威。属水中易降解到中等降解农药，水解半衰期为<1 h（pH 值 4，25 ℃）、22 h（pH 值 6，25 ℃）、7.6 d（pH 值 7，25 ℃）、14.2 d（pH 值 8，25 ℃）、>58.3 d（pH 值

9，25 ℃），随着 pH 升高，降解速率减小。水中较难光解，光解半衰期为 0.6 d（pH 值7）。属中等土壤吸附农药，吸附常数为 1 644~2 652 mL/g。

（4）毒理学数据

雄大鼠急性经口 LD_{50} 为 250 mg/kg；

雌大鼠急性经口 LD_{50} 为 185 mg/kg；

雄大鼠吸入 LC_{50}（1 h）为 1.53 mg/L 空气；

雌大鼠吸入 LC_{50}（1 h）为 0.61 mg/L 空气；

鹌鹑急性经口 LD_{50} 为 82 mg/kg；

虹鳟鱼 LC_{50}（96 h）为 0.042 mg/L；

大型溞 LC_{50}（48 h）为 1.5 μg/L。

（5）农药毒性等级

中等毒。

（6）每日允许摄入量（ADI）

0.01 mg/kg bw。

（7）最大残留限量

稻谷 0.5、糙米 0.5、小麦 0.1、玉米 0.1、高粱 0.1、粟 0.1；

棉籽 0.05、大豆 0.1、花生仁 0.05；

鳞茎类蔬菜 0.01、芸薹属类蔬菜 0.01、叶菜类蔬菜 0.01、茄果类蔬菜 0.01、瓜类蔬菜 0.01、豆类蔬菜 0.01、茎类蔬菜 0.01、根茎类和薯芋类蔬菜 0.01、水生类蔬菜 0.01、芽菜类蔬菜 0.01、其他类蔬菜 0.01；

干制蔬菜 0.01；

柑橘类水果 0.01、仁果类水果 0.01、核果类水果 0.01、浆果和其他小型水果 0.01、热带和亚热带类水果 0.01、瓜果类水果 0.01；

干制水果 0.01；

茶叶 0.01；

甘蔗 0.1、甜菜 0.3；

食用菌 0.01；

药用植物 0.02；

根茎类调味料 0.1、果类调味料 0.07；

哺乳动物肉类（海洋哺乳动物除外），以脂肪中的残留量计 0.05；

哺乳动物内脏（海洋哺乳动物除外）0.05；

禽肉类 0.05；

禽类内脏 0.05；

蛋类 0.05。

2. 生产使用情况

以下数据于 2020-6-30 查询中国农药信息网获得。

（1）登记情况

登记数量 179 个，单剂 121 个，复配剂 58 个。

（2）原药登记情况

原药含量：90%。

（3）制剂登记情况

乳油，颗粒剂，种子处理干粉剂，悬浮种衣剂。

（4）现行登记作物及防治对象

登记作物：大豆、甘薯、甘蔗、花生、棉花、水稻、水稻（育秧苗）、水稻秧田、小麦、烟草、玉米。

防治对象：大豆-地下害虫、根腐病；甘薯-线虫；甘蔗-蔗龟、蔗螟；花生-蛴螬；棉花-蚜虫；水稻-蓟马、稻飞虱、三化螟；水稻秧田-稻蓟马；小麦-蚜虫；烟草-根结线虫、小地老虎；玉米-蛴螬、金针虫、丝黑穗病、蛴螬、蝼蛄。

（5）已过期的登记作物及防治对象

草坪-蛴螬、森林-松墨天牛。

3. 存在的突出问题

丁硫克百威可降解产生高毒农药克百威，易导致蔬菜中高毒农药克百威残留超标。

4. 国内管理情况

中华人民共和国农业部公告第 2552 号规定自 2017 年 8 月 1 日起撤销丁硫克百威（包括含农药有效成分的单剂、复配制剂）用于蔬菜、瓜果、茶叶、菌类和中草药材作物的农药登记，不再受理、批准丁硫克百威（包括含农药有效成分的单剂、复配制剂）用于蔬菜、瓜果、茶叶、菌类和中草药材作物的农药登记申请；自 2019 年 8 月 1 日起禁止丁硫克百威（包括含农药有效成分的单剂、复配制剂）在蔬菜、瓜果、茶叶、菌类和中草药材作物上使用。

2019 年，农业农村部农药管理司将其列入《禁限用农药名录》中的在部分范围禁止使用的农药。

（十四）毒死蜱

1. 基本信息

中文通用名称：毒死蜱。

英文通用名称：chlorpyrifos。

化学名称：O,O-二乙基-O-(3,5,6-三氯-2-吡啶基)硫代磷酸酯。

CAS 号：2921-88-2。

（1）理化性质

分子式：$C_9H_{11}Cl_3NO_3PS$。

分子量：350.6。

化学结构式：

性状：无色结晶，具有轻微的硫醇味。

熔点：42~43.5 ℃。

闪点：181.1 ℃。

相对密度：1.44（20 ℃）。

蒸气压：2.7 mPa（25 ℃）。

亨利常数：$6.76×10^{-1}$ Pa·m^3/mol。

logKow：4.7。

溶解度：水 1.4 mg/L（25 ℃），苯 7 900，丙酮 6 500，氯仿 6 300，二硫化碳 5 900，乙醚 5 100，二甲苯 5 000，异辛醇 790，甲醇 450（g/kg，25 ℃）。

（2）作用方式与用途

毒死蜱为非内吸性的广谱杀虫剂，是胆碱酯酶的抑制剂。具有触杀、胃毒和熏蒸作用。适用于防治水稻、小麦、棉花、果树、蔬菜、茶树等多种作物上的各种咀嚼式和刺吸式口器害虫，如螟虫、蓟马、介壳虫、黏虫、棉铃虫、蚜虫、叶蝉和螨类，且对地下虫害的防治效果好。

（3）环境归趋特征

在土壤中属易降解到中等降解农药：实验室降解半衰期为 10~120 d（25 ℃）；田间降解半衰期为 33~56 d；土壤表面降解半衰期为 7~15 d。属较易土壤吸附到中等土壤吸附农药，吸附常数为 1 250~12 600 mL/g。在实验室条件下，其水解半衰期为 1.5 d（pH 值 8，25 ℃）至 100 d（磷酸缓冲液 pH 值 7，15 ℃）。其水解速率随 pH 值、温度升高而加速，在铜和其他金属存在时生成螯合物。在水生生物中具中等富集到高富集性，生物富集系数值为 58~2 880。

（4）毒理学数据

大鼠急性经口 LD_{50} 为 135~163 mg/kg；

大鼠急性经皮 LD_{50}>2 000 mg/kg（工业品）；

野鸭急性经口 LD_{50} 为 490 mg/kg；

野鸭喂饲 LC_{50}（8 d）为 180 mg/L；

虹鳟鱼 LC_{50}（96 h）为 0.007~0.051 mg/L；

大型溞 LC_{50}（48 h）为 1.7 μg/L；

羊角月牙藻 NOEC（无可观察效应浓度）>0.4 mg/L；

蜜蜂经口 LD_{50} 为 360 ng/只，接触 LD_{50} 为 70 ng/只。

（5）农药毒性等级

中等毒。

（6）每日允许摄入量（ADI）

0.01 mg/kg bw。

（7）最大残留限量（mg/kg）

稻谷 0.5、小麦 0.5、玉米 0.05、绿豆 0.7、小麦粉 0.1；

棉籽 0.3、大豆 0.1、花生仁 0.2、大豆油 0.03、棉籽油 0.05、玉米油 0.2；

鳞茎类蔬菜 0.02、芸薹属类蔬菜 0.02、叶菜类蔬菜（芹菜除外）0.02、芹菜 0.05、茄果类蔬菜 0.02、瓜类蔬菜 0.02、豆类蔬菜（食荚豌豆除外）0.02、食荚豌豆 0.01、茎

类蔬菜（芦笋、朝鲜蓟除外）0.02、芦笋 0.05、朝鲜蓟 0.05、根茎类和薯芋类蔬菜
0.02、水生类蔬菜 0.02、芽菜类蔬菜 0.02、其他类蔬菜 0.02；

干制蔬菜 0.02；

柑 1、橘 1、橙 2、柠檬 2、柚 2、佛手柑 1、金橘 1、苹果 1、梨 1、山楂 1、枇杷 1、
榅桲 1、桃 3、杏 3、李子 0.5、枸杞（鲜）1、越橘 1、葡萄 0.5、猕猴桃 2、草莓 0.3、
荔枝 1、龙眼 1、香蕉 2；

李子干 0.5、葡萄干 0.1；

杏仁 0.05、核桃 0.05、山核桃 0.05；

茶叶 2、咖啡豆 0.05；

甜菜 1、甘蔗 0.05；

薄荷 2、留兰香 2、香茅 1、干辣椒 20、果类调味料（胡椒除外）1、胡椒 2、种子类
调味料 5、根茎类调味料 1；

枸杞（干）1；

哺乳动物肉类（海洋哺乳动物除外），以脂肪中残留量表示牛肉 1、绵羊肉 1、猪肉
0.02；哺乳动物内脏（海洋哺乳动物除外）猪内脏 0.01、绵羊内脏 0.01、牛肾 0.01、牛
肝 0.01；

禽肉类 0.01；

禽类内脏 0.01；

禽类脂肪 0.01；

蛋类 0.01；

生乳 0.02。

2. 生产使用情况

以下数据于 2020-6-30 查询中国农药信息网获得。

（1）登记情况

登记数量 1 569 个，单剂 823 个，复配剂 746 个。

（2）原药登记情况

原药含量：97%。

（3）制剂登记情况

乳油，颗粒剂，水乳剂，微乳剂。

（4）现行登记作物及防治对象

登记作物：草坪、大豆、甘蔗、柑橘、柑橘树、花生、梨树、荔枝、荔枝树、龙眼、
龙眼树、棉花、棉花田、木材、苹果、苹果树、桑树、室内、水稻、桃树、土壤、卫生、
橡胶树、小麦、杨树、玉米等。

防治对象：草坪-蛴螬；大豆-蛴螬；甘蔗-地下害虫；柑橘树-矢尖蚧；花生-蛴螬；荔
枝-蒂蛀虫；花生-蛴螬；梨树-梨木虱；龙眼树-蒂蛀虫；棉花-棉铃虫；木材-白蚁；苹果
树-棉蚜；桑树-桑尺蠖；室内-蜚蠊；水稻-稻飞虱、稻纵卷叶螟；桃树-介壳虫；土壤-白
蚁；卫生-白蚁；橡胶树-红蜘蛛；小麦-蚜虫；杨树-美国白蛾；玉米-蛴螬。

（5）已过期的登记作物及防治对象

登记作物：菜豆、番茄、甘蓝、果菜类蔬菜、黄瓜、韭菜、辣椒、萝卜、青菜、十字花科蔬菜、十字花科叶菜、叶菜、叶菜类蔬菜等。

防治对象：菜豆-美洲斑潜蝇；番茄-美洲斑潜蝇；甘蓝-蚜虫；果菜类蔬菜-美洲斑潜蝇；黄瓜-美洲斑潜蝇；韭菜-韭蛆；辣椒-地下害虫、根腐病；萝卜-菜青虫；青菜-菜青虫；十字花科蔬菜-菜青虫；十字花科叶菜-菜青虫；叶菜-菜青虫；叶菜类蔬菜-菜青虫、黄条跳甲、斜纹夜蛾、蚜虫等。

3. 存在的突出问题

① 易造成蔬菜农残超标，即使按照农药标签上的 GAP 信息施药。

② 毒死蜱对鱼、溞等水生生物毒性高，在水稻田使用后易随稻田水迁移至池塘、沟渠乃至河流，对地表水生态系统带来危害。此外，毒死蜱还可能对鸟类、哺乳动物、蜜蜂和非靶标节肢动物造成风险。

4. 管理情况

（1）国内管理情况

中华人民共和国农业部公告第 2032 号规定，自 2013 年 12 月 9 日起停止受理毒死蜱在蔬菜上的登记申请；停止批准毒死蜱在蔬菜上的新增登记；自 2014 年 12 月 31 日起，撤销毒死蜱在蔬菜上的登记；自 2016 年 12 月 31 日起，禁止毒死蜱在蔬菜上使用。

2019 年，农业农村部农药管理司将其列入《禁限用农药名录》中的在部分范围禁止使用的农药。

（2）境外管理情况

2011 年新西兰环保署宣布毒死蜱已经禁止用于花园。

2011 年南非农业，林业和渔业局共同宣布禁止在家居和园艺中使用，但是并没有禁止其在农用领域使用。

2011 年牙买加正式禁用了用于控制白蚁和蟑螂的毒死蜱。

2011 年多米尼加共和国也禁止了农药毒死蜱在作物上的应用。

2018 年，加利福尼亚农药管理局（DPR）建议将毒死蜱列入"有毒空气污染物"。

2020 年英国发布撤销含有毒死蜱成分产品的销售许可的通知。

鉴于其可能影响婴儿和儿童神经系统的发育，2020 年美国加利福尼亚、纽约、华盛顿和马里兰州已经开始禁止毒死蜱用于农业用途。

2020 年欧盟禁用毒死蜱，欧盟成员国在 2020 年 2 月 16 日之前撤销对含有毒死蜱作为有效成分的植物保护产品进行授权的过渡措施。

2020 年 6 月 1 日起泰国政府对毒死蜱实施禁令。

（十五）三唑磷

1. 基本信息

中文通用名称：三唑磷。

英文通用名称：triazophos。

化学名称：O,O-二乙基-O-(1-苯基-1,2,4-三唑-3-基)硫代磷酸酯。

CAS 号：24017-47-8。

（1）理化性质

分子式：$C_{12}H_{16}N_3O_3PS$。

分子量：313.3。

化学结构式：

性状：浅黄色至深棕色液体，具有典型的磷酸酯气味。

熔点：0~5 ℃。

闪点：25.0 ℃。

相对密度：1.24（20 ℃）。

蒸气压：0.39 mPa（30 ℃）、13 mPa（55 ℃）。

logKow：3.34。

溶解度：水 39 mg/L（pH 值 7，20 ℃）；丙酮、二氯甲烷、甲醇、异丙醇、乙酸乙酯和聚乙二醇中>500，正己烷 11.1（g/L，20 ℃）。

（2）作用方式与用途

三唑磷是一种胆碱酯酶抑制剂，也是一种广谱杀虫剂和杀螨剂，具有触杀和胃毒作用。用于防治观赏植物、棉花、水稻、玉米、大豆、油棕、橄榄和咖啡中的蚜虫、蓟马、蠓、甲虫、鳞翅目幼虫、地老虎和其他土壤昆虫、蜘蛛螨和其他种类的螨类等。

（3）环境归趋特征

对光稳定，在酸碱介质中水解，具有典型的磷酸酯特性。土壤降解半衰期（好氧、田间）为 6~12 d。较难土壤吸附，吸附常数为 355 mL/g。水-沉积物系统中易降解，降解半衰期（水中）<3 d，降解半衰期（沉积物）<11 d，降解半衰期（水-沉积物系统）< 47 d。在水生生物中具中等生物富集性，生物富集系数为 74。

（4）毒理学数据

大鼠急性经口 LD_{50} 为 57~59 mg/kg；

大鼠急性经皮 LD_{50}>2 000 mg/kg；

大鼠吸入 LC_{50}（4 h）0.531 mg/L 空气；

山齿鹑急性经口 LD_{50} 为 8.3 mg/kg；

大型溞 EC_{50}（48 h）为 0.003 mg/L；

藻 LC_{50}（96 h）为 1.43 mg/L；

蜜蜂急性经口 LD_{50} 为 0.055 μg/只。

（5）农药毒性等级

中等毒。

（6）每日允许摄入量（ADI）

0.001 mg/kg bw。

（7）最大残留限量（mg/kg）

稻谷 0.05、小麦 0.05、大麦 0.05、燕麦 0.05、黑麦 0.05、小黑麦 0.05、旱粮类 0.05、大米 0.6；

棉籽 0.1、棉籽毛油 1；

鳞茎类蔬菜 0.05、芸薹属类蔬菜 0.05、叶菜类蔬菜 0.05、茄果类蔬菜 0.05、瓜类蔬菜 0.05、豆类蔬菜 0.05、茎类蔬菜 0.05、根茎类和薯芋类蔬菜 0.05、水生类蔬菜 0.05、芽菜类蔬菜 0.05、其他类蔬菜 0.05；

柑 0.2、橘 0.2、橙 0.2、苹果 0.2、荔枝 0.2；

果类调味料 0.07、根茎类调味料 0.1。

2. 生产使用情况

以下数据于 2020-6-30 查询中国农药信息网获得。

（1）登记情况

登记数量 623 个，单剂 275 个，复配剂 348 个。

（2）原药登记情况

原药含量：85%。

（3）制剂登记情况

乳油，微乳剂，水乳剂，可湿性粉剂。

（4）现行登记作物及防治对象

登记作物：草地、甘薯、柑橘树、荔枝树、棉花、蔷薇科观赏花卉、水稻、小麦。

防治对象：草地-草地螟；甘薯-茎线虫；柑橘树-红蜘蛛；荔枝树-蒂蛀虫；棉花-棉红铃虫；蔷薇科观赏花卉-红蜘蛛；水稻-稻水象甲、二化螟、三化螟；小麦-蚜虫、红蜘蛛、吸浆虫、二化螟。

（5）已过期的登记作物及防治对象

登记作物：甘蓝、甘蔗、节瓜、韭菜、苹果树、十字花科蔬菜、水稻秧田、玉米、豇豆。

防治对象：甘蓝-小菜蛾；甘蔗-蔗龟；韭菜-韭蛆；节瓜-蓟马；十字花科蔬菜-菜青虫；玉米-玉米螟；豇豆-豆荚螟；苹果树-桃小食心虫；水稻秧田-二化螟、三化螟。

3. 存在的突出问题

① 三唑磷残留易超标。

② 对水生生物毒性高。

③ 引起稻飞虱再猖獗发生。

④ 对螨虫的抗性。

4. 国内管理情况

中华人民共和国农业部公告第 2032 号规定自 2013 年 12 月 9 日起停止受理三唑磷在蔬菜上的登记申请，停止批准三唑磷在蔬菜上的新增登记。自 2014 年 12 月 31 日起撤销三唑磷在蔬菜上的登记。自 2016 年 12 月 31 日起禁止三唑磷在蔬菜上使用。

2019 年，农业农村部农药管理司将其列入《禁限用农药名录》中的在部分范围禁止使用的农药。

<h1 style="text-align:center">（十六）丁酰肼</h1>

1. 基本信息

中文通用名称：丁酰肼。

英文通用名称：daminozide。

化学名称：N-二甲氨基琥珀酰胺酸。

CAS 号：1596-84-5。

（1）理化性质

分子式：$C_6H_{12}N_2O_3$。

分子量：160.2。

化学结构式：

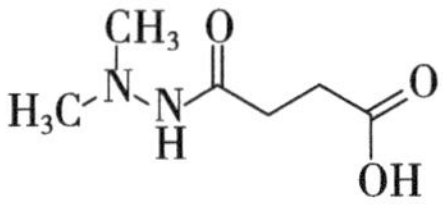

性状：白色粉末。

熔点：156~158 ℃。

相对密度：1.33（21 ℃）。

蒸气压：1.5 mPa（25 ℃）。

logKow：−1.49（pH 值 5）、−1.51（pH 值 7）、−1.48（pH 值 9）（21 ℃）。

溶解度：蒸馏水 180 g/L（25 ℃）；甲醇 50，丙酮 1.9（g/L，25 ℃）；不溶于烃。

（2）作用方式与用途

可以抑制内源赤霉素和内源生长素的合成，主要作用抑制新枝徒长，缩短节间长度，增加叶片厚度及叶绿素含量，防止落花，促进坐果，诱导不定根形成，刺激根系生长，提高抗寒力。

（3）环境归趋特征

难土壤吸附，吸附常数为 4 mL/g。酸解离常数为 4.68，主要以阴离子存在于潮湿的土壤和水表面。在水生生物具低生物富集性，生物富集系数为 3。

（4）毒理学数据

大鼠急性经口 LD_{50}>5 000 mg/kg；

兔急性经皮 LD_{50}>5 000 mg/kg；

大鼠吸入 LC_{50}（4 h）>2.1 mg/L 空气。

（5）农药毒性等级

低毒。

（6）每日允许摄入量（ADI）

0.5 mg/kg bw。

（7）最大残留限量（mg/kg）

花生仁 0.05。

2. 生产使用情况

以下数据于 2020-6-30 查询中国农药信息网获得。

（1）登记情况

登记数量 7 个，单剂 7 个。

（2）原药登记情况

原药含量：99%。

（3）制剂登记情况

可溶粉剂。

（4）登记作物及作用对象

登记作物：观赏菊花。

作用对象：观赏菊花-调节生长。

（5）已过期的登记作物及防治对象

荔枝树-杀冬梢、花生。

3. 存在的突出问题

具有致癌性。

4. 国内管理情况

2003 年，中华人民共和国农业部公告第 274 号规定撤销丁酰肼在花生上的登记，不得在花生上使用含丁酰肼（比久）的农药产品。

2019 年，农业农村部农药管理司将其列入《禁限用农药名录》中的在部分范围禁止使用的农药。

（十七）氰戊菊酯

1. 基本信息

中文通用名称：氰戊菊酯。

英文通用名称：fenvalerate。

化学名称：(RS)-α-氰基-3-苯氧基苄基(RS)-2-(4-氯苯基)-3-甲基丁酸酯。

CAS 号：51630-58-1。

（1）理化性质

分子式：$C_{25}H_{22}ClNO_3$。

分子量：419.9。

化学结构式：

性状：黏稠的黄色或棕色液体，在室温下有时会部分结晶。

熔点：39.5~53.7 ℃。

闪点：279.7 ℃。

相对密度：1.175（25 ℃）。

蒸气压：1.92×10^{-2} mPa（20 ℃）。

亨利常数：3.4×10^{-3} Pa · m^3/mol。

logKow：5.01（23 ℃）。

溶解度：水<10 μg/L（25 ℃），正己烷53，二甲苯≥200，甲醇84（g/L，20 ℃）。

（2）作用方式与用途

主要作用于神经系统，通过与钠离子通道作用，破坏神经元的功能。具有触杀和胃毒作用，无内吸和熏蒸作用。杀虫谱广，能够作用于对有机氯杀虫剂、有机磷杀虫剂和氨基甲酸酯类杀虫剂产生抗性的害虫。对鳞翅目幼虫效果好。对同翅目、半翅目等害虫也有较好效果，但对螨类无效。适用于棉花、果树、蔬菜、茶树、大豆、小麦等作物。

（3）环境归趋特征

较易土壤吸附，吸附常数为5 300 mL/g。土壤中属中等降解农药，降解半衰期为75~80 d。具中等生物富集到高生物富集性，生物富集系数为570~1 100。

（4）毒理学数据

大鼠急性经口 LD_{50} 为 451 mg/kg；

大鼠急性经皮 LD_{50}>5 000 mg/kg；

大鼠吸入 LC_{50}（4 h）>101 mg/m^3 空气；

家禽急性经口 LD_{50}>1 600 mg/kg；

山齿鹑饲喂 LC_{50}>10 000 mg/kg；

虹鳟鱼 LC_{50}（96 h）0.003 6 mg/L；

蜜蜂 LD_{50}（接触）0.23 μg/只。

（5）农药毒性等级

中等毒。

（6）每日允许摄入量（ADI）

0.02 mg/kg bw。

（7）最大残留限量

小麦2、玉米0.02、鲜食玉米0.2、小麦粉0.2、全麦粉2；

棉籽0.2、大豆0.1、花生仁0.1、棉籽油0.1；

洋葱 0.5、葱 2、结球甘蓝 0.5、花椰菜 0.5、青花菜 5、芥蓝 7、菜薹 10、菠菜 1、普通白菜 1、苋菜 5、茼蒿 10、叶用莴苣 1、茎用莴苣叶 7、甘薯叶 7、大白菜 3、番茄 0.2、樱桃番茄 1、茄子 0.2、辣椒 0.2、黄瓜 0.2、西葫芦 0.2、丝瓜 0.2、南瓜 0.2、菜豆 3、菜用大豆 2、茎用莴苣 1、萝卜 0.05、胡萝卜 0.05、马铃薯 0.05、甘薯 0.05、山药 0.05；

柑橘类水果（柑、橘、橙除外）0.2、柑 1、橘 1、橙 1、仁果类水果（苹果、梨除外）0.2、苹果 1、梨 1、核果类水果（桃除外）0.2、桃 1、浆果和其他小型水果 0.2、热带和亚热带水果（杧果除外）0.2、杧果 1.5、瓜果类水果 0.2；

甜菜 0.05；

茶叶 0.2；

蘑菇类（鲜）0.2；

果类调味料 0.03、根茎类调味料 0.05；

哺乳动物肉类（海洋哺乳动物除外），以脂肪中残留量表示 1；

哺乳动物内脏（海洋哺乳动物除外）0.02；

禽肉类，以脂肪中残留量表示 0.01；

禽肉内脏 0.01；

蛋类 0.01；

生乳 0.1。

2. 生产使用情况

以下数据于 2020-6-30 查询中国农药信息网获得。

（1）登记情况

登记数量 901 个，单剂 225 个，复配剂 676 个。

（2）原药登记情况

原药含量：90%。

（3）制剂登记情况

乳油，水乳剂，悬浮剂。

（4）现行登记作物及防治对象

登记作物：白菜、大豆、甘蓝、柑橘树、果树、花生、棉花、苹果树、十字花科蔬菜、十字花科叶菜、蔬菜、桃树、卫生、小麦、烟草、叶菜类十字花科蔬菜、叶菜类蔬菜、玉米。

防治对象：白菜-菜青虫、蚜虫；大豆-豆荚螟、食心虫、蚜虫；甘蓝-菜青虫、蚜虫；柑橘树-潜叶蝇；苹果树-桃小食心虫；花生-斜纹夜蛾；棉花-红铃虫；十字花科蔬菜-蚜虫；十字花科叶菜-菜青虫；桃树-蚜虫；卫生-白蚁；小麦-蚜虫、黏虫；烟草-小地老虎、烟青虫；叶菜类十字花科蔬菜-菜青虫；叶菜类蔬菜-菜青虫。

（5）已过期的登记作物及防治对象

菜豆-蚜虫；茶树-叶蝉、茶尺蠖、茶叶瘿螨；梨树-梨木虱；粮库空仓-仓储害虫；莴苣-蚜虫。

3. 存在的突出问题

由于氰戊菊酯用于茶叶害虫防治时用药量高，在茶叶中的残留量明显高于其他菊酯类农药。

4. 国内管理情况

2002 年中华人民共和国农业部公告第 199 号规定氰戊菊酯不得用于茶树上。

2019 年，农业农村部农药管理司将其列入《禁限用农药名录》中的在部分范围禁止使用的农药。

（十八）　氟虫腈

1. 基本信息

中文通用名称：氟虫腈。

英文通用名称：fipronil。

化学名称：(RS)-5-氨基-1-(2,6-二氯-4-三氟甲基苯基)-4-三氟甲基亚磺酰基吡唑-3-腈。

CAS 号：120068-37-3。

（1）理化性质

分子式：$C_{12}H_4Cl_2F_6N_4OS$。

分子量：437.2。

化学结构式：

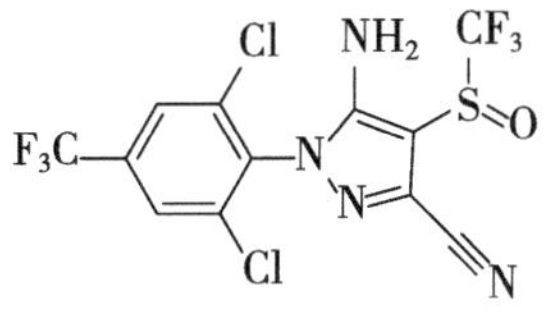

性状：白色固体。

熔点：200~201 ℃。

闪点：262.3 ℃。

相对密度：1.477~1.626（20 ℃）。

蒸气压：$3.7×10^{-4}$ mPa（25 ℃）。

亨利常数：$3.7×10^{-5}$ Pa·m^3/mol。

logKow：4.0。

溶解度：水 1.9（pH 值 5），2.4（pH 值 9），1.9（蒸馏水）（mg/L，20 ℃）；丙酮545.9，二氯甲烷 22.3，己烷 0.028，甲苯 3.0（g/L，20 ℃）。

（2）作用方式与用途

通过阻碍 γ-氨基丁酸（GABA）调控的氯化物传递而破坏中枢神经系统内的信号传导。以触杀和胃毒作用为主，当作为种衣剂时可以防治昆虫。在水稻上有较强的内吸活性，击倒活性为中等。与现有杀虫剂无交互抗性，对有机磷、环戊二烯类杀虫剂、氨基甲酸酯、拟除虫菊酯等有抗性的或敏感的害虫均有效，持效期长。对蚜虫、叶蝉、飞虱、鳞翅目幼虫、蝇类和鞘翅目在内的一系列重要害虫均有很高的杀虫活性。

（3）环境归趋特征

在土壤中的吸附较强，吸附常数为 825~6 863 mL/g，向下迁移的能力弱，土壤的 30 cm 下无残留。在水生生物中具中等生物富集性，生物富集系数值为 321。

（4）毒理学数据

大鼠急性经口 LD_{50} 为 97 mg/kg；

小鼠急性经口 LD_{50} 为 95 mg/kg；

大鼠急性经皮 LD_{50} >2 000 mg/kg；

大鼠吸入 LC_{50}（4 h）为 0.682 mg/L 空气（原药，仅限于鼻子）；

山齿鹑急性经口 LD_{50} 为 11.3 mg/kg；

山齿鹑饲喂 LC_{50}（5 d）49 mg/kg；

虹鳟鱼急性 LC_{50}（96 h）248 μg/L；

大型溞 LC_{50}（4 h）0.19 mg/L；

羊角月牙藻 EC_{50}（120 h）>0.16 mg/L；

对蜜蜂高毒（触杀和胃毒），但本品用于种子处理或土壤处理对蜜蜂无害。

（5）农药毒性等级

中等毒。

（6）每日允许摄入量（ADI）

0.000 2 mg/kg bw。

（7）最大残留限量（mg/kg）

小麦 0.002、大麦 0.002、燕麦 0.002、黑麦 0.002、小黑麦 0.002、玉米 0.1、鲜食玉米 0.1、糙米 0.02；

花生仁 0.02、葵花籽 0.002；

鳞茎类蔬菜 0.02、芸薹属类蔬菜 0.02、叶菜类蔬菜 0.02、茄果类蔬菜 0.02、瓜类蔬菜 0.02、豆类蔬菜 0.02、茎类蔬菜 0.02、根茎类和薯芋类蔬菜 0.02、水生类蔬菜 0.02、芽菜类蔬菜 0.02、其他类蔬菜 0.02；

柑橘类水果 0.02、仁果类水果 0.02、核果类水果 0.02、浆果和其他小型水果 0.02、热带和亚热带水果（香蕉除外）0.02、香蕉 0.005、瓜果类水果 0.02；

甘蔗 0.02、甜菜 0.02；

蘑菇类 0.02；

禽肉类 0.01；

禽类内脏 0.02；

牛肝 0.1、牛肾 0.02；

蛋类 0.02；

牛奶 0.02。

2. 生产使用情况

以下数据于 2020-6-30 查询中国农药信息网获得。

（1）登记情况

登记数量 253 个，单剂 160 个，复配剂 93 个。

（2）原药登记情况

共登记 1 个原药，含量为 95%。

（3）制剂登记情况

颗粒剂，悬浮种衣剂。

（4）登记作物及防治对象

登记作物：花生、玉米、卫生、木材。

防治对象：花生-蛴螬；玉米-蛴螬、灰飞虱、蓟马、金针虫；卫生-红火蚁、蜚蠊；木材-白蚁。

（5）已过期的登记作物及防治对象

草原-飞蝗、土蝗；甘蔗-蔗龟、蔗螟；十字花科蔬菜-小菜蛾；水稻-稻纵卷叶螟、二化螟、三化螟、飞虱、稻象甲、稻瘿蚊。

3. 存在的突出问题

对甲壳类水生生物和蜜蜂风险高。

4. 管理情况

（1）国内管理情况

中华人民共和国农业部公告第 1157 号规定自 2009 年 2 月 25 日起除卫生用、玉米等部分旱田种子包衣剂和专供出口产品外，停止受理和批准用于其他方面含氟虫腈成分农药制剂的田间试验、农药登记（包括正式登记、临时登记、分装登记）和生产批准证书。自 2009 年 4 月 1 日起，撤销已批准的用于其他方面含氟虫腈成分农药制剂的登记和（或）生产批准证书。自 2009 年 10 月 1 日起，在我国境内停止销售和使用用于其他方面的含氟虫腈成分的农药制剂。

2019 年，农业农村部农药管理司将其列入《禁限用农药名录》中的在部分范围禁止使用的农药。

（2）境外管理情况

欧盟委员会于 2013 年限制了氟虫腈在农作物保护中的使用。

（十九） 氟苯虫酰胺

1. 基本信息

中文通用名称：氟苯虫酰胺。

英文通用名称：flubendiamide。

化学名称：3-碘-N′-(2-甲磺酰基-1,1-二甲乙基)-N-{4-[1,2,2,2-四氟-1-(三氟甲基)乙基]-邻甲苯基}邻苯二甲酰胺。

CAS 号：272451-65-7。

（1）理化性质

分子式：$C_{23}H_{22}F_7IN_2O_4S$。

分子量：682.4。

化学结构式：

性状：白色结晶性粉末。

熔点：217.5~220.7 ℃。

闪点：303.7 ℃。

相对密度：1.659（20 ℃）。

蒸气压：<0.1 mPa（25 ℃）。

亨利常数：22.2 Pa·m³/mol。

logKow：4.2（25 ℃）。

溶解度：水 29.9 μg/L（20 ℃）。对二甲苯 0.488，正庚烷 0.000 835，甲醇 26.0，1,2-二氯乙烷 8.12，丙酮 102，乙酸乙酯 29.4（g/L）。

（2）作用方式与用途

氟苯虫酰胺属新型邻苯二甲酰胺类杀虫剂，通过激活鱼尼丁受体细胞内钙释放通道，导致储存钙离子的失控性释放。是目前为数不多的作用于昆虫细胞鱼尼丁（Ryanodine）受体的化合物。对鳞翅目害虫有广谱防效，与现有杀虫剂无交互抗性产生，非常适宜于对现有杀虫剂产生抗性的害虫的防治。对幼虫有非常突出的防效，对成虫防效有限，没有杀卵作用。

（3）环境归趋特征

土壤吸附常数值为 1 076~3 318 mL/g，属中等土壤吸附农药。在水生生物中具中等生物富集性，生物富集系数为 270。在土壤中难降解，降解半衰期为 210~770 d。土壤表面难光解，光解的半衰期为 11.6 d。水中难光解，水中光解半衰期为 5.5 d。

（4）毒理学数据

大鼠急性经口 LD_{50} 为>2 000 mg/kg；

大鼠急性经皮 LD_{50} 为>2 000 mg/kg；

鲤鱼 LC_{50} 为>548 μg/L（96 h）；

藻 EC_{50} 为 0.069 mg/L（72 h）；

大型溞急性 EC_{50} 为 0.06 mg/L（48 h）。

（5）农药毒性等级

低毒。

（6）每日允许摄入量（ADI）

0.02 mg/kg bw。

（7）最大残留限量（mg/kg）

稻谷 0.01、玉米 0.02、杂粮类 1、糙米 0.01；

棉籽 1.5；

结球甘蓝 0.2、普通白菜 0.5、叶用莴苣 7、结球莴苣 5、芹菜 5、大白菜 10、番茄 2、辣椒 0.7、豆类蔬菜 2、玉米笋 0.02；

仁果类水果 0.8、核果类水果 2、葡萄 2；

坚果 0.1；

甘蔗 0.2；

干辣椒 7；

哺乳动物肉类（海洋哺乳动物除外），以脂肪中的残留量计 2；

哺乳动物内脏（海洋哺乳动物除外）1；

生乳 0.1。

2. 生产使用情况

以下数据于 2020-6-30 查询中国农药信息网获得。

（1）登记情况

登记数量 17 个，单剂 11 个，复配剂 6 个。

（2）原药登记情况

原药含量：95%。

（3）制剂登记情况

悬浮剂，水分散粒剂，可湿性粉剂，微乳剂。

（4）现行登记作物及防治对象

登记作物：白菜、甘蓝、甘蔗、小白菜、玉米。

防治对象：白菜-小菜蛾；甘蓝-小菜蛾；甘蔗-蔗螟；小白菜-菜青虫；玉米-玉米螟。

（5）已过期的登记作物及防治对象

水稻-稻纵卷叶螟、二化螟。

3. 存在的突出问题

对水生无脊椎动物毒性较大，氟苯虫酰胺在水稻上使用，对无脊椎动物大型溞存在不可接受的风险。

4. 管理情况

（1）国内管理情况

中华人民共和国农业部公告第 2445 号规定自 2016 年 9 月 7 日起撤销氟苯虫酰胺在水稻作物上使用的农药登记；自 2018 年 10 月 1 日起禁止氟苯虫酰胺在水稻作物上使用。

2019 年，农业农村部农药管理司将其列入《禁限用农药名录》中的在部分范围禁止使用的农药。

（2）境外管理情况

2016 年，美国撤销氟苯虫酰胺在 200 多种作物上的登记。

（二十）乐果

1. 基本信息

中文通用名称：乐果。

英文通用名称：dimethoate。

化学名称：O,O-二甲基-S-(N-甲基氨基甲酰甲基)二硫代磷酸酯。

CAS 号：60-51-5。

（1）理化性质

分子式：$C_5H_{12}NO_3PS_2$。

分子量：229.3。

化学结构式：

性状：无色晶体。

熔点：49~52 ℃。

闪点：107.0 ℃。

相对密度：1.31（20 ℃）。

蒸气压：0.25 mPa（25 ℃）。

亨利常数：1.42×10^{-6} Pa·m³/mol。

logKow：0.704。

溶解度：水 39.8 g/L（pH 值 7，25 ℃）；易溶于大多数有机溶剂，例如溶于醇，酮，苯，甲苯，氯仿，二氯甲烷，四氯化碳，饱和烃。

（2）作用方式与用途

胆碱酯酶的抑制剂，杀虫谱广，对害虫和螨类有强烈的触杀和一定的胃毒作用，进入虫体内能氧化成毒性更高的氧乐果，对害虫的毒力随气温升高而增强，持效期一般 4~5 d。适用于防治多种作物上的刺吸式口器害虫，如蚜虫、叶蝉、粉虱、潜叶性害虫及某些蚧类，对螨有一定的防效。

（3）环境归趋特征

在土壤和水中易降解，半衰期较短，好氧降解半衰期为 2~4.1 d。土壤的吸附常数为 16~51 mL/g，难土壤吸附。土壤表面易光解，光解半衰期为 7~16 d。在水生生物中具低生物富集性，生物富集系数为 1~6。

（4）毒理学数据

大鼠急性经口 LD_{50} 为 387 mg/kg；

小鼠急性经口 LD_{50} 为 160 mg/kg；

大鼠急性经皮 LD_{50}>2 000 mg/kg；

大鼠吸入 LC_{50}（4 h）>1.6 mg/L 空气；

日本鹌鹑急性经口 LD_{50} 为 84 mg/kg；

虹鳟鱼 LC_{50}（96 h）为 30.2 mg/L；

大型溞 EC_{50}（48 h）2 mg/L；

蜜蜂经口 LD_{50} 为 0.15 μg/只，接触 LD_{50} 为 0.12 μg/只。

（5）农药毒性等级

中等毒。

（6）每日允许摄入量（ADI）

0.002 mg/kg bw。

（7）最大残留限量

稻谷 0.05、小麦 0.05、鲜食玉米 0.5；

大豆 0.05、植物油 0.05；

鳞茎类蔬菜 0.01、芸薹属类蔬菜（皱叶甘蓝除外）0.01、皱叶甘蓝 0.05、叶菜类蔬菜 0.01、茄果类蔬菜 0.01、瓜类蔬菜 0.01、豆类蔬菜 0.01、茎类蔬菜 0.01、根茎类和薯芋类蔬菜（甘薯除外）0.01、甘薯 0.05、水生类蔬菜 0.01、芽菜类蔬菜 0.01、其他类蔬菜 0.01；

干制蔬菜 0.01；

柑橘类水果 0.01、仁果类水果 0.01、核果类水果 0.01、浆果和其他小型类水果 0.01、热带和亚热带类水果 0.01、瓜果类水果 0.01；

干制水果 0.01；

甜菜 0.5；

茶叶 0.05；

食用菌 0.01；

干辣椒 3、果类调味料 0.5、种子类调味料 5、根茎类调味料 0.1；

药用植物 0.05；

猪肉 0.05、牛肉 0.05、羊肉 0.05、马肉 0.05；

牛内脏 0.05、山羊内脏 0.05、绵羊内脏 0.05；

哺乳动物脂肪（乳脂肪除外）0.05；

禽肉类 0.05；

禽类内脏 0.05；

禽类脂肪 0.05；

蛋类 0.05；

牛奶 0.05、山羊奶 0.05、绵羊奶 0.05。

2. 生产使用情况

以下数据于 2020-6-30 查询中国农药信息网获得。

（1）登记情况

登记数量 576 个，单剂 224 个，复配剂 352 个。

（2）原药登记情况

原药含量：96%。

（3）制剂登记情况

乳油，可湿性粉剂，粉剂。

（4）登记作物及防治对象

登记作物：甘薯、棉花、水稻、小麦、烟草。

防治对象：甘薯-小象甲；棉花-蚜虫、螨；水稻-飞虱、螟虫、叶蝉；小麦-蚜虫；烟草-蚜虫、烟青虫。

（5）已过期的登记作物及防治对象

大豆-食心虫、蚜虫；桑蚕-寄生蝇；柞蚕-寄生蝇。

3. 存在的突出问题

乐果在动植物体内可通过增毒代谢迅速转化为高毒农药氧乐果，易导致蔬菜中高毒农药氧乐果残留超标。

4. 管理情况

（1）国内管理情况

中华人民共和国农业部公告第 2552 号规定自 2017 年 8 月 1 日起撤销乐果（包括含农药有效成分的单剂、复配制剂）用于蔬菜、瓜果、茶叶、菌类和中草药材作物的农药登记，不再受理、批准乐果（包括含农药有效成分的单剂、复配制剂）用于蔬菜、瓜果、茶叶、菌类和中草药材作物的农药登记申请；自 2019 年 8 月 1 日起禁止乐果（包括含农药有效成分的单剂、复配制剂）在蔬菜、瓜果、茶叶、菌类和中草药材作物上使用。

2019 年，农业农村部农药管理司将其列入《禁限用农药名录》中的在部分范围禁止使用的农药。

（2）境外管理情况

2019 年，欧盟委员会发布委员会实施条例，不再续签乐果的批准。

（二十一）氯化苦

1. 基本信息

中文通用名称：氯化苦。

英文通用名称：chloropicrin。

化学名称：三氯硝基甲烷。

CAS 号：76-06-2。

（1）理化性质

分子式：Cl_3CNO_2。

分子量：164.5。

化学结构式:

$$Cl-\overset{\overset{\displaystyle Cl}{|}}{\underset{\underset{\displaystyle Cl}{|}}{C}}-NO_2$$

性状:无色液体。

熔点:-64 ℃。

相对密度:1.656 g/cm³(20 ℃)。

蒸气压:2.44 kPa(20 ℃)。

logKow:2.09。

溶解度:水中2.27 g/L(0 ℃),1.62 g/L(25 ℃),可溶于丙酮、苯、乙酰、四氯化碳、乙醇和石油。

(2)作用方式与用途

具有杀虫、杀菌、杀线虫、杀鼠作用,但毒杀作用比较缓慢。氯化苦易挥发,扩散性强,挥发度随温度上升而增大,它所产生的氯化苦气体比空气重5倍,温度高时,药效较显著,一般在20 ℃以上比较合适。氯化苦其蒸气经昆虫气门进入虫体、水解成强酸性物质,引起细胞肿胀和腐烂,并可使细胞脱水和蛋白质沉淀,造成生理机能破坏而死亡。

用氯化苦灭鼠,因其气体比空气重,而能沉入洞道下部杀灭害鼠。氯化苦气体在鼠洞中一般能保持数小时,随后被土吸收而失效。杀鼠的毒理作用机制主要是刺激呼吸道粘膜。它的蒸气被肺部吸收,损伤毛细血管和上皮细胞、使毛细血管渗透性增加、血浆渗出,形成肺水肿。最终由于肺部换气不良,造成缺氧、心脏负担加重,而死于呼吸衰竭。

主要用于熏蒸粮仓防治储粮害虫,对常见的储粮害虫如米象、米蛾、豆象等有良好杀伤力,对储粮微生物也有一定抑制作用。但只能熏原粮,不能熏加工粮,也可用于土壤熏蒸防治土壤病虫害和线虫,用于鼠洞熏杀鼠类。

(3)环境归趋特征

20 ℃下,氯化苦在土壤中的降解半衰期为0.2~4.5 d,土壤降解随着土壤温度的升高而加速。易从水面和潮湿土壤表面挥发。在水生生物的生物富集能力很低,BCF为8。

(4)毒理学数据

大鼠急性口服 LD_{50} 为 126 mg/kg。

(5)农药毒性等级

高毒。

(6)每日允许摄入量(ADI)

0.001 mg/kg bw。

(7)最大残留限量(mg/kg)

稻谷0.1、麦类0.1、旱粮类0.1、杂粮类0.1;

大豆0.1、花生仁0.05;

茄子0.05、姜0.05、其他薯芋类蔬菜0.1;

草莓0.05、甜瓜类水果0.05。

2. 生产使用情况

（1）登记情况
登记数量1个，单剂1个。

（2）原药登记情况
原药含量：99.5%。

（3）制剂登记情况
液剂。

（4）登记作物及防治对象
登记作物：土壤。
防治对象：根结线虫、黄萎病菌、枯萎病菌、青枯病菌、疫霉菌。

3. 存在的突出问题

高毒农药。

4. 国内管理情况

2015年，中华人民共和国农业部公告第2289号规定将氯化苦的登记使用范围和施用方法变更为土壤熏蒸，撤销除土壤熏蒸外的其他登记。氯化苦应在专业技术人员指导下使用。

（二十二）磷化铝

1. 基本信息

中文通用名称：磷化铝。
英文通用名称：aluminium phosphide。
化学名称：磷化铝。
CAS号：20859-73-8。

（1）理化性质
分子式：AlP。
分子量：57.95。
性状：白色结晶。
溶解度：微溶于水，可溶于乙醇和乙醚。

（2）作用方式与用途
磷化铝为广谱性熏蒸杀虫剂、灭鼠剂，借助于它极易吸收空气中的水分，自行分解而产生的磷化氢气体对害虫及鼠类起熏蒸毒杀作用。磷化铝吸水后产生有毒的磷化氢气体通过昆虫的呼吸系统进入虫体，作用于细胞线粒体的呼吸链和细胞色素氧化酶，抑制昆虫的正常呼吸使昆虫致死。能有效防治米象、谷象、豆象、锯谷盗、杂拟谷盗和谷蠹等害虫，也用于粮仓及户外鼠洞灭鼠。

（3）毒理学数据

大鼠经口 LD_{50} 为 11.5 mg/kg。

大鼠吸入（4h）LC_{50} 为 15.5 mg/m³ 空气。

（4）农药毒性等级

高毒。

（5）每日允许摄入量（ADI）

0.011 mg/kg bw。

（6）最大残留限量（残留物以磷化氢计，mg/kg）

稻谷 0.05、麦类 0.05、旱粮类 0.05、杂粮类 0.05、成品粮 0.05；

大豆 0.05；

薯类蔬菜 0.05。

2. 生产使用情况

（1）登记情况

登记数量 50 个，单剂 48 个，复配剂 2 个。

（2）原药登记情况

原药含量：90%。

（3）制剂登记情况

片剂，丸剂，粉剂，颗粒剂。

（4）登记作物及防治对象

登记作物：仓库、洞穴、谷物、货物、空间、粮仓、粮食、原粮、种子、储粮。

防治对象：仓库-储粮害虫，洞穴-室外啮齿动物，谷物-储粮害虫，货物-仓储害虫，空间-多种害虫、粮仓-储粮害虫、粮食-储粮害虫、原粮-储粮害虫、种子-储粮害虫、储粮-害虫。

3. 存在的突出问题

高毒农药，易引起人畜中毒。

4. 国内管理情况

2011 年，中华人民共和国第 1586 号公告规定停止受理磷化铝新增田间试验申请、登记申请及生产许可申请；停止批准含有上述农药的新增登记证和农药生产许可证（生产批准文件）。

中华人民共和国农业部第 2445 号公告规定自 2016 年 9 月 7 日起生产磷化铝农药产品应当采用内外双层包装。外包装应具有良好密闭性，防水防潮防气体外泄。内包装应具有通透性，便于直接熏蒸使用。内、外包装均应标注高毒标识及"人畜居住场所禁止使用"等注意事项。自 2018 年 10 月 1 日起，禁止销售、使用其他包装的磷化铝产品。

五、禁限用农药相关部令公告

中华人民共和国农业部公告　第194号

为了促进无公害农产品生产的发展，保证农产品质量安全，增强我国农产品的国际市场竞争力，经全国农药登记评审委员会审议，我部决定，在2000年对甲胺磷等5种高毒有机磷农药加强登记管理的基础上，再停止受理一批高毒、剧毒农药的登记申请，撤销一批高毒农药在一些作物上的登记，现将有关事项公告如下：

一、停止受理甲拌磷等11种高毒、剧毒农药新增登记

自公告之日起，停止受理甲拌磷（phorate）、氧乐果（omethoate）、水胺硫磷（isocar-bophos）、特丁硫磷（terbufos）、甲基硫环磷（phosfolan-methyl）、治螟磷（sulfotep）、甲基异柳磷（isofenphos-methyl）、内吸磷（demeton）、涕灭威（aldicarb）、克百威（carbofu-ran）、灭多威（methomyl）等11种高毒、剧毒农药（包括混剂）产品的新增临时登记申请；已受理的产品，其申请者在3个月内，未补齐有关资料的，则停止批准登记。通过缓释技术等生产的低毒化剂型，或用于种衣剂、杀线虫剂的，经农业部农药临时登记评审委员会专题审查通过，可以受理其临时登记申请。对已经批准登记的农药（包括混剂）产品，我部将商有关部门，根据农业生产实际和可持续发展的要求，分批分阶段限制其使用作物。

二、停止批准高毒、剧毒农药分装登记

自公告之日起，停止批准含有高毒、剧毒农药产品的分装登记。对已批准分装登记的产品，其农药临时登记证到期不再办理续展登记。

三、撤销部分高毒农药在部分作物上的登记

自2002年6月1日起，撤销下列高毒农药（包括混剂）在部分作物上的登记：氧乐果在甘蓝上，甲基异柳磷在果树上，涕灭威在苹果树上，克百威在柑橘树上，甲拌磷在柑橘树上，特丁硫磷在甘蔗上。

所有涉及以上撤销登记产品的农药生产企业，须在本公告发布之日起3个月之内，将撤销登记产品的农药登记证（或农药临时登记证）交回农业部农药检定所；如果撤销登记产品还取得了在其他作物上的登记，应携带新设计的标签和农药登记证（或农药临时登记证），向农业部农药检定所更换新的农药登记证（或农药临时登记证）。

各省、自治区、直辖市农业行政主管部门和所属的农药检定机构要将农药登记管理的有关事项尽快通知到辖区内农药生产企业，并将执行过程中的情况和问题，及时报送我部种植业管理司和农药检定所。

二〇〇二年四月二十二日

中华人民共和国农业部公告 第199号

为从源头上解决农产品尤其是蔬菜、水果、茶叶的农药残留超标问题，我部在对甲胺磷等5种高毒有机磷农药加强登记管理的基础上，又停止受理一批高毒、剧毒农药的登记申请，撤销一批高毒农药在一些作物上的登记。现公布国家明令禁止使用的农药和不得在蔬菜、果树、茶叶、中草药材上使用的高毒农药品种清单。

一、国家明令禁止使用的农药

六六六（HCH），滴滴涕（DDT），毒杀芬（camphechlor），二溴氯丙烷（dibromo-chloropane），杀虫脒（chlordimeform），二溴乙烷（EDB），除草醚（nitrofen），艾氏剂（aldrin），狄氏剂（dieldrin），汞制剂（Mercury compounds），砷（arsena）、铅（acetate）类，敌枯双，氟乙酰胺（fluoroacetamide），甘氟（gliftor），毒鼠强（tetramine），氟乙酸钠（sodium fluoroacetate），毒鼠硅（silatrane）。

二、在蔬菜、果树、茶叶、中草药材上不得使用和限制使用的农药甲胺磷（methami-dophos），甲基对硫磷（parathion-methyl），对硫磷（parathion），久效磷（monocroto-phos），磷胺（phosphamidon），甲拌磷（phorate），甲基异柳磷（isofenphos-methyl），特丁硫磷（terbufos），甲基硫环磷（phosfolan-methyl），治螟磷（sulfotep），内吸磷（deme-ton），克百威（carbofuran），涕灭威（aldicarb），灭线磷（ethoprophos），硫环磷（phosfo-lan），蝇毒磷（coumaphos），地虫硫磷（fonofos），氯唑磷（isazofos），苯线磷（fenami-phos）19种高毒农药不得用于蔬菜、果树、茶叶、中草药材上。三氯杀螨醇（dicofol），氰戊菊酯（fenvalerate）不得用于茶树上。任何农药产品都不得超出农药登记批准的使用范围使用。

各级农业部门要加大对高毒农药的监管力度，按照《农药管理条例》的有关规定，对违法生产、经营国家明令禁止使用的农药的行为，以及违法在果树、蔬菜、茶叶、中草药材上使用不得使用或限用农药的行为，予以严厉打击。各地要做好宣传教育工作，引导农药生产者、经营者和使用者生产、推广和使用安全、高效、经济的农药，促进农药品种结构调整步伐，促进无公害农产品生产发展。

二〇〇二年六月五日

中华人民共和国农业部公告 第274号

为加强农药管理，逐步削减高毒农药的使用，保护人民生命安全和健康，增强我国农产品的市场竞争力，经全国农药登记评审委员会审议，我部决定撤销甲胺磷等5种高毒农药混配制剂登记，撤销丁酰肼在花生上的登记，强化杀鼠剂管理。现将有关事项公告如下：

一、撤销甲胺磷等5种高毒有机磷农药混配制剂登记。自2003年12月31日起，撤销所有含甲胺磷、对硫磷、甲基对硫磷、久效磷和磷胺 5 种高毒有机磷农药的混配制剂的登记（具体名单由农业部农药检定所公布）。自公告之日起，不再批准含以上 5 种高毒有机磷农药的混配制剂和临时登记有效期满 4 年的单剂的续展登记。自 2004 年 6 月 30 日起，不得在市场上销售含以上 5 种高毒有机磷农药的混配制剂。

二、撤销丁酰肼在花生上的登记。自公告之日起，撤销丁酰肼（比久）在花生上的登记，不得在花生上使用含丁酰肼（比久）的农药产品。相关农药生产企业在 2003 年 6 月 1 日前到农业部农药检定所换取农药临时登记证。

三、自 2003 年 6 月 1 日起，停止批准杀鼠剂分装登记，已批准的杀鼠剂分装登记不再批准续展登记。

二〇〇三年四月三十日

中华人民共和国农业部公告 第 322 号

为提高我国农药应用水平，保护人民生命安全和健康，保护环境，增强农产品的市场竞争力，促进农药工业结构调整和产业升级，经全国农药登记评审委员会审议，我部决定分三个阶段削减甲胺磷、对硫磷、甲基对硫磷、久效磷和磷胺 5 种高毒有机磷农药（以下简称甲胺磷等 5 种高毒有机磷农药）的使用，自 2007 年 1 月 1 日起，全面禁止甲胺磷等 5 种高毒有机磷农药在农业上使用。现将有关事项公告如下：

一、自 2004 年 1 月 1 日起，撤销所有含甲胺磷等 5 种高毒有机磷农药的复配产品的登记证（具体名单另行公布）。自 2004 年 6 月 30 日起，禁止在国内销售和使用含有甲胺磷等 5 种高毒有机磷农药的复配产品。

二、自 2005 年 1 月 1 日起，除原药生产企业外，撤销其他企业含有甲胺磷等 5 种高毒有机磷农药的制剂产品的登记证（具体名单另行公布）。同时将原药生产企业保留的甲胺磷等 5 种高毒有机磷农药的制剂产品的使用范围缩减为：棉花、水稻、玉米和小麦 4 种作物。

三、自 2007 年 1 月 1 日起，撤销含有甲胺磷等 5 种高毒有机磷农药的制剂产品的登记证（具体名单另行公布），全面禁止甲胺磷等 5 种高毒有机磷农药在农业上使用，只保留部分生产能力用于出口。

二〇〇三年十二月三十日

中华人民共和国农业部公告 第 494 号

为从源头上解决甲磺隆等磺酰脲类长残效除草剂对后茬作物产生药害事故的问题，保障农业生产安全，保护广大农民利益，根据《农药管理条例》的有关规定，结合我国实际情况，经全国农药登记评审委员会审议，我部决定对含甲磺隆、氯磺隆和胺苯磺隆等除草剂产品实行以下管理措施。

一、自 2005 年 6 月 1 日起，停止受理和批准含甲磺隆、氯磺隆和胺苯磺隆等农药产品的田间药效试验申请。自 2006 年 6 月 1 日起，停止受理和批准新增含甲磺隆、氯磺隆和胺苯磺隆等农药产品（包括原药、单剂和复配制剂）的登记。

二、已登记的甲磺隆、氯磺隆和胺苯磺隆原药生产企业，要提高产品质量。对杂质含量超标的，要限期改进生产工艺。在规定期限内不能达标的，要撤销其农药登记证。

三、严格限定含有甲磺隆、氯磺隆产品的使用区域、作物和剂量。含甲磺隆、氯磺隆产品的农药登记证和产品标签应注明"仅限于长江流域及其以南地区的酸性土壤（pH 值<7）稻麦轮作区小麦田使用"。产品的推荐用药量以甲磺隆、氯磺隆有效成分合计不得超过 7.5 g/hm^2（0.5 克/亩）。

四、规范含甲磺隆、氯磺隆和胺苯磺隆等农药产品的标签内容。其标签内容应符合《农药产品标签通则》和《磺酰脲类除草剂合理使用准则》等规定，要在显著位置醒目详细说明产品限定使用区域、后茬不能种植的作物等安全注意事项。自 2006 年 1 月 1 日起，市场上含甲磺隆、氯磺隆和胺苯磺隆等农药产品的标签应符合以上要求，否则按不合格标签查处。

各级农业行政主管部门要加强对玉米、油菜、大豆、棉花和水稻等作物除草剂产品使用的监督管理，防止发生重大药害事故。要加大对含甲磺隆、氯磺隆和胺苯磺隆等农药的监管力度，重点检查产品是否登记、产品标签是否符合要求，依法严厉打击将甲磺隆、氯磺隆掺入其他除草剂产品的非法行为。要做好技术指导、宣传和培训工作，引导农民合理使用除草剂。

特此公告

中华人民共和国农业部

二〇〇五年四月二十八日

中华人民共和国农业部　国家发展和改革委员会　国家工商行政管理总局　国家质量监督检验检疫总局公告　第 632 号

为贯彻落实甲胺磷、对硫磷、甲基对硫磷、久效磷和磷胺 5 种高毒有机磷农药（以下简称甲胺磷等 5 种高毒有机磷农药）削减计划，确保自 2007 年 1 月 1 日起，全面禁止甲胺磷等 5 种高毒有机磷农药在农业上使用，现将有关事项公告如下：

一、自 2007 年 1 月 1 日起，全面禁止在国内销售和使用甲胺磷等 5 种高毒有机磷农药。撤销所有含甲胺磷等 5 种高毒有机磷农药产品的登记证和生产许可证（生产批准证书）。保留用于出口的甲胺磷等 5 种高毒有机磷农药生产能力，其农药产品登记证、生产许可证（生产批准证书）发放和管理的具体规定另行制定。

二、各农药生产单位要根据市场需求安排生产计划，以销定产，避免因甲胺磷等 5 种高毒有机磷农药生产过剩而造成积压和损失。对在 2006 年底尚未售出的产品，一律由本单位负责按照环境保护的有关规定进行处理。

三、各农药经营单位要按照农业生产的实际需要，严格控制甲胺磷等 5 种高毒有机磷农药进货数量。对在 2006 年底尚未销售的产品，一律由本单位负责按照环境保护的有关规定进行处理。

四、各农药使用者和广大农户要有计划地选购含甲胺磷等 5 种高毒有机磷农药的产品，确保在 2006 年底前全部使用完。

五、各级农业、发展改革（经贸）、工商、质量监督检验等行政管理部门，要按照《农药管理条例》和相关法律法规的规定，明确属地管理原则，加强组织领导，加大资金投入，搞好禁止生产销售使用政策、替代农药产品和科学使用技术的宣传、指导和培训。同时，加强农药市场监督管理，确保按期实现禁用计划。自 2007 年 1 月 1 日起，对非法生产、销售和使用甲胺磷等 5 种高毒有机磷农药的，要按照生产、销售和使用国家明令禁止农药的违法行为依法进行查处。

二〇〇六年四月四日

中华人民共和国农业部公告 第 671 号

为进一步解决甲磺隆等磺酰脲类长残效除草剂对后茬作物产生药害事故的问题，保障农业生产安全，保护广大农民利益，根据《农药管理条例》的有关规定，结合我国实际，我部决定对含甲磺隆、氯磺隆和胺苯磺隆等除草剂产品实行以下管理措施。

一、自 2006 年 6 月 1 日起，停止批准新增含甲磺隆、氯磺隆和胺苯磺隆等除草剂产品（包括原药、单剂和复配制剂）的登记。对已批准田间试验或已受理登记申请的产品，相关生产企业应在规定的期限前提交相应的资料。在规定期限内未获得批准的产品不再继续审查。

二、各甲磺隆、氯磺隆和胺苯磺隆原药生产企业，要提高产品质量，严格控制杂质含量。要重新提交原药产品标准和近两年的全分析报告，于 2006 年 12 月 31 日前，向我部申请复核。对甲磺隆含量低于 96%、氯磺隆含量低于 95%、胺苯磺隆含量低于 95%、杂质含量过高的，要限期改进生产工艺。在 2007 年 12 月 31 日前不能达标的，将依法撤销其登记。

三、已批准在小麦上登记的含有甲磺隆、氯磺隆的产品，其农药登记证和产品标签上应注明"仅限于长江流域及其以南、酸性土壤（pH 值<7）、稻麦轮作区的小麦田使用"。产品的用药量以甲磺隆有效成分计不得超过 7.5 g/hm²（0.5 g/亩），以氯磺隆有效成分计不得超过 15 g/hm²（1 g/亩）。混配产品中各有效成分的使用剂量单独计算。

已批准在小麦上登记的含甲磺隆、氯磺隆的产品，对于原批准的使用剂量低限超出本公告规定最高使用剂量的，不再批准续展登记。对于原批准的使用剂量高限超出本公告规定的最高剂量而低限未超出的，可批准续展登记。但要按本公告的规定调整批准使用剂量，控制产品最佳使用时期和施药方法。相关企业应按重新核定的使用剂量和施药时期设计标签。必要时，应要求生产企业按新批准使用剂量进行一年三地田间药效验证试验，根据试验结果决定是否再批准续展登记。

四、已批准在水稻上登记的含甲磺隆的产品，其农药登记证和产品标签上应注明"仅限于酸性土壤（pH 值<7）及高温高湿的南方稻区使用"，用药量以甲磺隆计不得超过 $3\ \mathrm{g/hm^2}$（0.2 g/亩），水稻 4 叶期前禁止用药。

五、已取得含甲磺隆、氯磺隆、胺苯磺隆等产品登记的生产企业，申请续展登记时应提交原药来源证明和产品标签。2006 年 12 月 31 日以后生产的产品，其标签内容应符合《农药产品标签通则》和《磺酰脲类除草剂合理使用准则》等规定，要在明显位置以醒目的方式详细说明产品限定使用区域、严格限定后茬种植的作物及使用时期等安全注意事项。

含有甲磺隆、氯磺隆和胺苯磺隆产品的生产企业，如欲扩大后茬可种植作物的范围，需要提交对后茬作物室内和田间的安全性试验评估资料。经对资料进行评审后，表明其对试验的后茬作物安全，将允许在产品标签中增加标明可种植的后茬作物等项目。

本公告自发布之日起实施，我部于 2005 年 4 月 28 日发布的第 494 号公告同时废止。

二〇〇六年六月十三日

中华人民共和国国家发展和改革委员会、中华人民共和国农业部、中华人民共和国国家工商行政管理总局、国家质量监督检验检疫总局、国家环境保护总局、国家安全生产监督管理总局公告 2008 年第 1 号

为保障农产品质量安全，经国务院批准，决定停止甲胺磷等五种高毒农药的生产、流通、使用。现就有关事项公告如下：

一、五种高毒农药为：甲胺磷、对硫磷、甲基对硫磷、久效磷、磷胺，化学名称分别为：O,S-二甲基氨基硫代磷酸酯、O,O-二乙基-O-(4-硝基苯基)硫代磷酸酯、O,O-二甲基-O-(4-硝基苯基)硫代磷酸酯、O,O-二甲基-O-[1-甲基-2-(甲基氨基甲酰)]乙烯基磷酸酯、O,O-二甲基-O-[1-甲基-2-氯-2-(二乙基氨基甲酰)]乙烯基磷酸酯。

二、自本公告发布之日起，废止甲胺磷、对硫磷、甲基对硫磷、久效磷、磷胺的农药产品登记证、生产许可证和生产批准证书。

三、本公告发布之日起，禁止甲胺磷、对硫磷、甲基对硫磷、久效磷、磷胺在国内的生产、流通。

四、本公告发布之日前已签订有效出口合同的生产企业，限于履行合同，可继续生产

至 2008 年 12 月 31 日，其生产、出口等按照《危险化学品安全管理条例》、《化学品首次进口及有毒化学品进出口管理规定》等法律法规执行。

五、本公告发布之日起，禁止甲胺磷、对硫磷、甲基对硫磷、久效磷、磷胺在国内以单独或与其他物质混合等形式的使用。

六、各级发展改革（经贸）、农业、工商、质量监督检验、环保、安全监管等行政管理部门，要按照《农药管理条例》等有关法律法规的规定，加强对农药生产、流通、使用的监督管理。对非法生产、销售、使用甲胺磷、对硫磷、甲基对硫磷、久效磷、磷胺的，要依法进行查处。

二〇〇八年一月九日

中华人民共和国农业部　中华人民共和国工业和信息化部 中华人民共和国环境保护部公告　第 1157 号

鉴于氟虫腈对甲壳类水生生物和蜜蜂具有高风险，在水和土壤中降解慢，按照《农药管理条例》的规定，根据我国农业生产实际，为保护农业生产安全、生态环境安全和农民利益，经全国农药登记评审委员会审议，现就加强氟虫腈管理的有关事项公告如下：

一、自本公告发布之日起，除卫生用、玉米等部分旱田种子包衣剂和专供出口产品外，停止受理和批准用于其他方面含氟虫腈成分农药制剂的田间试验、农药登记（包括正式登记、临时登记、分装登记）和生产批准证书。

二、自 2009 年 4 月 1 日起，除卫生用、玉米等部分旱田种子包衣剂和专供出口产品外，撤销已批准的用于其他方面含氟虫腈成分农药制剂的登记和（或）生产批准证书。同时农药生产企业应当停止生产已撤销登记和生产批准证书的农药制剂。

三、自 2009 年 10 月 1 日起，除卫生用、玉米等部分旱田种子包衣剂外，在我国境内停止销售和使用用于其他方面的含氟虫腈成分的农药制剂。农药生产企业和销售单位应当确保所销售的相关农药制剂使用安全，并妥善处置市场上剩余的相关农药制剂。

四、专供出口含氟虫腈成分的农药制剂只能由氟虫腈原药生产企业生产。生产企业应当办理生产批准证书和专供出口的农药登记证或农药临时登记证。

五、在我国境内生产氟虫腈原药的生产企业，其建设项目环境影响评价文件依法获得有审批权的环境保护行政主管部门同意后，方可申请办理农药登记和生产批准证书。已取得农药登记和生产批准证书的生产企业，要建立可追溯的氟虫腈生产、销售记录，不得将含有氟虫腈的产品销售给未在我国取得卫生用、玉米等部分旱田种子包衣剂农药登记和生产批准证书的生产企业。

各级农业、工业生产、环境保护行政主管部门，应当加大对含有氟虫腈农药产品的生产和市场监督检查力度，引导农民科学选购与使用农药，确保农业生产和环境安全。

二〇〇九年二月二十五日

农业部 工业和信息化部 环境保护部 国家工商行政管理总局 国家质量监督检验检疫总局公告 第 1586 号

为保障农产品质量安全、人畜安全和环境安全，经国务院批准，决定对高毒农药采取进一步禁限用管理措施。现将有关事项公告如下：

一、自本公告发布之日起，停止受理苯线磷、地虫硫磷、甲基硫环磷、磷化钙、磷化镁、磷化锌、硫线磷、蝇毒磷、治螟磷、特丁硫磷、杀扑磷、甲拌磷、甲基异柳磷、克百威、灭多威、灭线磷、涕灭威、磷化铝、氧乐果、水胺硫磷、溴甲烷、硫丹等 22 种农药新增田间试验申请、登记申请及生产许可申请；停止批准含有上述农药的新增登记证和农药生产许可证（生产批准文件）。

二、自本公告发布之日起，撤销氧乐果、水胺硫磷在柑橘树，灭多威在柑橘树、苹果树、茶树、十字花科蔬菜，硫线磷在柑橘树、黄瓜，硫丹在苹果树、茶树，溴甲烷在草莓、黄瓜上的登记。本公告发布前已生产产品的标签可以不再更改，但不得继续在已撤销登记的作物上使用。

三、自 2011 年 10 月 31 日起，撤销（撤回）苯线磷、地虫硫磷、甲基硫环磷、磷化钙、磷化镁、磷化锌、硫线磷、蝇毒磷、治螟磷、特丁硫磷等 10 种农药的登记证、生产许可证（生产批准文件），停止生产；自 2013 年 10 月 31 日起，停止销售和使用。

二〇一一年六月十五日

农业部、工业和信息化部、国家质量监督检验检疫总局公告 第 1745 号

为维护人民生命健康安全，确保百草枯安全生产和使用，经研究，决定对百草枯采取限制性管理措施。现将有关事项公告如下：

一、自本公告发布之日起，停止核准百草枯新增母药生产、制剂加工厂点，停止受理母药和水剂（包括百草枯复配水剂，下同）新增田间试验申请、登记申请及生产许可（包括生产许可证和生产批准文件，下同）申请，停止批准新增百草枯母药和水剂产品的登记和生产许可。

二、自 2014 年 7 月 1 日起，撤销百草枯水剂登记和生产许可、停止生产，保留母药生产企业水剂出口境外使用登记、允许专供出口生产，2016 年 7 月 1 日停止水剂在国内销售和使用。

三、重新核准标签，变更农药登记证和农药生产批准文件。标签在原有内容基础上增加急救电话等内容，醒目标注警示语。农药登记证和农药生产批准文件在原有内容基础上增加母药生产企业名称等内容。百草枯生产企业应当及时向有关部门申请重新核准标签、

变更农药登记证和农药生产批准文件。自 2013 年 1 月 1 日起，未变更的农药登记证和农药生产批准文件不再保留，未使用重新核准标签的产品不得上市，已在市场上流通的原标签产品可以销售至 2013 年 12 月 31 日。

四、各生产企业要严格按照标准生产百草枯产品，添加足量催吐剂、臭味剂、着色剂，确保产品质量。

五、生产企业应当加强百草枯的使用指导及中毒救治等售后服务，鼓励使用小口径包装瓶，鼓励随产品配送必要的医用活性炭等产品。

二〇一二年四月二十四日

中华人民共和国农业部公告 第 2032 号

为保障农业生产安全、农产品质量安全和生态环境安全，维护人民生命安全和健康，根据《农药管理条例》的有关规定，经全国农药登记评审委员会审议，决定对氯磺隆、胺苯磺隆、甲磺隆、福美胂、福美甲胂、毒死蜱和三唑磷等 7 种农药采取进一步禁限用管理措施。现将有关事项公告如下。

一、自 2013 年 12 月 31 日起，撤销氯磺隆（包括原药、单剂和复配制剂，下同）的农药登记证，自 2015 年 12 月 31 日起，禁止氯磺隆在国内销售和使用。

二、自 2013 年 12 月 31 日起，撤销胺苯磺隆单剂产品登记证，自 2015 年 12 月 31 日起，禁止胺苯磺隆单剂产品在国内销售和使用；自 2015 年 7 月 1 日起撤销胺苯磺隆原药和复配制剂产品登记证，自 2017 年 7 月 1 日起，禁止胺苯磺隆复配制剂产品在国内销售和使用。

三、自 2013 年 12 月 31 日起，撤销甲磺隆单剂产品登记证，自 2015 年 12 月 31 日起，禁止甲磺隆单剂产品在国内销售和使用；自 2015 年 7 月 1 日起撤销甲磺隆原药和复配制剂产品登记证，自 2017 年 7 月 1 日起，禁止甲磺隆复配制剂产品在国内销售和使用；保留甲磺隆的出口境外使用登记，企业可在 2015 年 7 月 1 日前，申请将现有登记变更为出口境外使用登记。

四、自本公告发布之日起，停止受理福美胂和福美甲胂的农药登记申请，停止批准福美胂和福美甲胂的新增农药登记证；自 2013 年 12 月 31 日起，撤销福美胂和福美甲胂的农药登记证，自 2015 年 12 月 31 日起，禁止福美胂和福美甲胂在国内销售和使用。

五、自本公告发布之日起，停止受理毒死蜱和三唑磷在蔬菜上的登记申请，停止批准毒死蜱和三唑磷在蔬菜上的新增登记；自 2014 年 12 月 31 日起，撤销毒死蜱和三唑磷在蔬菜上的登记，自 2016 年 12 月 31 日起，禁止毒死蜱和三唑磷在蔬菜上使用。

二〇一三年十二月九日

中华人民共和国农业部公告　第 2289 号

为保障农产品质量安全和生态环境安全，根据《中华人民共和国食品安全法》和《农药管理条例》相关规定，在公开征求意见的基础上，我部决定对杀扑磷等 3 种农药采取以下管理措施。现公告如下。

一、自 2015 年 10 月 1 日起，撤销杀扑磷在柑橘树上的登记，禁止杀扑磷在柑橘树上使用。

二、自 2015 年 10 月 1 日起，将溴甲烷、氯化苦的登记使用范围和施用方法变更为土壤熏蒸，撤销除土壤熏蒸外的其他登记。溴甲烷、氯化苦应在专业技术人员指导下使用。

二〇一五年八月二十二日

中华人民共和国农业部公告　第 2445 号

为保障农产品质量安全、生态环境安全和人民生命安全，根据《中华人民共和国食品安全法》《农药管理条例》有关规定，经全国农药登记评审委员会审议，在公开征求意见的基础上，我部决定对 2,4-滴丁酯、百草枯、三氯杀螨醇、氟苯虫酰胺、克百威、甲拌磷、甲基异柳磷、磷化铝等 8 种农药采取以下管理措施。现公告如下。

一、自本公告发布之日起，不再受理、批准 2,4-滴丁酯（包括原药、母药、单剂、复配制剂，下同）的田间试验和登记申请；不再受理、批准 2,4-滴丁酯境内使用的续展登记申请。保留原药生产企业 2,4-滴丁酯产品的境外使用登记，原药生产企业可在续展登记时申请将现有登记变更为仅供出口境外使用登记。

二、自本公告发布之日起，不再受理、批准百草枯的田间试验、登记申请，不再受理、批准百草枯境内使用的续展登记申请。保留母药生产企业产品的出口境外使用登记，母药生产企业可在续展登记时申请将现有登记变更为仅供出口境外使用登记。

三、自本公告发布之日起，撤销三氯杀螨醇的农药登记，自 2018 年 10 月 1 日起，全面禁止三氯杀螨醇销售、使用。

四、自本公告发布之日起，撤销氟苯虫酰胺在水稻作物上使用的农药登记；自 2018 年 10 月 1 日起，禁止氟苯虫酰胺在水稻作物上使用。

五、自本公告发布之日起，撤销克百威、甲拌磷、甲基异柳磷在甘蔗作物上使用的农药登记；自 2018 年 10 月 1 日起，禁止克百威、甲拌磷、甲基异柳磷在甘蔗作物上使用。

六、自本公告发布之日起，生产磷化铝农药产品应当采用内外双层包装。外包装应具有良好密闭性，防水防潮防气体外泄。内包装应具有通透性，便于直接熏蒸使用。内、外包装均应标注高毒标识及"人畜居住场所禁止使用"等注意事项。自 2018 年 10 月 1 日起，禁止销售、使用其他包装的磷化铝产品。

二〇一六年九月七日

中华人民共和国农业部公告 第2552号

根据《中华人民共和国食品安全法》《农药管理条例》有关规定和履行《关于持久性有机污染物的斯德哥尔摩公约》《关于消耗臭氧层物质的蒙特利尔议定书（哥本哈根修正案）》的相关要求，经广泛征求意见和全国农药登记评审委员会评审，我部决定对硫丹、溴甲烷、乙酰甲胺磷、丁硫克百威、乐果等5种农药采取以下管理措施。

一、自2018年7月1日起，撤销含硫丹产品的农药登记证；自2019年3月26日起，禁止含硫丹产品在农业上使用。

二、自2019年1月1日起，将含溴甲烷产品的农药登记使用范围变更为"检疫熏蒸处理"，禁止含溴甲烷产品在农业上使用。

三、自2017年8月1日起，撤销乙酰甲胺磷、丁硫克百威、乐果（包括含上述3种农药有效成分的单剂、复配制剂，下同）用于蔬菜、瓜果、茶叶、菌类和中草药材作物的农药登记，不再受理、批准乙酰甲胺磷、丁硫克百威、乐果用于蔬菜、瓜果、茶叶、菌类和中草药材作物的农药登记申请；自2019年8月1日起，禁止乙酰甲胺磷、丁硫克百威、乐果在蔬菜、瓜果、茶叶、菌类和中草药材作物上使用。

二〇一七年七月十四日

中华人民共和国农业部公告 第2567号

为了加强对限制使用农药的监督管理，保障农产品质量安全和人畜安全，保护农业生产和生态环境，根据《中华人民共和国食品安全法》和《农药管理条例》相关规定，我部制定了《限制使用农药名录（2017版）》，现予公布，并就有关事项公告如下。

一、列入本名录的农药，标签应当标注"限制使用"字样，并注明使用的特别限制和特殊要求；用于食用农产品的，标签还应当标注安全间隔期。

二、本名录中前22种农药实行定点经营，其他农药实行定点经营的时间由农业部另行规定。

三、农业部已经发布的限制使用农药公告，继续执行。

四、本公告自2017年10月1日起施行。

二〇一七年八月三十一日

限制使用农药名录（2017版）

序号	有效成分名称	备注
1	甲拌磷	实行定点经营
2	甲基异柳磷	
3	克百威	
4	磷化铝	
5	硫丹	
6	氯化苦	
7	灭多威	
8	灭线磷	
9	水胺硫磷	
10	涕灭威	
11	溴甲烷	
12	氧乐果	
13	百草枯	
14	2,4-滴丁酯	
15	C 型肉毒梭菌毒素	
16	D 型肉毒梭菌毒素	
17	氟鼠灵	
18	敌鼠钠盐	
19	杀鼠灵	
20	杀鼠醚	
21	溴敌隆	
22	溴鼠灵	
23	丁硫克百威	无
24	丁酰肼	
25	毒死蜱	
26	氟苯虫酰胺	
27	氟虫腈	
28	乐果	
29	氰戊菊酯	
30	三氯杀螨醇	
31	三唑磷	
32	乙酰甲胺磷	

生态环境部　外交部　国家发展和改革委员会
科学技术部　工业和信息化部　农业农村部　商务部
国家卫生健康委员会　应急管理部　海关总署
国家市场监督管理总局公告　2019 年第 10 号

关于禁止生产、流通、使用和进出口林丹
等持久性有机污染物的公告

为落实《关于持久性有机污染物的斯德哥尔摩公约》履约要求，现就林丹，硫丹、全氟辛基磺酸及其盐类和全氟辛基磺酰氟管理的有关事项公告如下。

一、自 2019 年 3 月 26 日起，禁止林丹和硫丹的生产、流通，使用和进出口。

二、自 2019 年 3 月 26 日起，禁止全氟辛基磺酸及其盐类和全氟辛基磺酰氟除可接受用途（见附件）外的生产、流通、使用和进出口。

三、各级生态环境、发展改革、工业和信息化、农业农村、商务、卫生健康、应急管理，海关、市场监管等部门，应按照国家有关法律法规的规定，加强对上述持久性有机污染物生产、流通、使用和进出口的监督管理。一旦发现违反公告的行为，严肃查处。

附件：全氟辛基磺酸及其盐类和全氟辛基磺酰氟可接受用途

二〇一九年三月四日

中华人民共和国农业农村部公告　第 148 号

为保障农产品质量安全和生态环境安全，根据《中华人民共和国食品安全法》《农药管理条例》有关规定及履行《关于持久性有机污染物的斯德哥尔摩公约》的相关要求，在风险评估、全国农药登记评审委员会审议、公开征求意见的基础上，决定对氟虫胺采取以下管理措施。

一、自本公告发布之日起，不再受理、批准含氟虫胺农药产品（包括该有效成分的原药、单剂、复配制剂，下同）的农药登记和登记延续。

二、自 2019 年 3 月 26 日起，撤销含氟虫胺农药产品的农药登记和生产许可。

三、自 2020 年 1 月 1 日起，禁止使用含氟虫胺成分的农药产品。

二〇一九年三月二十二日

禁限用农药名录

《农药管理条例》规定，农药生产应取得农药登记证和生产许可证，农药经营应取得经营许可证，农药使用应按照标签规定的使用范围、安全间隔期用药，不得超范围用药。

剧毒、高毒农药不得用于防治卫生害虫，不得用于蔬菜、瓜果、茶叶、菌类、中草药材的生产，不得用于水生植物的病虫害防治。

一、禁止（停止）使用的农药（46种）

六六六、滴滴涕、毒杀芬、二溴氯丙烷、杀虫脒、二溴乙烷、除草醚、艾氏剂、狄氏剂、汞制剂、砷类、铅类、敌枯双、氟乙酰胺、甘氟、毒鼠强、氟乙酸钠、毒鼠硅、甲胺磷、对硫磷、甲基对硫磷、久效磷、磷胺、苯线磷、地虫硫磷、甲基硫环磷、磷化钙、磷化镁、磷化锌、硫线磷、蝇毒磷、治螟磷、特丁硫磷、氯磺隆、胺苯磺隆、甲磺隆、福美胂、福美甲胂、三氯杀螨醇、林丹、硫丹、溴甲烷、氟虫胺、杀扑磷、百草枯、2,4-滴丁酯

注：氟虫胺自2020年1月1日起禁止使用。百草枯可溶胶剂自2020年9月26日起禁止使用。2,4-滴丁酯自2023年1月29日起禁止使用。溴甲烷可用于"检疫熏蒸处理"。杀扑磷已无制剂登记。

二、在部分范围禁止使用的农药（20种）

通用名	禁止使用范围
甲拌磷、甲基异柳磷、克百威、水胺硫磷、氧乐果、灭多威、涕灭威、灭线磷	禁止在蔬菜、瓜果、茶叶、菌类、中草药材上使用，禁止用于防治卫生害虫，禁止用于水生植物的病虫害防治
甲拌磷、甲基异柳磷、克百威	禁止在甘蔗作物上使用
内吸磷、硫环磷、氯唑磷	禁止在蔬菜、瓜果、茶叶、中草药材上使用
乙酰甲胺磷、丁硫克百威、乐果	禁止在蔬菜、瓜果、茶叶、菌类和中草药材上使用
毒死蜱、三唑磷	禁止在蔬菜上使用
丁酰肼（比久）	禁止在花生上使用
氰戊菊酯	禁止在茶叶上使用
氟虫腈	禁止在所有农作物上使用（玉米等部分旱田种子包衣除外）
氟苯虫酰胺	禁止在水稻上使用

农业农村部农药管理司

二〇一九年十一月二十九日

中华人民共和国农药管理条例

第一章　总　则

第一条　为了加强农药管理，保证农药质量，保障农产品质量安全和人畜安全，保护农业、林业生产和生态环境，制定本条例。

第二条　本条例所称农药，是指用于预防、控制危害农业、林业的病、虫、草、鼠和其他有害生物以及有目的地调节植物、昆虫生长的化学合成或者来源于生物、其他天然物质的一种物质或者几种物质的混合物及其制剂。

前款规定的农药包括用于不同目的、场所的下列各类：

（一）预防、控制危害农业、林业的病、虫（包括昆虫、蜱、螨）、草、鼠、软体动物和其他有害生物；

（二）预防、控制仓储以及加工场所的病、虫、鼠和其他有害生物；

（三）调节植物、昆虫生长；

（四）农业、林业产品防腐或者保鲜；

（五）预防、控制蚊、蝇、蜚蠊、鼠和其他有害生物；

（六）预防、控制危害河流堤坝、铁路、码头、机场、建筑物和其他场所的有害生物。

第三条　国务院农业主管部门负责全国的农药监督管理工作。

县级以上地方人民政府农业主管部门负责本行政区域的农药监督管理工作。

县级以上人民政府其他有关部门在各自职责范围内负责有关的农药监督管理工作。

第四条　县级以上地方人民政府应当加强对农药监督管理工作的组织领导，将农药监督管理经费列入本级政府预算，保障农药监督管理工作的开展。

第五条　农药生产企业、农药经营者应当对其生产、经营的农药的安全性、有效性负责，自觉接受政府监管和社会监督。

农药生产企业、农药经营者应当加强行业自律，规范生产、经营行为。

第六条　国家鼓励和支持研制、生产、使用安全、高效、经济的农药，推进农药专业化使用，促进农药产业升级。

对在农药研制、推广和监督管理等工作中作出突出贡献的单位和个人，按照国家有关规定予以表彰或者奖励。

第二章　农药登记

第七条　国家实行农药登记制度。农药生产企业、向中国出口农药的企业应当依照本条例的规定申请农药登记，新农药研制者可以依照本条例的规定申请农药登记。

国务院农业主管部门所属的负责农药检定工作的机构负责农药登记具体工作。省、自治区、直辖市人民政府农业主管部门所属的负责农药检定工作的机构协助做好本行政区域的农药登记具体工作。

第八条　国务院农业主管部门组织成立农药登记评审委员会，负责农药登记评审。

农药登记评审委员会由下列人员组成：

（一）国务院农业、林业、卫生、环境保护、粮食、工业行业管理、安全生产监督管理等有关部门和供销合作总社等单位推荐的农药产品化学、药效、毒理、残留、环境、质量标准和检测等方面的专家；

（二）国家食品安全风险评估专家委员会的有关专家；

（三）国务院农业、林业、卫生、环境保护、粮食、工业行业管理、安全生产监督管理等有关部门和供销合作总社等单位的代表。

农药登记评审规则由国务院农业主管部门制定。

第九条　申请农药登记的，应当进行登记试验。

农药的登记试验应当报所在地省、自治区、直辖市人民政府农业主管部门备案。

新农药的登记试验应当向国务院农业主管部门提出申请。国务院农业主管部门应当自受理申请之日起40个工作日内对试验的安全风险及其防范措施进行审查，符合条件的，准予登记试验；不符合条件的，书面通知申请人并说明理由。

第十条　登记试验应当由国务院农业主管部门认定的登记试验单位按照国务院农业主管部门的规定进行。

与已取得中国农药登记的农药组成成分、使用范围和使用方法相同的农药，免予残留、环境试验，但已取得中国农药登记的农药依照本条例第十五条的规定在登记资料保护期内的，应当经农药登记证持有人授权同意。

登记试验单位应当对登记试验报告的真实性负责。

第十一条　登记试验结束后，申请人应当向所在地省、自治区、直辖市人民政府农业主管部门提出农药登记申请，并提交登记试验报告、标签样张和农药产品质量标准及其检验方法等申请资料；申请新农药登记的，还应当提供农药标准品。

省、自治区、直辖市人民政府农业主管部门应当自受理申请之日起20个工作日内提出初审意见，并报送国务院农业主管部门。

向中国出口农药的企业申请农药登记的，应当持本条第一款规定的资料、农药标准品以及在有关国家（地区）登记、使用的证明材料，向国务院农业主管部门提出申请。

第十二条　国务院农业主管部门受理申请或者收到省、自治区、直辖市人民政府农业主管部门报送的申请资料后，应当组织审查和登记评审，并自收到评审意见之日起20个工作日内作出审批决定，符合条件的，核发农药登记证；不符合条件的，书面通知申请人并说明理由。

第十三条　农药登记证应当载明农药名称、剂型、有效成分及其含量、毒性、使用范围、使用方法和剂量、登记证持有人、登记证号以及有效期等事项。

农药登记证有效期为5年。有效期届满，需要继续生产农药或者向中国出口农药的，农药登记证持有人应当在有效期届满90日前向国务院农业主管部门申请延续。

农药登记证载明事项发生变化的，农药登记证持有人应当按照国务院农业主管部门的规定申请变更农药登记证。

国务院农业主管部门应当及时公告农药登记证核发、延续、变更情况以及有关的农药产品质量标准号、残留限量规定、检验方法、经核准的标签等信息。

第十四条　新农药研制者可以转让其已取得登记的新农药的登记资料；农药生产企业可以向具有相应生产能力的农药生产企业转让其已取得登记的农药的登记资料。

第十五条　国家对取得首次登记的、含有新化合物的农药的申请人提交的其自己所取得且未披露的试验数据和其他数据实施保护。

自登记之日起6年内，对其他申请人未经取得登记的申请人同意，使用前款规定的数据申请农药登记的，登记机关不予登记；但是，其他申请人提交其自己所取得的数据的除外。

除下列情况外，登记机关不得披露本条第一款规定的数据：

（一）公共利益需要；

（二）已采取措施确保该类信息不会被不正当地进行商业使用。

第三章　农药生产

第十六条　农药生产应当符合国家产业政策。国家鼓励和支持农药生产企业采用先进技术和先进管理规范，提高农药的安全性、有效性。

第十七条　国家实行农药生产许可制度。农药生产企业应当具备下列条件，并按照国务院农业主管部门的规定向省、自治区、直辖市人民政府农业主管部门申请农药生产许可证：

（一）有与所申请生产农药相适应的技术人员；

（二）有与所申请生产农药相适应的厂房、设施；

（三）有对所申请生产农药进行质量管理和质量检验的人员、仪器和设备；

（四）有保证所申请生产农药质量的规章制度。

省、自治区、直辖市人民政府农业主管部门应当自受理申请之日起 20 个工作日内作出审批决定，必要时应当进行实地核查。符合条件的，核发农药生产许可证；不符合条件的，书面通知申请人并说明理由。

安全生产、环境保护等法律、行政法规对企业生产条件有其他规定的，农药生产企业还应当遵守其规定。

第十八条　农药生产许可证应当载明农药生产企业名称、住所、法定代表人（负责人）、生产范围、生产地址以及有效期等事项。

农药生产许可证有效期为 5 年。有效期届满，需要继续生产农药的，农药生产企业应当在有效期届满 90 日前向省、自治区、直辖市人民政府农业主管部门申请延续。

农药生产许可证载明事项发生变化的，农药生产企业应当按照国务院农业主管部门的规定申请变更农药生产许可证。

第十九条　委托加工、分装农药的，委托人应当取得相应的农药登记证，受托人应当取得农药生产许可证。

委托人应当对委托加工、分装的农药质量负责。

第二十条　农药生产企业采购原材料，应当查验产品质量检验合格证和有关许可证明文件，不得采购、使用未依法附具产品质量检验合格证、未依法取得有关许可证明文件的原材料。

农药生产企业应当建立原材料进货记录制度，如实记录原材料的名称、有关许可证明文件编号、规格、数量、供货人名称及其联系方式、进货日期等内容。原材料进货记录应当保存 2 年以上。

第二十一条　农药生产企业应当严格按照产品质量标准进行生产，确保农药产品与登记农药一致。农药出厂销售，应当经质量检验合格并附具产品质量检验合格证。

农药生产企业应当建立农药出厂销售记录制度，如实记录农药的名称、规格、数量、生产日期和批号、产品质量检验信息、购货人名称及其联系方式、销售日期等内容。农药出厂销售记录应当保存 2 年以上。

第二十二条　农药包装应当符合国家有关规定，并印制或者贴有标签。国家鼓励农药生产企业使用可回收的农药包装材料。

农药标签应当按照国务院农业主管部门的规定，以中文标注农药的名称、剂型、有效成分及其含量、毒性及其标识、使用范围、使用方法和剂量、使用技术要求和注意事项、生产日期、可追溯电子信息码等内容。

剧毒、高毒农药以及使用技术要求严格的其他农药等限制使用农药的标签还应当标注"限制使用"字样，并注明使用的特别限制和特殊要求。用于食用农产品的农药的标签还应当标注安全间隔期。

第二十三条 农药生产企业不得擅自改变经核准的农药的标签内容，不得在农药的标签中标注虚假、误导使用者的内容。

农药包装过小，标签不能标注全部内容的，应当同时附具说明书，说明书的内容应当与经核准的标签内容一致。

第四章 农药经营

第二十四条 国家实行农药经营许可制度，但经营卫生用农药的除外。农药经营者应当具备下列条件，并按照国务院农业主管部门的规定向县级以上地方人民政府农业主管部门申请农药经营许可证：

（一）有具备农药和病虫害防治专业知识，熟悉农药管理规定，能够指导安全合理使用农药的经营人员；

（二）有与其他商品以及饮用水水源、生活区域等有效隔离的营业场所和仓储场所，并配备与所申请经营农药相适应的防护设施；

（三）有与所申请经营农药相适应的质量管理、台账记录、安全防护、应急处置、仓储管理等制度。

经营限制使用农药的，还应当配备相应的用药指导和病虫害防治专业技术人员，并按照所在地省、自治区、直辖市人民政府农业主管部门的规定实行定点经营。

县级以上地方人民政府农业主管部门应当自受理申请之日起20个工作日内作出审批决定。符合条件的，核发农药经营许可证；不符合条件的，书面通知申请人并说明理由。

第二十五条 农药经营许可证应当载明农药经营者名称、住所、负责人、经营范围以及有效期等事项。

农药经营许可证有效期为5年。有效期届满，需要继续经营农药的，农药经营者应当在有效期届满90日前向发证机关申请延续。

农药经营许可证载明事项发生变化的，农药经营者应当按照国务院农业主管部门的规定申请变更农药经营许可证。

取得农药经营许可证的农药经营者设立分支机构的，应当依法申请变更农药经营许可证，并向分支机构所在地县级以上地方人民政府农业主管部门备案，其分支机构免予办理农药经营许可证。农药经营者应当对其分支机构的经营活动负责。

第二十六条 农药经营者采购农药应当查验产品包装、标签、产品质量检验合格证以及有关许可证明文件，不得向未取得农药生产许可证的农药生产企业或者未取得农药经营许可证的其他农药经营者采购农药。

农药经营者应当建立采购台账，如实记录农药的名称、有关许可证明文件编号、规格、数量、生产企业和供货人名称及其联系方式、进货日期等内容。采购台账应当保存2年以上。

第二十七条　农药经营者应当建立销售台账，如实记录销售农药的名称、规格、数量、生产企业、购买人、销售日期等内容。销售台账应当保存2年以上。

农药经营者应当向购买人询问病虫害发生情况并科学推荐农药，必要时应当实地查看病虫害发生情况，并正确说明农药的使用范围、使用方法和剂量、使用技术要求和注意事项，不得误导购买人。

经营卫生用农药的，不适用本条第一款、第二款的规定。

第二十八条　农药经营者不得加工、分装农药，不得在农药中添加任何物质，不得采购、销售包装和标签不符合规定，未附具产品质量检验合格证，未取得有关许可证明文件的农药。

经营卫生用农药的，应当将卫生用农药与其他商品分柜销售；经营其他农药的，不得在农药经营场所内经营食品、食用农产品、饲料等。

第二十九条　境外企业不得直接在中国销售农药。境外企业在中国销售农药的，应当依法在中国设立销售机构或者委托符合条件的中国代理机构销售。

向中国出口的农药应当附具中文标签、说明书，符合产品质量标准，并经出入境检验检疫部门依法检验合格。禁止进口未取得农药登记证的农药。

办理农药进出口海关申报手续，应当按照海关总署的规定出示相关证明文件。

第五章　农药使用

第三十条　县级以上人民政府农业主管部门应当加强农药使用指导、服务工作，建立健全农药安全、合理使用制度，并按照预防为主、综合防治的要求，组织推广农药科学使用技术，规范农药使用行为。林业、粮食、卫生等部门应当加强对林业、储粮、卫生用农药安全、合理使用的技术指导，环境保护主管部门应当加强对农药使用过程中环境保护和污染防治的技术指导。

第三十一条　县级人民政府农业主管部门应当组织植物保护、农业技术推广等机构向农药使用者提供免费技术培训，提高农药安全、合理使用水平。

国家鼓励农业科研单位、有关学校、农民专业合作社、供销合作社、农业社会化服务组织和专业人员为农药使用者提供技术服务。

第三十二条　国家通过推广生物防治、物理防治、先进施药器械等措施，逐步减少农药使用量。

县级人民政府应当制定并组织实施本行政区域的农药减量计划；对实施农药减量计划、自愿减少农药使用量的农药使用者，给予鼓励和扶持。

县级人民政府农业主管部门应当鼓励和扶持设立专业化病虫害防治服务组织，并对专业化病虫害防治和限制使用农药的配药、用药进行指导、规范和管理，提高病虫害防治水平。

县级人民政府农业主管部门应当指导农药使用者有计划地轮换使用农药，减缓危害农业、林业的病、虫、草、鼠和其他有害生物的抗药性。

乡、镇人民政府应当协助开展农药使用指导、服务工作。

第三十三条　农药使用者应当遵守国家有关农药安全、合理使用制度，妥善保管农药，并在配药、用药过程中采取必要的防护措施，避免发生农药使用事故。

限制使用农药的经营者应当为农药使用者提供用药指导，并逐步提供统一用药服务。

第三十四条　农药使用者应当严格按照农药的标签标注的使用范围、使用方法和剂量、使用技术要求和注意事项使用农药，不得扩大使用范围、加大用药剂量或者改变使用方法。

农药使用者不得使用禁用的农药。

标签标注安全间隔期的农药，在农产品收获前应当按照安全间隔期的要求停止使用。

剧毒、高毒农药不得用于防治卫生害虫，不得用于蔬菜、瓜果、茶叶、菌类、中草药材的生产，不得用于水生植物的病虫害防治。

第三十五条　农药使用者应当保护环境，保护有益生物和珍稀物种，不得在饮用水水源保护区、河道内丢弃农药、农药包装物或者清洗施药器械。

严禁在饮用水水源保护区内使用农药，严禁使用农药毒鱼、虾、鸟、兽等。

第三十六条　农产品生产企业、食品和食用农产品仓储企业、专业化病虫害防治服务组织和从事农产品生产的农民专业合作社等应当建立农药使用记录，如实记录使用农药的时间、地点、对象以及农药名称、用量、生产企业等。农药使用记录应当保存 2 年以上。

国家鼓励其他农药使用者建立农药使用记录。

第三十七条　国家鼓励农药使用者妥善收集农药包装物等废弃物；农药生产企业、农药经营者应当回收农药废弃物，防止农药污染环境和农药中毒事故的发生。具体办法由国务院环境保护主管部门会同国务院农业主管部门、国务院财政部门等部门制定。

第三十八条　发生农药使用事故，农药使用者、农药生产企业、农药经营者和其他有关人员应当及时报告当地农业主管部门。

接到报告的农业主管部门应当立即采取措施，防止事故扩大，同时通知有关部门采取相应措施。造成农药中毒事故的，由农业主管部门和公安机关依照职责权限组织调查处理，卫生主管部门应当按照国家有关规定立即对受到伤害的人员组织医疗救治；造成环境污染事故的，由环境保护等有关部门依法组织调查处理；造成储粮药剂使用事故和农作物药害事故的，分别由粮食、农业等部门组织技术鉴定和调查处理。

第三十九条　因防治突发重大病虫害等紧急需要，国务院农业主管部门可以决定临时生产、使用规定数量的未取得登记或者禁用、限制使用的农药，必要时应当会同国务院对外贸易主管部门决定临时限制出口或者临时进口规定数量、品种的农药。

前款规定的农药，应当在使用地县级人民政府农业主管部门的监督和指导下使用。

第六章　监督管理

第四十条　县级以上人民政府农业主管部门应当定期调查统计农药生产、销售、使用情况，并及时通报本级人民政府有关部门。

县级以上地方人民政府农业主管部门应当建立农药生产、经营诚信档案并予以公布；发现违法生产、经营农药的行为涉嫌犯罪的，应当依法移送公安机关查处。

第四十一条　县级以上人民政府农业主管部门履行农药监督管理职责，可以依法采取下列措施：

（一）进入农药生产、经营、使用场所实施现场检查；

（二）对生产、经营、使用的农药实施抽查检测；

（三）向有关人员调查了解有关情况；

（四）查阅、复制合同、票据、账簿以及其他有关资料；

（五）查封、扣押违法生产、经营、使用的农药，以及用于违法生产、经营、使用农药的工具、设备、原材料等；

（六）查封违法生产、经营、使用农药的场所。

第四十二条　国家建立农药召回制度。农药生产企业发现其生产的农药对农业、林业、人畜安全、农产品质量安全、生态环境等有严重危害或者较大风险的，应当立即停止生产，通知有关经营者和使用者，向所在地农业主管部门报告，主动召回产品，并记录通知和召回情况。

农药经营者发现其经营的农药有前款规定的情形的，应当立即停止销售，通知有关生产企业、供货人和购买人，向所在地农业主管部门报告，并记录停止销售和通知情况。

农药使用者发现其使用的农药有本条第一款规定的情形的，应当立即停止使用，通知经营者，并向所在地农业主管部门报告。

第四十三条　国务院农业主管部门和省、自治区、直辖市人民政府农业主管部门应当组织负责农药检定工作的机构、植物保护机构对已登记农药的安全性和有效性进行监测。

发现已登记农药对农业、林业、人畜安全、农产品质量安全、生态环境等有严重危害或者较大风险的，国务院农业主管部门应当组织农药登记评审委员会进行评审，根据评审结果撤销、变更相应的农药登记证，必要时应当决定禁用或者限制使用并予以公告。

第四十四条　有下列情形之一的，认定为假农药：

（一）以非农药冒充农药；

（二）以此种农药冒充他种农药；

（三）农药所含有效成分种类与农药的标签、说明书标注的有效成分不符。

禁用的农药，未依法取得农药登记证而生产、进口的农药，以及未附具标签的农药，按照假农药处理。

第四十五条　有下列情形之一的，认定为劣质农药：

（一）不符合农药产品质量标准；

（二）混有导致药害等有害成分。

超过农药质量保证期的农药，按照劣质农药处理。

第四十六条　假农药、劣质农药和回收的农药废弃物等应当交由具有危险废物经营资质的单位集中处置，处置费用由相应的农药生产企业、农药经营者承担；农药生产企业、农药经营者不明确的，处置费用由所在地县级人民政府财政列支。

第四十七条　禁止伪造、变造、转让、出租、出借农药登记证、农药生产许可证、农药经营许可证等许可证明文件。

第四十八条　县级以上人民政府农业主管部门及其工作人员和负责农药检定工作的机构及其工作人员，不得参与农药生产、经营活动。

第七章　法律责任

第四十九条　县级以上人民政府农业主管部门及其工作人员有下列行为之一的，由本级人民政府责令改正；对负有责任的领导人员和直接责任人员，依法给予处分；负有责任的领导人员和直接责任人员构成犯罪的，依法追究刑事责任：

（一）不履行监督管理职责，所辖行政区域的违法农药生产、经营活动造成重大损失或者恶劣社会影响；

（二）对不符合条件的申请人准予许可或者对符合条件的申请人拒不准予许可；

（三）参与农药生产、经营活动；

（四）有其他徇私舞弊、滥用职权、玩忽职守行为。

第五十条　农药登记评审委员会组成人员在农药登记评审中谋取不正当利益的，由国务院农业主管部门从农药登记评审委员会除名；属于国家工作人员的，依法给予处分；构成犯罪的，依法追究刑事责任。

第五十一条　登记试验单位出具虚假登记试验报告的，由省、自治区、直辖市人民政府农业主管部门没收违法所得，并处 5 万元以上 10 万元以下罚款；由国务院农业主管部门从登记试验单位中除名，5 年内不再受理其登记试验单位认定申请；构成犯罪的，依法追究刑事责任。

第五十二条　未取得农药生产许可证生产农药或者生产假农药的，由县级以上地方人民政府农业主管部门责令停止生产，没收违法所得、违法生产的产品和用于违法生产的工具、设备、原材料等，违法生产的产品货值金额不足 1 万元的，并处 5 万元以上 10 万元以下罚款，货值金额 1 万元以上的，并处货值金额 10 倍以上 20 倍以下罚款，由发证机关吊销农药生产许可证和相应的农药登记证；构成犯罪的，依法追究刑事责任。

取得农药生产许可证的农药生产企业不再符合规定条件继续生产农药的，由县级以上地方人民政府农业主管部门责令限期整改；逾期拒不整改或者整改后仍不符合规定条件的，由发证机关吊销农药生产许可证。

农药生产企业生产劣质农药的，由县级以上地方人民政府农业主管部门责令停止生产，没收违法所得、违法生产的产品和用于违法生产的工具、设备、原材料等，违法生产的产品货值金额不足 1 万元的，并处 1 万元以上 5 万元以下罚款，货值金额 1 万元以上的，并处货值金额 5 倍以上 10 倍以下罚款；情节严重的，由发证机关吊销农药生产许可证和相应的农药登记证；构成犯罪的，依法追究刑事责任。

委托未取得农药生产许可证的受托人加工、分装农药，或者委托加工、分装假农药、劣质农药的，对委托人和受托人均依照本条第一款、第三款的规定处罚。

第五十三条　农药生产企业有下列行为之一的，由县级以上地方人民政府农业主管部门责令改正，没收违法所得、违法生产的产品和用于违法生产的原材料等，违法生产的产品货值金额不足 1 万元的，并处 1 万元以上 2 万元以下罚款，货值金额 1 万元以上的，并处货值金额 2 倍以上 5 倍以下罚款；拒不改正或者情节严重的，由发证机关吊销农药生产许可证和相应的农药登记证：

（一）采购、使用未依法附具产品质量检验合格证、未依法取得有关许可证明文件的原材料；

（二）出厂销售未经质量检验合格并附具产品质量检验合格证的农药；

（三）生产的农药包装、标签、说明书不符合规定；

（四）不召回依法应当召回的农药。

第五十四条　农药生产企业不执行原材料进货、农药出厂销售记录制度，或者不履行农药废弃物回收义务的，由县级以上地方人民政府农业主管部门责令改正，处 1 万元以上 5 万元以下罚款；拒不改正或者情节严重的，由发证机关吊销农药生产许可证和相应的农药登记证。

第五十五条　农药经营者有下列行为之一的，由县级以上地方人民政府农业主管部门责令停止经营，没收违法所得、违法经营的农药和用于违法经营的工具、设备等，违法经营的农药货值金额不足 1 万元的，并处 5 000 元以上 5 万元以下罚款，货值金额 1 万元以上的，并处货值金额 5 倍以上 10 倍以下罚款；构成犯罪的，依法追究刑事责任：

（一）违反本条例规定，未取得农药经营许可证经营农药；

（二）经营假农药；

（三）在农药中添加物质。

有前款第二项、第三项规定的行为，情节严重的，还应当由发证机关吊销农药经营许可证。

取得农药经营许可证的农药经营者不再符合规定条件继续经营农药的，由县级以上地方人民政府农业主管部门责令限期整改；逾期拒不整改或者整改后仍不符合规定条件的，由发证机关吊销农药经营许可证。

第五十六条　农药经营者经营劣质农药的，由县级以上地方人民政府农业主管部门责令停止经营，没收违法所得、违法经营的农药和用于违法经营的工具、设备等，违法经营的农药货值金额不足 1 万元的，并处 2 000 元以上 2 万元以下罚款，货值金额 1 万元以上的，并处货值金额 2 倍以上 5 倍以下罚款；情节严重的，由发证机关吊销农药经营许可证；构成犯罪的，依法追究刑事责任。

第五十七条　农药经营者有下列行为之一的，由县级以上地方人民政府农业主管部门责令改正，没收违法所得和违法经营的农药，并处 5 000 元以上 5 万元以下罚款；拒不改正或者情节严重的，由发证机关吊销农药经营许可证：

（一）设立分支机构未依法变更农药经营许可证，或者未向分支机构所在地县级以上地方人民政府农业主管部门备案；

（二）向未取得农药生产许可证的农药生产企业或者未取得农药经营许可证的其他农药经营者采购农药；

（三）采购、销售未附具产品质量检验合格证或者包装、标签不符合规定的农药；

（四）不停止销售依法应当召回的农药。

第五十八条　农药经营者有下列行为之一的，由县级以上地方人民政府农业主管部门责令改正；拒不改正或者情节严重的，处 2 000 元以上 2 万元以下罚款，并由发证机关吊销农药经营许可证：

（一）不执行农药采购台账、销售台账制度；

（二）在卫生用农药以外的农药经营场所内经营食品、食用农产品、饲料等；

（三）未将卫生用农药与其他商品分柜销售；

（四）不履行农药废弃物回收义务。

第五十九条　境外企业直接在中国销售农药的，由县级以上地方人民政府农业主管部门责令停止销售，没收违法所得、违法经营的农药和用于违法经营的工具、设备等，违法经营的农药货值金额不足 5 万元的，并处 5 万元以上 50 万元以下罚款，货值金额 5 万元以上的，并处货值金额 10 倍以上 20 倍以下罚款，由发证机关吊销农药登记证。

取得农药登记证的境外企业向中国出口劣质农药情节严重或者出口假农药的，由国务院农业主管部门吊销相应的农药登记证。

第六十条 农药使用者有下列行为之一的，由县级人民政府农业主管部门责令改正，农药使用者为农产品生产企业、食品和食用农产品仓储企业、专业化病虫害防治服务组织和从事农产品生产的农民专业合作社等单位的，处 5 万元以上 10 万元以下罚款，农药使用者为个人的，处 1 万元以下罚款；构成犯罪的，依法追究刑事责任：

（一）不按照农药的标签标注的使用范围、使用方法和剂量、使用技术要求和注意事项、安全间隔期使用农药；

（二）使用禁用的农药；

（三）将剧毒、高毒农药用于防治卫生害虫，用于蔬菜、瓜果、茶叶、菌类、中草药材生产或者用于水生植物的病虫害防治；

（四）在饮用水水源保护区内使用农药；

（五）使用农药毒鱼、虾、鸟、兽等；

（六）在饮用水水源保护区、河道内丢弃农药、农药包装物或者清洗施药器械。

有前款第二项规定的行为的，县级人民政府农业主管部门还应当没收禁用的农药。

第六十一条 农产品生产企业、食品和食用农产品仓储企业、专业化病虫害防治服务组织和从事农产品生产的农民专业合作社等不执行农药使用记录制度的，由县级人民政府农业主管部门责令改正；拒不改正或者情节严重的，处 2 000 元以上 2 万元以下罚款。

第六十二条 伪造、变造、转让、出租、出借农药登记证、农药生产许可证、农药经营许可证等许可证明文件的，由发证机关收缴或者予以吊销，没收违法所得，并处 1 万元以上 5 万元以下罚款；构成犯罪的，依法追究刑事责任。

第六十三条 未取得农药生产许可证生产农药，未取得农药经营许可证经营农药，或者被吊销农药登记证、农药生产许可证、农药经营许可证的，其直接负责的主管人员 10 年内不得从事农药生产、经营活动。

农药生产企业、农药经营者招用前款规定的人员从事农药生产、经营活动的，由发证机关吊销农药生产许可证、农药经营许可证。

被吊销农药登记证的，国务院农业主管部门 5 年内不再受理其农药登记申请。

第六十四条 生产、经营的农药造成农药使用者人身、财产损害的，农药使用者可以向农药生产企业要求赔偿，也可以向农药经营者要求赔偿。属于农药生产企业责任的，农药经营者赔偿后有权向农药生产企业追偿；属于农药经营者责任的，农药生产企业赔偿后有权向农药经营者追偿。

第八章 附 则

第六十五条 申请农药登记的，申请人应当按照自愿有偿的原则，与登记试验单位协商确定登记试验费用。

第六十六条 本条例自 2017 年 6 月 1 日起施行。

参考文献

陈铁春，李国平，赵永辉，等，2012. 农药分析手册[M]. 北京：化学工业出版社.

冯志杰，2006. 农药大典[M]. 北京：中国三峡出版社.

刘长令，杨吉春，2017. 现代农药手册[M]. 北京：化学工业出版社.

骆焱平，2017. 农药知识读本[M]. 北京：化学工业出版社.

马志卿，2002. 不同类杀虫药剂的致毒症状与作用机理关系研究[D]. 杨凌：西北农林科技大学.

孟平，张春玲，1994. 杀虫脒和对氯邻甲苯胺毒性及致癌性研究进展[J]. 中国公共卫生（10）：558-559.

农业部农垦局，2007. 我国禁用和限用农药手册[M]. 北京：中国农业科学技术出版社.

农业部种植业管理司，农业部农药检定所，2013. 新编农药手册第 2 版[M]. 北京：中国农业出版社.

全国农药标准化技术委员会，2009. 农药中文通用名称：GB 4839—2009[S]. 北京：中国标准出版社.

张荣，牛丕业，2019. 持久性有机污染物与健康[M]. 武汉：湖北科学技术出版社.

赵英民，2016. 持久性有机污染物履约百科[M]. 北京：中国环境出版社.

中华人民共和国国家卫生健康委员会，中华人民共和国农业农村部，国家市场监督管理总局，2021. 食品安全国家标准　食品中农药最大残留限量：GB 2763—2021[S]. 北京：中国农业出版社.

中华人民共和国农业部，2014. 化学农药环境安全评价试验准则　第 1 部分：土壤降解试验：GB 31270.1—2014[S]. 北京：中国标准出版社.

中华人民共和国农业部，2014. 化学农药环境安全评价试验准则　第 4 部分：土壤吸附/解吸试验：GB 31270.4—2014[S]. 北京：中国标准出版社.

中华人民共和国农业部，2014. 化学农药环境安全评价试验准则　第 7 部分：生物富集试验：GB 31270.7—2014[S]. 北京：中国标准出版社.

第二篇

禁停用兽药（化合物）

一、禁停用兽药（化合物）情况概述

我国兽药禁用工作始于 20 世纪 90 年代。1988 年《兽药管理条例》实施后，我国兽药管理工作步入规范化、法制化的轨道。2002 年以来，农业部先后发布第 176 号、第 193 号、第 560 号、第 1519 号、第 2292 号、第 2583 号、第 2638 号等一系列公告，公布了一批国家明令禁停用兽药（化合物）。2019 年，农业农村部公告第 250 号中规定，食品动物中禁止使用的药品及其他化合物共有 21 种。截至 2020 年 12 月，我国共禁停用兽药（化合物）近百种。

禁停用兽药（化合物）基于 4 个方面的考虑。一是维护公众健康，保障农产品质量安全。禁停用兽药（化合物）的使用会使动物性食品中存在兽药（化合物）原形及其代谢产物的残留，而食用含有残留兽药（化合物）的畜禽产品会产生许多不良影响，引起体内菌群失调、胃肠道感染、过敏反应和变态反应等，并能产生致癌、致畸、致突变等作用。喹诺酮类药物具有光敏作用，个别品种在真核细胞内已显示致突变作用；性激素类药物可引发潜在的致癌性、发育毒性（儿童早熟）、女性男性化和男性女性化；喹噁啉类，硝基呋喃类和硝基咪唑类药物急性中毒性较高，安全范围小；抗菌药物使敏感人群致敏，产生抗体，当这些被致敏的人，再接触这些抗生素或用这些抗生素治疗时，这些抗生素就会与抗体结合，生成抗原抗体复合物，发生过敏反应；抗微生物药物可导致部分敏感菌群受到抑制或杀死，直接诱导人类体内的耐药菌株，损害人类的健康。二是保护生态环境。禁停用兽药（化合物）其代谢产物通过粪便、尿液等排泄物进入环境，由于仍具生物活性，对周围环境有潜在的毒性，对土壤微生物、水生生物及昆虫等造成影响，进入环境中的禁停用兽药（化合物）被植物、动物富集，通过食物链危害人类的健康。三是促进兽药产业结构调整，加速常规兽药和新型低毒低残留兽药研发与应用。四是适应国际兽药管理发展趋势，促进畜禽产品产业结构调整。近年，我国畜禽产品开始进入国际市场，但由于兽药残留超标一定程度上影响了畜禽产品的出口贸易。如卡巴氧因安全性问题、万古霉素耐药性问题可能影响我国动物性食品安全、公共卫生安全以及动物性食品出口。我国于自 2020 年 4 月 1 日正式实施的 GB 31650—2019《食品安全国家标准 食品中兽药最大残留限量》，完善了我国现行的兽药使用规范和标准，逐步缩小了与发达国家的差距，达到乃至超越发达国家的安全限量标准，确保禽产品满足进出口要求。

近年来，我国禁停用兽药（化合物）淘汰进程加快，五年内淘汰了非泼罗尼、喹乙醇、氨苯胂酸、洛克沙胂等 4 种兽药，经过多年努力，我国兽药管理工作特别是禁停用兽药（化合物）制度已取得了显著成效，有力保障了动物源性食用农产品安全消费，但生产经营中仍然存在个别禁停用兽药（化合物）禁而不绝的现象。为普及禁停用兽药（化合物）知识，本部分内容对禁停用兽药（化合物）的理化性质、作用方式与用途、环境归趋特征、毒理学数据、最大残留限量、存在的突出问题、管理情况等方面进行简要介绍，以期为提高人们安全用药意识发挥很好的作用，助力我国农业绿色发展，保障农产品质量安全。

二、禁停用兽药（化合物）名录

序号	名称	相关禁停用公告	备注
1	沙丁胺醇	农业部公告第 176 号 农业农村部公告第 250 号	β-兴奋剂类
2	莱克多巴胺	农业部公告第 176 号 农业农村部公告第 250 号	β-兴奋剂类
3	盐酸克伦特罗	农业部公告第 176 号 农业农村部公告第 250 号	β-兴奋剂类
4	西马特罗	农业部公告第 176 号 农业农村部公告第 250 号	β-兴奋剂类
5	硫酸特布他林	农业部公告第 176 号 农业农村部公告第 250 号	β-兴奋剂类
6	苯乙醇胺 A	农业部公告第 1519 号 农业农村部公告第 250 号	β-兴奋剂类
7	盐酸齐帕特罗	农业部公告第 1519 号 农业农村部公告第 250 号	β-兴奋剂类
8	马布特罗	农业部公告第 1519 号 农业农村部公告第 250 号	β-兴奋剂类
9	班布特罗	农业部公告第 1519 号 农业农村部公告第 250 号	β-兴奋剂类
10	西布特罗	农业部公告第 1519 号 农业农村部公告第 250 号	β-兴奋剂类
11	喷布特罗	农业农村部公告第 250 号	β-兴奋剂类
12	非诺特罗	农业农村部公告第 250 号	β-兴奋剂类
13	妥布特罗	农业农村部公告第 250 号	β-兴奋剂类
14	马贲特罗	农业农村部公告第 250 号	β-兴奋剂类
15	富马酸福莫特罗	农业部公告第 1519 号 农业农村部公告第 250 号	β-兴奋剂类
16	盐酸氯丙那林	农业部公告第 1519 号 农业农村部公告第 250 号	β-兴奋剂类
17	溴布特罗	农业部公告第 1519 号 农业农村部公告第 250 号	β-兴奋剂类

（续表）

序号	名称	相关禁停用公告	备注
18	酒石酸阿福特罗	农业部公告第 1519 号 农业农村部公告第 250 号	β-兴奋剂类
19	盐酸多巴胺	农业部公告第 176 号 农业农村部公告第 250 号	β-兴奋剂类
20	甲基睾丸酮	农业农村部公告第 250 号	类固醇激素类
21	玉米赤霉醇	农业农村部公告第 250 号	类固醇激素类
22	去甲雄三烯醇酮	农业农村部公告第 250 号	类固醇激素类
23	醋酸美仑孕酮	农业农村部公告第 250 号	类固醇激素类
24	雌二醇	农业部公告第 176 号	性激素类
25	戊酸雌二醇	农业部公告第 176 号	性激素类
26	苯甲酸雌二醇	农业部公告第 176 号 农业部公告第 193 号	性激素类
27	氯烯雌醚	农业部公告第 176 号	性激素类
28	炔诺醇	农业部公告第 176 号	性激素类
29	醋酸氯地孕酮	农业部公告第 176 号	性激素类
30	左炔诺孕酮	农业部公告第 176 号	性激素类
31	炔诺酮	农业部公告第 176 号	性激素类
32	绒毛膜促性腺激素	农业部公告第 176 号	性激素类
33	促卵泡生长激素	农业部公告第 176 号	性激素类
34	苯丙酸诺龙	农业部公告第 176 号 农业部公告第 193 号	性激素类
35	己烯雌酚	农业部公告第 176 号 农业农村部公告第 250 号	性激素类
36	己二烯雌酚	农业农村部公告第 250 号	性激素类
37	己烷雌酚	农业农村部公告第 250 号	性激素类
38	氯丙嗪	农业部公告第 176 号 农业部公告第 193 号	精神药品
39	地西泮	农业部公告第 176 号 农业部公告第 193 号	精神药品
40	利血平	农业部公告第 176 号	精神药品

（续表）

序号	名称	相关禁停用公告	备注
41	三唑仑	农业部公告第 176 号	精神药品
42	匹莫林	农业部公告第 176 号	精神药品
43	安眠酮	农业部公告第 176 号 农业农村部公告第 250 号	精神药品
44	苯巴比妥	农业部公告第 176 号	精神药品
45	苯巴比妥钠	农业部公告第 176 号	精神药品
46	巴比妥	农业部公告第 176 号	精神药品
47	异戊巴比妥	农业部公告第 176 号	精神药品
48	异戊巴比妥钠	农业部公告第 176 号	精神药品
49	艾司唑仑	农业部公告第 176 号	精神药品
50	甲丙氨酯	农业部公告第 176 号	精神药品
51	咪达唑仑	农业部公告第 176 号	精神药品
52	硝地泮	农业部公告第 176 号	精神药品
53	奥沙西泮	农业部公告第 176 号	精神药品
54	唑吡旦	农业部公告第 176 号	精神药品
55	异丙嗪	农业部公告第 176 号	精神药品
56	氧氟沙星	农业部 2292 号公告	氟喹诺酮类
57	诺氟沙星	农业部 2292 号公告	氟喹诺酮类
58	培氟沙星	农业部 2292 号公告	氟喹诺酮类
59	洛美沙星	农业部 2292 号公告	氟喹诺酮类
60	呋喃西林	农业农村部公告第 250 号	硝基呋喃类
61	呋喃妥因	农业农村部公告第 250 号	硝基呋喃类
62	呋喃唑酮	农业农村部公告第 250 号	硝基呋喃类
63	呋喃它酮	农业农村部公告第 250 号	硝基呋喃类
64	呋喃苯烯酸钠	农业农村部公告第 250 号	硝基呋喃类
65	硝基酚钠	农业农村部公告第 250 号	硝基化合物
66	硝呋烯腙	农业农村部公告第 250 号	硝基化合物

（续表）

序号	名称	相关禁停用公告	备注
67	替硝唑	农业农村部公告第 250 号	硝基化合物
68	洛硝达唑	农业农村部公告第 250 号	硝基咪唑类
69	氯化亚汞	农业农村部公告第 250 号	各种汞制剂
70	硝酸亚汞	农业农村部公告第 250 号	各种汞制剂
71	醋酸汞	农业农村部公告第 250 号	各种汞制剂
72	吡啶基醋酸汞	农业农村部公告第 250 号	各种汞制剂
73	氨苯砜	农业农村部公告第 250 号	抑菌剂
74	盐酸可乐定	农业部公告第 1519 号	抗高血压药
75	盐酸赛庚啶	农业部公告第 1519 号	抗组胺药
76	碘化酪蛋白	农业部公告第 176 号	蛋白同化激素
77	万古霉素	农业农村部公告第 250 号	糖肽类抗生素
78	氯霉素	农业农村部公告第 250 号	酰胺醇类抗生素
79	卡巴氧	农业农村部公告第 250 号	喹噁啉类
80	喹乙醇	农业部 2638 号公告	喹噁啉类
81	氨苯胂酸	农业部 2638 号公告	有机砷制剂
82	洛克沙砷	农业部 2638 号公告	有机砷制剂
83	孔雀石绿	农业农村部公告第 250 号	杀虫剂
84	酒石酸锑钾	农业农村部公告第 250 号	杀虫剂
85	锥虫砷胺	农业农村部公告第 250 号	杀虫剂
86	五氯酚酸钠	农业农村部公告第 250 号	杀虫剂
87	林丹	农业农村部公告第 250 号	杀虫剂
88	毒杀芬	农业农村部公告第 250 号	杀虫剂
89	呋喃丹	农业农村部公告第 250 号	杀虫剂
90	杀虫脒	农业农村部公告第 250 号	杀虫剂
91	氟虫腈	农业部 2583 号公告	杀虫剂

三、禁停用兽药（化合物）信息

（一）沙丁胺醇

1. 基本信息

中文通用名称：沙丁胺醇。

英文通用名称：salbutamol。

化学名称：1-(4-羟基-3-羟甲基苯基)-2-(叔丁氨基)乙醇。

CAS 号：18559-94-9。

（1）理化性质

分子式：$C_{13}H_{21}NO_3$。

分子量：239.152。

化学结构式：

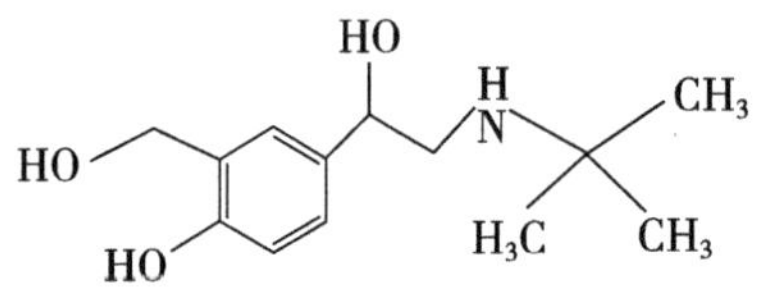

性状：白色或类白色结晶性粉末，无臭，味微苦。

熔点：154~158 ℃。

闪点：（159±17.9）℃。

相对密度：（1.2±0.1）g/cm³。

蒸气压：（0.0±1.1）mmHg，25 ℃。

溶解性：易溶于水，极微溶于乙醇，几乎不溶于氯仿或乙醚。

（2）作用方式与用途

沙丁胺醇是第一种用于治疗哮喘的短效、选择性类药物，于 1968 年在英国上市，商品名为 Ventolin，能有效地抑制组胺等致过敏性物质的释放，防止支气管痉挛。研究表明，当沙丁胺醇的添加剂量为 2 mg/kg 时，就可以对生猪有明显的促生长作用，可以增加牲畜的瘦肉量及换肉率、减少脂肪。因此，在现代生猪养殖中曾被不法分子广泛和大量使用，以提高生猪的瘦肉产量。

（3）毒理信息

沙丁胺醇当作为饲料添加剂时，将其用量提高到人用药剂量的 3 倍以上，会出现提高瘦肉率的效果。但由于达到满意的瘦肉效果需要长时间、大剂量的使用，兼之其在猪体内代谢慢，因此在屠宰前到上市期间，其在猪体内的残留量很大。人食用含有沙丁胺醇的动物源性食品后，会出现恶心、头痛、头晕、心悸、手指震颤等副作用。剂量过大时，导致胸痛，头晕，持续严重的头痛，严重高血压，持续恶心、呕吐，持续心率增快或心搏强烈，情绪烦躁不安等中毒的早兆表现，长期用药亦可形成耐药性。特别是对一些心血管功能不全、冠状动脉供血不足、高血压、糖尿病和甲状腺功能亢进的人，伤害更大。

急性毒性如下。口服-大鼠，半数致死剂量（LD_{50}）为 660 mg/kg；

口服-小鼠，半数致死剂量（LD_{50}）为 2 707 mg/kg。

（4）毒性分级

中等毒。

（5）每日允许摄入量

不高于 4.1 ng/（kg·d）。

（6）最大残留限量

不得检出。

2. 存在的突出问题

目前存在的突出问题是养殖环节硫酸沙丁胺醇片剂的不合理使用，如养殖户法律意识淡漠，使用"沙丁胺醇"治疗生猪咳嗽病症；养殖环节使用"沙丁胺醇"提高瘦肉率；黑窝点对生猪灌注的水中疑含有"沙丁胺醇"与保水剂的混合制剂，待宰生猪在灌水前注射"沙丁胺醇"起到扩张毛细血管，保水作用；由于"沙丁胺醇"具有"强心剂"的作用，生猪运输环节使用"沙丁胺醇"。

3. 管理情况

（1）国内管理情况

1997 年，我国农牧发（1997）3 号文件，关于严禁非法使用兽药的通知：严禁沙丁胺醇作为动物促生长剂；2002 年 2 月，中华人民共和国农业部公告第 176 号《禁止在饲料和动物饮用水中使用的药物品种目录》规定，禁止在饲料和动物饮用水中添加使用克伦特罗、沙丁胺醇、莱克多巴胺、盐酸多巴胺、塞曼特罗、硫酸特布他林等 7 种 β-受体激动剂；同年 12 月中华人民共和国农业部发布公告第 235 号《动物食品中兽药残留最高残留限量》，规定克伦特罗、沙丁胺醇、塞曼特罗及其盐、酯在所有食品动物中禁止使用，在食品动物所有可食组织中不得检出；2010 年 12 月，中华人民共和国农业部发布公告第 1519 号，规定严禁在饲料和动物饮用水中使用苯乙醇胺 A、班布特罗、盐酸齐帕特罗等药物；2012 年 5 月 1 日实施的《饲料和饲料添加剂管理条例》规定，禁止将国务院农业行政部门公布的包括 β-受体激动剂在内的任何物质添加到饲料中。2019 年 12 月，中华人民共和国农业农村部发布公告第 250 号，规定食品动物中禁止使用 β-受体激动剂类。

（2）境外管理情况

多数国家针对 β-受体激动剂类的用量做出了相应的规定，但是各个国家规定的残留限量具有一定的差别。由于我国消费者对畜禽肝脏、肾脏的摄入量相对较多，而这些内脏中 β-受体激动剂类残留量往往较大，因此我国均禁止在饲料中添加沙丁胺醇、克仑特罗、莱克多巴胺等 β-受体激动剂类，并设定一系列法律法规。此外俄罗斯和欧盟也禁止 β-受体激动剂类在饲料中添加，而美国、加拿大、日本等国家只是规定了畜禽产品残留量标准，并未严禁使用"瘦肉精"。

（二）莱克多巴胺

1. 基本信息

中文通用名称：莱克多巴胺。

英文通用名称：ractopamine。

化学名称：4-{3-[2-羟基-2-(4-羟基苯基)-乙基]氨基丁基}苯酚。

CAS 号：97825-25-7。

（1）理化性质

分子式：$C_{18}H_{23}NO_3$。

分子量：301.380 1。

化学结构式：

性状：灰白色或淡黄色粉末。

熔点：165~167 ℃。

闪点：165.3 ℃。

沸点：520.5 ℃。

相对密度：1.189 g/cm^3。

蒸气压：（0.0±1.1）mmHg，25 ℃。

折射率：1.608 C，760 mmHg。

溶解性：在丙酮中稍溶，可溶于水、乙醇。

（2）作用方式与用途

莱克多巴胺最早由美国 Elilily & Co 分公司（即 Elanco Animal Health 公司）研制的一种新型饲料添加剂，可作为畜禽生长促进剂、营养重分配剂使用，达到增加瘦肉率，提高生长速度的目的。作用机理：莱克多巴胺与靶组织细胞膜上的 β-受体结合，引起受体兴奋，激活腺苷酸环化酶，催化三磷酸腺苷转化为环—磷酸腺苷，环—磷酸腺苷作为第二信使触发机体的生化反应，这样诱发一系列酶的磷酸化过程和生理效应，到达营养再分配的目的。运动员若直接或间接食用这种药物，能增加肌肉量和肺活量，有时被非法用于体育比赛中。

（3）毒理信息

人体摄入超量的莱克多巴胺，会导致不同程度的中毒反应，如心率过快、四肢麻木、肌肉颤动、心律失常等各种不良中毒反应，中毒症状与某些动物症状类似，情节严重者甚至可能引发高血压、心脏病，甚至死亡。

急性毒性：

口服-大鼠，半数致死剂量（LD_{50}）为 474~367 mg/kg；

口服-小鼠，半数致死剂量（LD_{50}）为 3 547~2 545 mg/kg。

（4）毒性等级

低毒。

（5）每日允许摄入量

不高于 1.0 $\mu g/(kg \cdot d)$。

（6）最大残留限量

不得检出。

2. 存在的突出问题

莱克多巴胺作为一种新型瘦肉精被一些养殖场非法用作饲料添加剂，在产生正面效用的同时，也对喂养的畜禽和消费者造成潜在危害。此类药物不易被降解，若是畜禽在屠宰前没有经过足够的休药期，莱克多巴胺会在动物组织内残留较高浓度。已有研究表明，莱克多巴胺的蓄积因子大于 5.3，按照蓄积系数评价体系，可以确定其为轻度蓄积药物。莱克多巴胺作为传统瘦肉精的替代品，养殖生产过程中常被非法过度添加，势必给消费者身体健康造成潜在的危害。

3. 管理情况

（1）国内管理情况

2002 年 2 月，中华人民共和国农业部发布公告第 176 号《禁止在饲料和动物饮用水中使用的药物品种目录》，明令禁止在饲料和动物饮用水中使用莱克多巴胺。2019 年 12 月，中华人民共和国农业农村部发布公告第 250 号，规定食品动物中禁止使用 β-受体激动剂类。

（2）境外管理情况

莱克多巴胺作为一种医药原料的特殊性，在畜禽养殖过程中，全世界各地对它都也有不同的规定。目前，国际食品法典委员会（CAC）制定的莱克多巴胺在猪和牛中的最高残留量（MRL）标准均为：肌肉 10 $\mu g/kg$、脂肪 10 $\mu g/kg$、肝 40 $\mu g/kg$、肾 90 $\mu g/kg$，每日允许摄入量（ADI）为 0~1 $\mu g/kg$。世界各国对莱克多巴胺在养殖业适用范围的规定不尽相同。在美国、加拿大、日本、墨西哥、巴西、澳大利亚等 24 个国家和地区，莱克多巴胺可作为瘦肉精被允许用于畜禽养殖，以提高动物的蛋白质含量和瘦肉率；但在欧盟、中国、俄罗斯等国家，畜牧养殖中该类药物被全面禁止。

（三）盐酸克伦特罗

1. 基本信息

中文通用名称：盐酸克伦特罗。

英文通用名称：clenpenterol。

化学名称：α-[(叔丁氨基)甲基]-4-氨基-3,5-二氯苯甲醇盐酸盐。

CAS 号：21898-19-1。

（1）理化性质

分子式：$C_{12}H_{18}Cl_2N_2O \cdot HCl$。

分子量：313.7。

化学结构式：

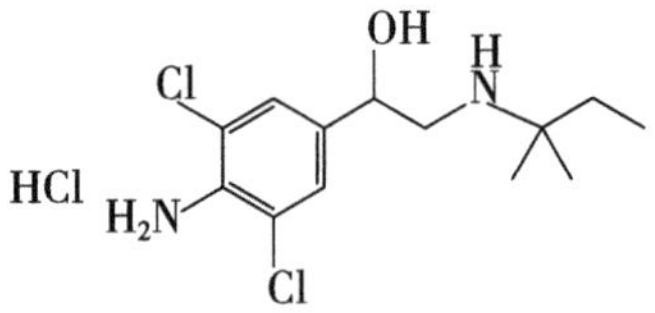

性状：白色或类白色的结晶体粉末，无臭，味苦。

熔点：174~175.5 ℃。

沸点：404.9 ℃，760 mmHg。

溶解性：溶于水、乙醇，微溶于丙酮或氯仿，不溶于乙醚和苯。

（2）作用方式与用途

盐酸克伦特罗又称"瘦肉精"，是一种平喘药。该药物既不是兽药，也不是饲料添加剂，而是肾上腺类神经兴奋剂。

盐酸克伦特罗于1964年在美国成功合成，由于其可以刺激肾上腺素受体，从而引起平滑肌的松弛和支气管的舒张。最早被用于治疗哮喘及呼吸系统疾病，能阻断组胺和5-羟色胺释放，并拮抗组胺和乙酰胆碱引起的支气管痉挛，对心血管系统影响很小。其平喘作用显著、起效快、持续时间长，并有明显增强支气管纤毛运动作用。

20世纪80年代，研究人员发现它可以加快脂肪的分解和转化，当其应用剂量为治疗量的5~10倍时，既有促进肌肉发育和脂肪分解作用，还可以提高酮体瘦肉对脂肪的比率。因其具有能量重分配的作用，可提高饲喂效果，故又俗称"瘦肉精"。

（3）环境归趋特征

克伦特罗，具有热稳定性，一般烹调方法不能破坏其生物活性，油炸（260 ℃）5分钟，其活性损失仅为50%。

（4）毒理信息

食品中较低含量的克伦特罗，就能引起食用者发生中毒反应，含量超过100 μg/kg时，就可能引起食用者的急性中毒。急性中毒有心悸，面颈、四肢肌肉颤动，有手抖甚至不能站立，头晕，乏力，原有心律失常的患者更容易发生反应，心动过速，室性早搏，心电图示 S-T 段压低与 T 波倒置；与糖皮质激素合用，可引起低血钾，从而导致心律失常，长期食用还会导致染色体畸变，诱发恶性肿瘤。

急性毒性：

小鼠经口最低中毒剂量（TDLo）为 2 mg/kg；

小鼠-口服，半数致死剂量（LD_{50}）为 176 mg/kg；

小鼠-静脉注射，半数致死剂量（LD_{50}）为 27.6 mg/kg；

大鼠-口服，半数致死剂量（LD_{50}）为 315 mg/kg；

大鼠-静脉注射，半数致死剂量（LD_{50}）为 35.3 mg/kg；

豚鼠-口服，半数致死剂量（LD_{50}）为 67.1 mg/kg；

豚鼠-静脉注射，半数致死剂量（LD_{50}）为 12.6 mg/kg。

（5）毒性等级

中等毒。

（6）每日允许摄入量

不高于 4.1 ng/（kg·d）。

（7）最大残留限量

不得检出。

2. 存在的突出问题

盐酸克伦特罗曾作为科研成果推广，但由于存在不合理使用现象，导致多起摄入残留"瘦肉精"的消费者中毒案件发生，严重的甚至导致死亡。对于瘦肉精而言，倘若人体过量摄入，就会诱发急性食物中毒，导致机体出现面色潮红、乏力、头昏、心悸、胸闷、血压升高、心律失常、四肢麻木等症状，长期摄入甚至会诱发恶性肿瘤。

3. 管理情况

（1）国内管理情况

我国在 1997 年 3 月以［农牧发〔1997〕3 号文］严令禁止 β-受体激动剂类在动物生产中的应用。在 2002 年，中华人民共和国农业部发布公告第 176 号，明令禁止在饲料和动物饮用水中使用盐酸克伦特罗、沙丁胺醇等 7 种 β-受体激动剂类；中华人民共和国农业部公告第 193 号规定 β-受体激动剂类克伦特罗、沙丁胺醇、西马特罗及其盐、酯及制剂禁止用于所有食品动物用途。2002 年，最高人民法院、最高人民检察院也对此作出相应的司法规定：在饲料中添加盐酸克仑特罗或销售明知添加有该药品的饲料，以非法经营罪追究刑事责任；使用盐酸克仑特罗或含有该药品的饲料养殖供人食用的动物，以及明知动物中含盐酸克仑特罗，仍提供屠宰等加工服务或销售其制品的，以生产、销售有毒、有害食品罪追究刑事责任。2019 年 12 月，中华人民共和国农业农村部发布公告第 250 号，规定食品动物中禁止使用 β-受体激动剂类。

（2）境外管理情况

从 1986 年开始，欧美等发达国家已严禁在畜牧生产中使用盐酸克伦特罗。1988 年，欧盟立法禁止将盐酸克伦特罗作为饲料添加剂。2010 年 12 月，欧盟发布条例，限定了克伦特罗在动物源性食品中的残留量，规定马科动物肝肾中克伦特罗最大残留量为 0.50 μg/kg。

（四）西马特罗

1. 基本信息

中文通用名称：西马特罗。

英文通用名称：cimaterol。

化学名称：2-氨基-5-(1-羟基-2-异丙基氨基乙基)苯甲腈。

CAS 号：54239-37-1。

（1）理化性质

分子式：$C_{12}H_{17}N_3O$。

分子量：219.29。

化学结构式：

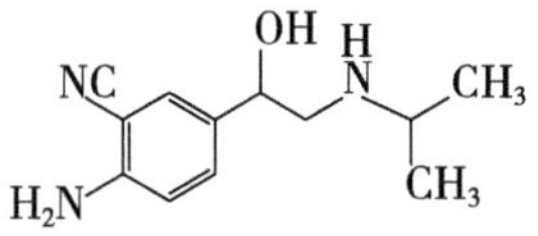

性状：白色或类白色的粉末固体。

熔点：162~164 ℃。

闪点：165.3 ℃。

相对密度：（1.14±0.1）g/cm^3。

沸点：（436.6±45.0）℃。

折射率：1.608。

溶解性：可溶于水、甲醇、二甲基亚砜等。

（2）作用方式与用途

西马特罗与克伦特罗、莱克多巴胺和沙丁胺醇等结构相似，为强效选择性 β-受体激动剂类，可引起交感神经兴奋，在治疗剂量下具有松弛气管平滑肌的作用，是治疗哮喘类疾病的药物。

在畜牧业中使用西马特罗，可以显著改善畜禽的胴体组成，提高瘦肉率，减少肥膘，并有促进蛋白质的合成和提高饲料利用率的作用。一般来说，在饲料中添加 3~5 μg/kg 就可以提高瘦肉率，使用 3~5 倍治疗量时，畜体可以重新分配脂肪和提高肌肉比率。为了提高经济效率，西马特罗作为饲料添加剂，其使用剂量往往是人用剂量的数倍以上，最终导致西马特罗在畜禽肌肉，尤其是内脏中，残留量特别大。而且这种物质的化学性质稳定，一般加热处理方法不能将其破坏。

（3）毒理信息

畜禽养殖过程中长期使用西马特罗，会造成其在可食动物组织内蓄积性残留，进而可能引起食用者发生心悸、肌肉震颤、疼痛、神经症状、头晕头痛、恶心呕吐、发热寒战等临床症状，特别对心脏病、糖尿病和高血压等病人危害更大，严重的甚至有生命危险。

（4）毒性等级

急性经口毒性，类别 4；

皮肤致敏物，类别 1；

严重眼损伤/眼刺激，类别 2。

（5）最大残留限量

不得检出。

2. 存在的突出问题

近年来，有些不法饲养业主受利益驱动，寻找"瘦肉精"的替代品，如西马特罗，可能被作为饲料添加剂非法用于动物源性食品养殖过程中。

3. 管理情况

（1）国内管理情况

2002 年，中华人民共和国农业部公告第 193 号规定 β-受体激动剂类西马特罗及其盐禁止用于所有食品动物。2019 年 12 月，中华人民共和国农业农村部发布公告第 250 号，规定食品动物中禁止使用 β-受体激动剂类。

（2）境外管理情况

1990 年前后欧美等发达国家相继全面禁止使用 β-受体激动剂类促生长药物。

（五）硫酸特布他林

1. 基本信息

中文通用名称：硫酸特布他林。
英文通用名称：5-(1-hydroxy-2-tert-butylamino-ethyl)benzene-1,3-diol。
化学名称：5-(1-羟基-2-叔丁基氨基乙基)苯-1,3-二酚。
CAS 号：23031-25-6。

（1）理化性质

分子式：$C_{12}H_{19}NO_3$。
分子量：225.28。
化学结构式：

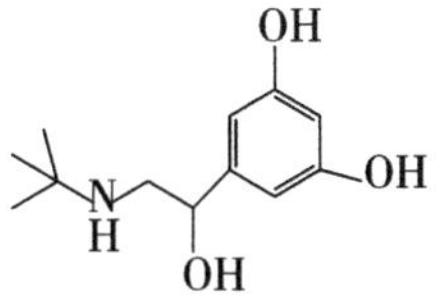

性状：结晶无水乙醚结晶。
熔点：119~122 ℃。
沸点：366.8 ℃。
相对密度：1.095 1 g/cm³。
溶解性：易溶于水，极微溶于乙醇，几乎不溶于氯仿或乙醚。

（2）作用方式与用途

特布他林又名特布特罗，商品名称为间羟舒喘灵，间羟舒喘宁等，属于苯乙胺类药物的一种，是一种强效 β-受体激动剂类。本品可作用于 β2 受体，扩张支气管平滑肌，抑制内源性致痉物质的释放及内源性介质引起的水肿，提高支气管黏膜纤毛廓清能力，也可扩张子宫平滑肌。对支气管 β2 受体的选择性则大于沙丁胺醇，故对心脏的兴奋作用很小，仅为异丙肾上腺素的 1%。由于在体内不被儿茶酚氧位甲基转移酶或单胺氧化酶代谢失活，作用时间较持久。

（3）毒理信息

特布他林在可食动物组织内蓄积性残留，常常引起食用者发生心悸、肌肉震颤等临床症状，特别对心脏病、糖尿病和高血压等病人危害更大。

（4）毒性分级

中等毒。

（5）最大残留限量

不得检出。

2. 存在的突出问题

随着国家对莱克多巴胺和沙丁胺醇等常见 β-受体激动剂类监控力度的加大，特布他林作为药理作用相当的 β-受体激动剂类可能被作为饲料添加剂非法用于动物源性食品生产中。

3. 国内管理情况

鉴于特布他林等 β-受体激动剂类的危害明显，中华人民共和国农业部公告第 176 号，把特布他林列入禁止在饲料和动物饮用水中使用的药物品种目录。2019 年 12 月，中华人民共和国农业农村部发布公告第 250 号，规定食品动物中禁止使用 β-受体激动剂类药物。

（六） 苯乙醇胺 A

1. 基本信息

中文通用名称：苯乙醇胺 A。

英文通用名称：phenylethanolamine A。

化学名称：2-[4-(4-硝基苯基)丁基-2-基氨基]-1-(4-甲氧基苯基)乙醇。

CAS 号：1346746-81-3。

（1）理化性质

分子式：$C_{19}H_{24}N_2O_4$。

分子量：344.17。

化学结构式：

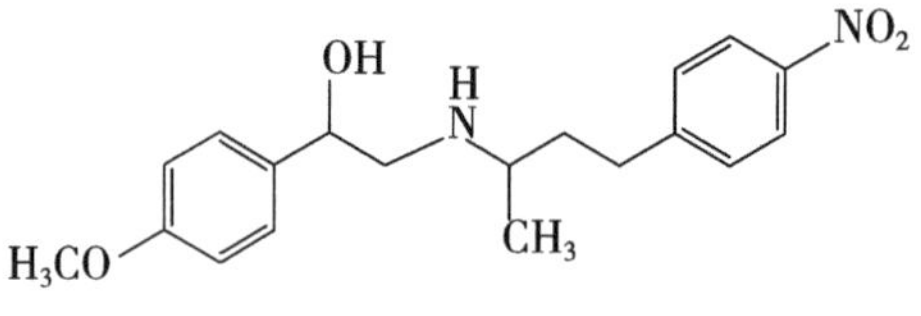

性状：在常温下呈黄白色。

熔点：165～167 ℃。

沸点：（519.1±50.0）℃。

相对密度：（1.178±0.06）g/cm^3。

溶解性：可溶于水，微溶于丙酮，可溶于乙醇，pH 值 6~7，呈中性。

（2）作用方式与用途

苯乙醇胺 A 是一种新型的 β-受体激动剂类药物，是天然化合物儿茶酚胺的合成衍生物，可以与细胞膜表面的 β-肾上腺素受体相结合形成复合物，从而激活 G 蛋白，G 蛋白是细胞内传递信号的主要物质，由 α、β、γ 3 个不同亚基组成。在临床上，β-受体激动剂类药物常被用于治疗支气管痉挛、慢性支气管炎、哮喘等呼吸系统疾病。

当给药剂量比治疗剂量高 5~10 倍时，可大幅度提高肌肉生长的速度以及蛋白质与脂肪的比值。在畜业养殖中，苯乙醇胺 A 可用于猪肉、牛肉，具有刺激动物生长，加快蛋白质在动物体内沉积，提高动物基础代谢水平，促进动物长速加快，使体脂趋于分解，皮红毛亮、瘦肉率高的作用。

（3）毒理信息

食用含苯乙醇胺 A 的动物源性食品后，会出现恶心、头晕、四肢无力、手颤等症状。苯乙醇胺 A 对心脏病、高血压患者危害更大。长期食用则有可能导致人体染色体畸变，诱发恶性肿瘤等。

急性毒性：

小鼠-腹腔注射，半数致死剂量（LD$_{50}$）为 600 mg/kg；

小鼠-静脉注射，半数致死剂量（LD$_{50}$）为 75 mg/kg。

（4）毒性等级

苯乙醇胺 A 毒性介于克伦特罗和莱克多巴胺之间，属于中等毒物质。

2. 存在的突出问题

在实际的畜禽养殖生产过程中，一些经营者为了追求短时间的经济效益，常在饲料中添加了国家明令禁止的相关药物，而这些药物残留将会严重影响人们的身体健康。

2010 年的"苯乙醇胺 A 事件"后，中华人民共和国农业部发布公告第 1519 号，为加强饲料及养殖环节质量安全监管，保障饲料及畜产品质量安全，根据《饲料和饲料添加剂管理条例》有关规定，禁止在饲料和动物饮水中使用苯乙醇胺 A 等物质，督促各级畜牧饲料管理部门要加强日常监管和监督检测，严肃查处在饲料生产、经营和动物饮水中违禁添加苯乙醇胺 A 等物质的违法行为行为。

3. 管理情况

（1）国内管理情况

2010 年，苯乙醇胺 A 被中华人民共和国农业部公告第 1519 号列为"禁止在饲料和动物饮水中使用的物质"。2019 年 12 月，中华人民共和国农业农村部发布公告第 250 号，规定食品动物中禁止使用 β-受体激动剂类药物。

（2）境外管理情况

不同国家和组织均对 β-受体激动剂类的最高残留量进行了限定。由于在饮食习惯上的差别，西方国家通常将动物内脏作为一种动物源性饲料，不作为食材，如美国只禁用其中的克伦特罗，对其他 β-受体激动剂类药物未作规定。而在欧盟及亚洲国家，是禁止在畜牧业生产中使用的。

（七）盐酸齐帕特罗

1. 基本信息

中文通用名称：盐酸齐帕特罗。

英文通用名称：zilpaterol。

化学名称：(+/)-反式-4,5,6,7-四氢-7-羟基-6-(异丙基氨基)咪唑并[4,5,1-jk]-[1]苯并氮杂䓬-2(1H)-酮。

CAS 号：119520-05-7。

（1）理化性质

分子式：$C_{14}H_{19}N_3O_2$。

分子量：261.319 56。

化学结构式：

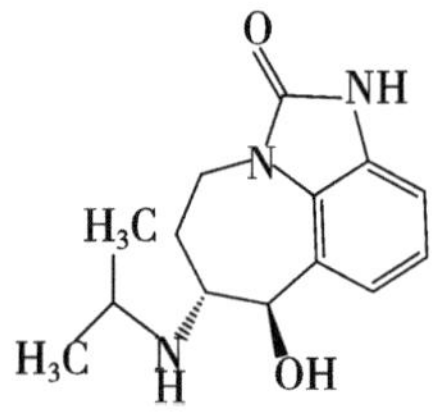

性状：白色或类白色结晶性粉末，无臭，易溶于水和其他 pH 值 1~10 的水介质溶液，微溶于甲醇，几乎不溶于多数有机溶剂。

熔点：123~126 ℃。

相对密度：(1.29±0.1) g/cm^3。

（2）作用方式与用途

齐帕特罗由美国默克公司子公司英特威研发成功，用于提高产精肉率和出肉率。1995年在南美部分国家上市，2006 年通过 FDA 认证，在全球 17 个国家获得许可。其化学结构与常见的苯胺类 β-受体激动剂类（如克伦特罗、沙丁胺醇）和苯酚类 β-受体激动剂类（如莱克多巴胺）是不同的，它的效果相当于克伦特罗的 1/10，但比莱克多巴胺更有效。作为一种新型 β-受体激动剂类饲料添加剂，齐帕特罗主要用于肉牛养殖，可明显增加屠宰率、热胴体重、眼肌面积和出肉率，增强产精肉率。

（3）毒理信息

齐帕特罗化学结构与常见的 β-受体激动剂类不同，其毒性较大，为莱克多巴胺的 15 倍。

急性经口毒性，类别 4；

急性吸入毒性，类别 4；

特异性靶器官毒性反复接触，类别 1。

（4）毒性等级

中等毒。

（5）最大残留限量

不得检出。

2. 存在的突出问题

作为新兴的 β-受体激动剂，应该列为重点监控因子。

3. 管理情况

（1）国内管理情况

2010 年，齐帕特罗被中华人民共和国农业部公告第 1519 号列为"禁止在饲料和动物饮水中使用的物质"。2019 年 12 月，中华人民共和国农业农村部发布公告第 250 号，规定食品动物中禁止使用 β-受体激动剂类。

（2）境外管理情况

在墨西哥和南非，齐帕特罗被允许作为宰杀期牛的饲料添加剂使用。而在欧盟，齐帕特罗被明令禁止使用。

（八）马布特罗

1. 基本信息

中文通用名称：马布特罗。

英文通用名称：mabuterol hydrochloride。

化学名称：1-[4-氨基-3-氯-5-(三氟甲基)苯基]-2-(叔丁基氨基)乙醇。

CAS 号：54240-36-7。

（1）理化性质

分子式：$C_{13}H_{19}Cl_2F_3N_2O$。

分子量：347.20。

化学结构式：

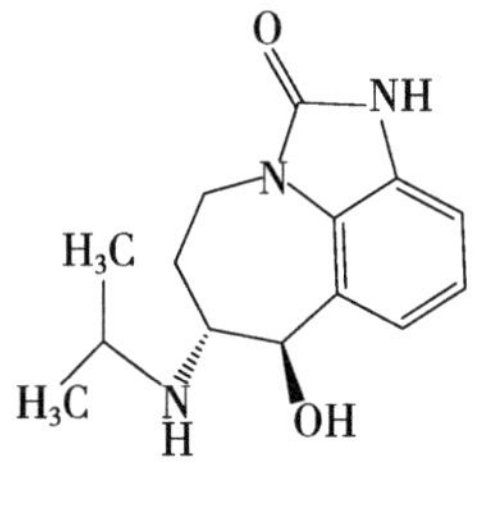

密度：1.278 g/cm^3。

熔点：85~87 ℃。

沸点：375.9 ℃，760 mmHg。

（2）毒理信息

人体摄入马布特罗后，可长期残留于体内，不易被机体清除。马布特罗残留量超过一定量时，可直接危害人体健康，出现不同程度的中毒症状，如恶心、呕吐、肌肉震颤、心悸、头晕等。

（3）最大残留限量

不得检出。

2. 存在的突出问题

作为新兴的 β-受体激动剂列为重点监控因子。

3. 国内管理情况

2010 年，马布特罗被中华人民共和国农业部公告第 1519 号列为"禁止在饲料和动物饮水中使用的物质"。2019 年 12 月，中华人民共和国农业农村部发布公告第 250 号，规定食品动物中禁止使用 β-受体激动剂类。

（九）班布特罗

1. 基本信息

中文通用名称：班布特罗。
英文通用名称：bambuterol。
化学名称：1-[二-(3,5-N,N-二甲氨基甲酰氧基)苯基]-2-N-叔丁基氨基乙醇。
CAS 号：81732-65-2。

（1）理化性质

分子式：$C_{18}H_{29}N_3O_5$。
分子量：367.44。
化学结构式：

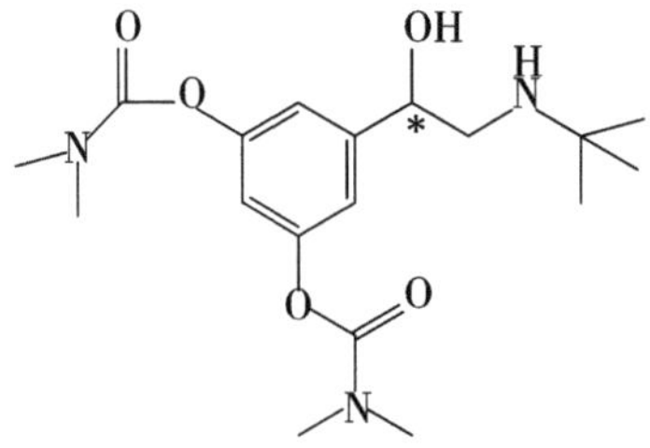

*表示手性碳

性状：灰白色粉末。
熔点：89~91 ℃。
闪点：158.3 ℃。
相对密度：1.154 g/cm^3。
沸点：500.9 ℃，760 mmHg。

（2）作用方式与用途

班布特罗是 1989 年瑞士 Astra 公司研制开发的新一代支气管扩张药，用于治疗支气管哮喘，是治疗哮喘、肺气肿和支气管炎的主要药物之一。在体内经丁酰胆碱酯酶水解后可以缓慢生成特布他林，从而可以达到长效的目的，有较强的支气管扩张作用。

（3）毒理信息

小鼠致死剂量为 0.3 mg/kg。

（4）毒性等级

高毒。

（5）最大残留限量

不得检出。

2. 存在的突出问题

班布特罗是继莱克多巴胺、克伦特罗和沙丁胺醇之后的新一代 β-受体类激动剂。最初被用于治疗阻塞性呼吸道疾病，但是如果人体过多摄入班布特罗等 β-受体类激动剂可导致急慢性中毒、心律失常等疾病，长期摄入甚至可致染色体畸变，引发恶性疾病。班布特罗被禁止作为饲料添加剂用于动物源性食品养殖生产中，但仍有不法商家为谋求利益链而走险。

3. 国内管理情况

2010 年，班布特罗被中华人民共和国农业部公告第 1519 号列为"禁止在饲料和动物饮水中使用的物质"。2019 年 12 月，中华人民共和国农业农村部发布公告第 250 号，规定食品动物中禁止使用 β-受体激动剂类。

（十）西布特罗

1. 基本信息

中文通用名称：西布特罗。

英文通用名称：cimbuterol。

化学名称：2-氨基-5-(2-叔丁基氨基-1-羟乙基)苯甲腈。

CAS 号：54239-39-3。

分子式：$C_{13}H_{19}N_3O$。

分子量：233.31。

化学结构式：

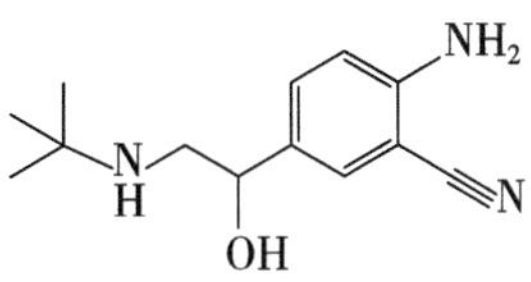

熔点：189~191 ℃。

2. 存在的突出问题

作为新兴的 β-受体激动剂列为重点监控因子。

3. 国内管理情况

2010 年，西布特罗被中华人民共和国农业部公告第 1519 号列为"禁止在饲料和动物饮水中使用的物质"。2019 年 12 月，中华人民共和国农业农村部发布公告第 250 号，规定食品动物中禁止使用 β-受体激动剂类。

（十一） 喷布特罗

1. 基本信息

中文通用名称：喷布特罗。
英文通用名称：penbutolol。
化学名称：1-(叔丁基氨基)-3-(邻环戊基苯氧基)-2-丙醇。
CAS 号：36507-48-9。
分子式：$C_{18}H_{29}NO_2$。
分子量：291.428。
化学结构式：

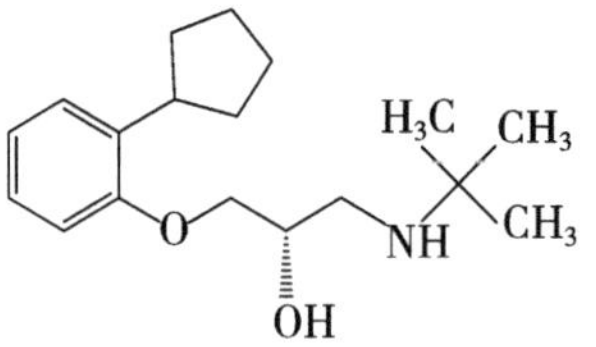

闪点：（218.8±27.3）℃。
沸点：（438.2±40.0）℃。
相对密度：（1.0±0.1）g/cm³。

2. 存在的突出问题

作为新兴的 β-受体激动剂列为重点监控因子。

3. 国内管理情况

2010 年，喷布特罗被中华人民共和国农业部公告第 1519 号列为"禁止在饲料和动物饮水中使用的物质"。2019 年 12 月，中华人民共和国农业农村部发布公告第 250 号，规定食品动物中禁止使用 β-受体激动剂类。

（十二） 非诺特罗

1. 基本信息

中文通用名称：非诺特罗。

英文通用名称：fenoterol。

化学名称：5-(1-羟基-2-{[2-(4-羟基苯基)-1-甲基乙基]氨基}乙基)-1,3-苯二酚。

CAS 号：13392-18-2。

分子式：$C_{17}H_{21}NO_4$。

分子量：303.35。

化学结构式：

性状：白色固体。

熔点：181～183 ℃。

沸点：(566.0±45.0)℃。

相对密度：(1.289±0.06) g/cm^3。

2. 存在的突出问题

作为新兴的 β-受体激动剂列为重点监控因子。

3. 国内管理情况

2010 年，非诺特罗被中华人民共和国农业部公告第 1519 号列为"禁止在饲料和动物饮水中使用的物质"。2019 年 12 月，中华人民共和国农业农村部发布公告第 250 号，规定食品动物中禁止使用 β-受体激动剂类。

（十三） 妥布特罗

1. 基本信息

中文通用名称：妥布特罗。

英文通用名称：tulobuterol。

化学名称：2-叔丁氨基-1-(2-氯苯基)乙醇。

CAS 号：41570-61-0。

（1）理化性质

分子式：$C_{12}H_{18}ClNO$。

分子量：227.73。

化学结构式：

性状：白色或类白色的结晶性粉末，无臭，味苦。

熔点：89~91 ℃。

闪点：158.3 ℃。

相对密度：1.098 g/cm³。

沸点：338.2 ℃，760 mmHg。

溶解性：溶于水、乙醇，微溶于丙酮，不溶于乙醚。

（2）毒理信息

雄性小鼠，半数致死剂量（LD_{50}）为 305 mg/kg；

雄性大鼠，半数致死剂量（LD_{50}）为 850 mg/kg；

雄性兔，半数致死剂量（LD_{50}）为 563 mg/kg。

（3）毒性等级

中等毒。

（4）最大残留限量

不得检出。

2. 存在的突出问题

作为新兴的 β-受体激动剂列为重点监控因子。

3. 国内管理情况

2010 年，妥布特罗被中华人民共和国农业部公告第 1519 号列为"禁止在饲料和动物饮水中使用的物质"。2019 年 12 月，中华人民共和国农业农村部发布公告第 250 号，规定食品动物中禁止使用 β-受体激动剂类。

（十四）马贲特罗

1. 基本信息

中文通用名称：马贲特罗。

英文通用名称：mapenterol hydrochloride。

化学名称：1-(4-氨基-3-氯-5-三氟甲苯基)-2-(1,1-二甲基丙胺基)乙醇盐酸盐。

CAS 号：54238-51-6。

分子式：$C_{14}H_{20}ClF_3N_2O$。

分子量：361.23。

化学结构式：

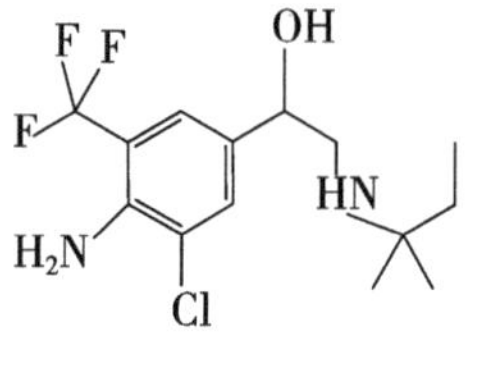

熔点：176~178 ℃。

2. 存在的突出问题

作为新兴的β-受体激动剂列为重点监控因子。

3. 国内管理情况

2010 年，马贲特罗被中华人民共和国农业部公告第 1519 号列为"禁止在饲料和动物饮水中使用的物质"。2019 年 12 月，中华人民共和国农业农村部发布公告第 250 号，规定食品动物中禁止使用β-受体激动剂类。

（十五）富马酸福莫特罗

1. 基本信息

中文通用名称：富马酸福莫特罗。
英文通用名称：formoterol。
化学名称：N-(2-羟基-5-{1-羟基-2-[1-(4-甲氧基苯基)丙-2-基氨基]乙基}苯基)甲酰胺。
CAS 号：73573-87-2。
分子式：$C_{19}H_{24}N_2O_4$。
分子量：344.4。
化学结构式：

沸点：（603.2±55.0）℃。
相对密度：（1.233±0.06）g/cm^3。

2. 存在的突出问题

作为新兴的β-受体激动剂列为重点监控因子。

3. 国内管理情况

2010 年，福莫特罗被中华人民共和国农业部公告第 1519 号列为"禁止在饲料和动物饮水中使用的物质"。2019 年 12 月，中华人民共和国农业农村部发布公告第 250 号，规定食品动物中禁止使用β-受体激动剂类。

（十六）盐酸氯丙那林

1. 基本信息

中文通用名称：盐酸氯丙那林。

英文通用名称：clorprenaline。

化学名称：1-(2-氯苯基)-2-异丙基氨基-乙醇。

CAS 号：3811-25-4。

分子式：$C_{11}H_{16}ClNO$。

分子量：213.71。

化学结构式：

性状：白色或类白色结晶性粉末，无臭，味苦。

熔点：165~169 ℃。

沸点：(329.7±27.0)℃。

相对密度：(1.117±0.06) g/cm^3。

溶解性：易溶于水及热醇，不溶于乙醚，氯仿或丙酮。

2. 存在的突出问题

作为新兴的 β-受体激动剂列为重点监控因子。

3. 国内管理情况

2010 年，氯丙那林被中华人民共和国农业部公告第 1519 号列为"禁止在饲料和动物饮水中使用的物质"。2019 年 12 月，中华人民共和国农业农村部发布公告第 250 号，规定食品动物中禁止使用 β-受体激动剂类。

（十七） 溴布特罗

1. 基本信息

中文通用名称：溴布特罗。

英文通用名称：brombuterol。

化学名称：1-(4-氨基-3,5-二溴苯基)-2-(叔丁氨基)乙醇。

CAS 号：41937-02-4。

分子式：$C_{12}H_{18}Br_2N_2O$。

分子量：366.09。

化学结构式：

沸点：456.2 ℃。

密度：1.591 g/cm³。

闪点：229.7 ℃。

2. 存在的突出问题

作为新兴的 β-受体激动剂列为重点监控因子。

3. 国内管理情况

2010 年，溴布特罗被中华人民共和国农业部公告第 1519 号列为"禁止在饲料和动物饮水中使用的物质"。2019 年 12 月，中华人民共和国农业农村部发布公告第 250 号，规定食品动物中禁止使用 β-受体激动剂类。

（十八）　酒石酸阿福特罗

1. 基本信息

中文通用名称：酒石酸阿福特罗。

英文通用名称：arformoterol tartrate。

化学名称：N-[2-羟基-5-((1R)-1-羟基-2-{[(1R)-2-(4-甲氧基苯基)-1-甲基乙基]氨基}乙基)苯基]甲酰胺-L-(+)-酒石酸盐。

CAS 号：200815-49-2。

分子式：$C_{19}H_{24}N_2O_4 \cdot C_4H_6O_6$。

分子量：494.494。

性状：白色粉状。

化学结构式：

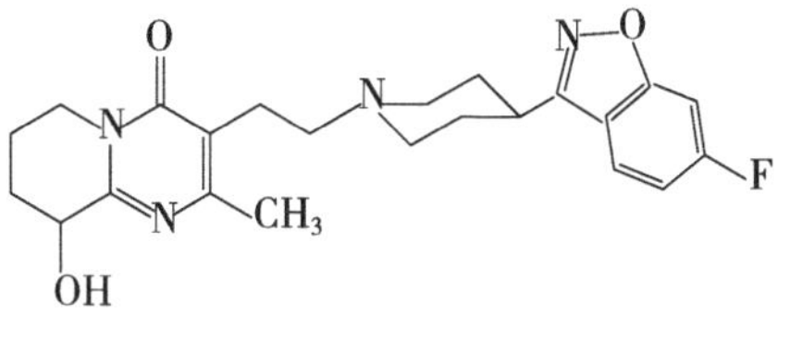

2. 存在的突出问题

作为新兴的 β-受体激动剂列为重点监控因子。

3. 国内管理情况

2010 年，酒石酸阿福特罗被中华人民共和国农业部公告第 1519 号列为"禁止在饲料和动物饮水中使用的物质"。2019 年 12 月，中华人民共和国农业农村部发布公告第 250 号，规定食品动物中禁止使用 β-受体激动剂类。

（十九） 盐酸多巴胺

1. 基本信息

中文通用名称：盐酸多巴胺。

英文通用名称：3-hydroxytyramine hydrochloride。

化学名称：1-(4-氨基-3,5-二溴苯基)-2-(叔丁氨基)乙醇。

CAS 号：62-31-7。

（1） 理化性质

分子式：$C_8H_{12}ClNO_2$。

分子量：189.64。

化学结构式：

性状：白色针状结晶或结晶性粉末。

熔点：240~241 ℃ （分解）。

水溶性：易溶于水，溶于甲醇和热95%乙醇，溶于氢氧化钠溶液，不溶于醚、氯仿、苯。无气味，味微苦。

（2） 毒性等级

中等毒。

（3） 毒理信息

急性毒性：

口服-大鼠，半数致死剂量 （LD_{50}） 为 2 859 mg/kg；

口服-小鼠，半数致死剂量 （LD_{50}） 为 4 361 mg/kg。

2. 存在的突出问题

作为新兴的 β-受体激动剂列为重点监控因子。

3. 国内管理情况

2010 年，盐酸多巴胺被中华人民共和国农业部公告第 1519 号列为 "禁止在饲料和动物饮水中使用的物质"；2002 年，中华人民共和国农业部发布公告第 176 号，规定食品动物中禁止使用盐酸多胺；2019 年 12 月，中华人民共和国农业农村部发布公告第 250 号，规定食品动物中禁止使用 β-受体激动剂类。

（二十） 甲基睾丸酮

1. 基本信息

中文通用名称：甲基睾丸酮。

英文通用名称：17-methyltestosterone。

化学名称：17α-甲基-4-雄甾烯-17β-醇-3-酮。

CAS 号：58-18-4。

（1）理化性质

分子式：$C_{20}H_{30}O_2$。

分子量：302.451。

化学结构式：

性状：白色或类白色结晶性粉末；无臭，无味；微有引湿性。

熔点：162~168 ℃。

闪点：（185.3±21.3）℃。

沸点：（434.4±45.0）℃。

相对密度：（1.1±0.1）g/cm³。

蒸气压：（0.0±2.4）mmHg，25 ℃。

溶解性：在乙醇、丙酮或三氯甲烷中易溶，在乙醚中略溶，在植物油中微溶，在水中不溶。

（2）作用方式与用途

甲基睾丸酮是一种人工合成的雄性激素和蛋白同化激素，具有雄性和蛋白同化双重作用。促进男性性征和生殖器官发育，并保持其成熟状态，大剂量可抑制垂体前叶分泌促性腺激素，从而发挥负反馈作用。对女性可对抗雌激素，抑制子宫内膜生长及卵巢、垂体功能。

同化作用：能明显地促进蛋白质合成，减少氨基酸分解（异化作用），使肌肉增长，体重增加，降低氮质血症，同时出现水、钠、磷滞留现象。

代谢作用：促进钙、磷再吸收，增加骨骼中钙磷沉积及骨质形成。

骨髓造血功能：在骨髓功能低下时，较大剂量可以促进细胞的生长，使红细胞和血红蛋白增加。

（3）毒理信息

急致毒性：口服甲基睾丸酮后在体循环中能够很好的被吸收，它的急致毒性较低，动物研究中，在突然暴露于甲基睾丸酮下主要的影响是胃痉挛和中枢神经系统影响（易怒、兴奋等）。

慢性致毒性：甲基睾丸酮慢性致毒性的主要靶器官是肝脏。给小猎狗每天口服不同剂量水平（2 mg/kg、4 mg/kg 和 6 mg/kg）的甲基睾丸酮，持续时间为27周，诱发了肝中毒。柱状肝实质细胞扩大，巨噬细胞中出现了血铁质，停药后大约需要13周才得到痊愈。甲基睾丸酮是一种微弱的致肝癌物。

（4）毒性等级

急性毒性：经口，类别 5；

致癌性：类别 1B；

致畸性：类别 2。

（5）最大残留限量

不得检出。

2. 存在的突出问题

研究发现，甲基睾丸酮在人体代谢时间较长，通过干扰体内自然激素的平衡，使人体正常的生理功能发生紊乱，影响儿童的正常生长发育，孕妇使用含有甲基睾丸酮性激素的食物甚至会致新生儿畸形。

3. 管理情况

（1）国内管理情况

我国颁布的中华人民共和国农业部公告第 235 号《动物性食品中兽药最高残留限量》规定甲基睾丸酮为禁用兽药，在所有食用动物的所有可食组织中不得检出。2019 年 12 月，中华人民共和国农业农村部发布公告第 250 号，规定食品动物中禁止使用类固醇激素：醋酸美仑孕酮、甲基睾丸酮、群勃龙（去甲雄三烯醇酮）、玉米赤霉醇。

（2）境外管理情况

在 20 世纪 90 年代，欧盟国家就开始禁止甲基睾丸酮及其化合物在食品动物中的使用。

（二十一） 玉米赤霉醇

1. 基本信息

中文通用名称：玉米赤霉醇。

英文通用名称：zeranol。

化学名称：2,4-二羟基-6-(6a,10-二羟基十一烷基)苯甲酸 10-内酯。

CAS 号：55331-29-8。

（1）理化性质

分子式：$C_{18}H_{26}O_5$。

分子量：322.4。

化学结构式：

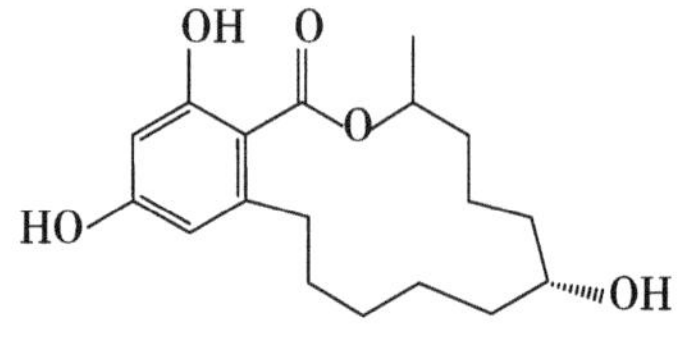

性状：白色结晶粉末。

熔点：182~184 ℃。

闪点：207.8 ℃。

相对密度：1.153 g/cm^3。

（2）作用方式与用途

玉米赤霉醇，是霉菌毒素玉米赤霉烯酮的还原产物，是一种植物性雌激素，能提高植物抗寒抗冻能力及冬小麦的春化。玉米赤霉醇由于能促进蛋白质合成和增重，美国从1969年起以埋植剂的形式用于牛羊养殖业。加拿大、新西兰、澳大利亚等主要牛羊出口国家也陆续开始采用。我国从20世纪80年代末期开始示范及推广应用。玉米赤霉醇以耳根埋植的形式应用，促进蛋白质的合成，能提高胴体瘦肉率及饲料转化率，促进反刍动物体内蛋白质沉积的功能，提高牛羊饲料转化效率，缩短牛羊育肥周期，因此被作为反刍动物促生长剂而广泛应用。

（3）环境归趋特征

玉米赤霉醇及其代谢产物具有雌激素类物质的生物活性，对促性腺激素结合受体、体外肝脏激素结合受体均有抑制作用。雌激素类物质的残留会引起人体性激素机能紊乱及影响第二性征的正常发育，在外部条件诱导下，可能致癌。玉米赤霉醇排出动物体外后，还可经饮水和食物造成二次污染及环境污染。

（4）毒理信息

虽然玉米赤霉醇在体内大部分会被代谢掉，但仍有一部分会残留在埋置部位，玉米赤霉醇及其代谢产物所具有的类雌激素作用会引发动物雌激素亢进症，可能造成动物流产、死胎、甚至不育。此外，玉米赤霉醇还具有肝毒性、免疫毒性、细胞毒性、致畸性和致癌性。

（5）毒性等级

皮肤刺激，类别2；

眼刺激，类别2A；

致畸性，类别1B；

特异性靶器官系统毒性 一次接触，类别3。

（6）最大残留限量

不得检出。

2. 存在的突出问题

玉米赤霉醇对单胃动物如大鼠、狗及猴子的生殖方面有危害。虽然玉米赤霉醇在体内大部分会被代谢掉，但仍有一部分会残留在埋置部位。而且通过食物链食用含有玉米赤霉醇残留的牛羊肉后，导致消费者促性腺激素水平的降低、内分泌失调、生长发育障碍以及影响人体第二性征发育等不良影响，具有潜在的致癌、致畸、致突变等毒性。但是由于玉米赤霉醇作为牛羊增重剂增重效果好、经济回报高等特点，仍被一些养殖户非法使用。

3. 管理情况

（1）国内管理情况

2002 年，中华人民共和国农业部第 193 号公告中明确禁止玉米赤霉醇作为增重剂用于任何食源性动物，并且在食源性动物的任何可食组织中均不得检测到。2019 年 12 月，中华人民共和国农业农村部发布公告第 250 号，规定食品动物中禁止使用类固醇激素：醋酸美仑孕酮、甲基睾丸酮、群勃龙（去甲雄三烯醇酮）、玉米赤霉醇。

（2）境外管理情况

1996 年，欧盟明确禁止在畜禽养殖中使用玉米赤霉醇，同时要求向欧盟各国输入的畜牧产品中不得检出其残留物。

（二十二）去甲雄三烯醇酮

1. 基本信息

中文通用名称：去甲雄三烯醇酮。
英文通用名称：trenbolone。
化学名称：17B-羟基-雌甾-4,9,11-三烯-3-酮。
CAS 号：10161-33-8。

（1）理化性质

分子式：$C_{18}H_{22}O_2$。
分子量：270.366 1。
化学结构式：

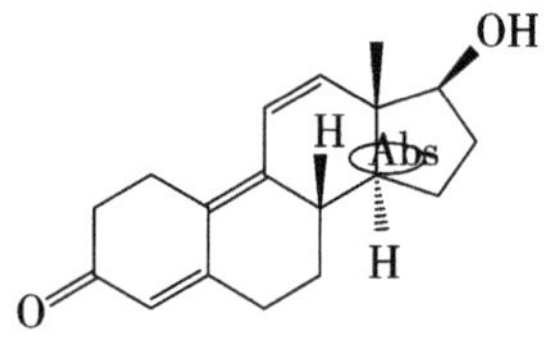

熔点：170 ℃。
闪点：208.2 ℃。
相对密度：1.19 g/cm³。
蒸气压：$1.09×10^{-11}$ mmHg，25 ℃。

（2）作用方式与用途

去甲雄三烯醇酮的商品名称是 A-群勃龙，是一种人工合成的甾类雄性激素。20 世纪 60 年代晚期最初形式的是醋酸群勃龙，发明该药的目的是给待宰杀牲畜短时间内增瘦体重。作为生长促进剂，去甲雄三烯醇酮能够提高瘦肉产出率和饲料转化率，在动物饲养中被大量使用。

（3）环境归趋特征

群勃龙可以在动物的细胞、组织或器官中蓄积以原形或中间代谢产物（17α-群勃龙、

17β-群勃龙）形式存在。其代谢物可以经排泄由动物和人排出体外。饲养场的废水、饲养场旁边的河流以及城市污水排放的下游均可能被群勃龙污染。已有研究表明在一个牛养殖场的排出废水中，17β-群勃龙的浓度为 10~20 ng/L，并且在离排废水点很远的下游仍可以检测到 17β-群勃龙。在一个有泻湖废水处理系统的养猪场的粪便和冲洗水中也可以检测到 17β-群勃龙。17β-群勃龙和 17α-群勃龙在牛的粪水中的半衰期为 260 d。粪水被收集储存 4.5~5.5 个月后撒于玉米田中，8 周后在土壤中仍然可以检测到 17β-群勃龙。17β-群勃龙在环境中的稳定性和长的半衰期引起了对它对各种生物，包括水生生物、哺乳动物、植物，甚至人的影响的担忧。

已有研究表明在种有植物的沙土中，17β-群勃龙有一部分被微生物降解作用转化成雌-4,9,11-三烯-3,17-二酮（trendione）。17β-群勃龙和 trendione 可以被菜豆吸收。17β-群勃龙主要存在于根部。实验中每周 1 次地向沙土中混入 1 μg/g 的 17β-群勃龙。4 周之后在新鲜的植物根中能检测到的最大的总群勃龙（包括 17β-群勃龙和 trendione）浓度为 33.0 μg/g，新鲜叶子中为 0.25 μg/g。在此实验中没有检测到 17β-群勃龙的植物毒性。17β-群勃龙可能会因为水生动物和植物对它的吸收而在食物链中慢慢积累，并在较高的营养级中富集。

（4）毒理信息

去甲雄三烯醇酮可干扰动物体激素水平，使雌性个体雄性化，具有致畸性、遗传毒性和生殖毒性。

（5）最大残留限量

不得检出。

2. 存在的突出问题

由于群勃龙具有很强的促蛋白合成作用，少数生产企业及饲养者、经营者为谋取最大利润，置国家法律法规于不顾，滥用或非法使用激素等违禁药品。

3. 管理情况

（1）国内管理情况

2002 年 4 月中华人民共和国农业部发布公告第 193 号《食品动物禁用的兽药及其它化合物清单》明确规定：性激素类原料药及其单方、复方制剂产品不准以抗应激、提高饲料报酬、促进动物生长为目的在所有食品动物的饲养过程中使用。2002 年中华人民共和国农业部发布公告第 235 号中规定丙酸睾酮、苯丙酸诺龙、甲睾酮、群勃龙等在动物性食品中的最高残留限量为不得在动物性食品中检出。2019 年 12 月，中华人民共和国农业农村部发布公告第 250 号，规定食品动物中禁止使用类固醇激素：醋酸美仑孕酮、甲基睾丸酮、群勃龙（去甲雄三烯醇酮）、玉米赤霉醇。

（2）境外管理情况

欧盟从 1998 年就禁止生长激素用于食品动物的饲养，2004 年欧盟对我国畜禽产品提出了 18 个种类的兽药残留、抗生素检测监控要求，其中明确指出，动物源性食品药物残留中，群勃龙不得检出。

（二十三） 醋酸美仑孕酮

1. 基本信息

中文通用名称：醋酸美仑孕酮。

英文通用名称：melengestrol acetate。

CAS 号：2919-66-6。

分子式：$C_{25}H_{32}O_4$。

分子量：396.52。

化学结构式：

熔点：202~204 ℃。

沸点：440.2 ℃。

密度：1.091 1 g/cm^3。

2. 国内管理情况

2019 年 12 月，中华人民共和国农业农村部发布公告第 250 号，规定食品动物中禁止使用类固醇激素：醋酸美仑孕酮、甲基睾丸酮、群勃龙（去甲雄三烯醇酮）、玉米赤霉醇。

（二十四） 雌二醇

1. 基本信息

中文通用名称：雌二醇。

英文通用名称：estradiol。

化学名称：3-羟基雌甾-1,3,5(10)-三烯-17β-醇。

CAS 号：50-28-2。

（1） 理化性质

分子式：$C_{18}H_{24}O_2$。

分子量：272.382。

化学结构式：

性状：白色或乳白色结晶性粉末，无臭。

熔点：173 ℃。

闪点：（209.6±23.3）℃。

沸点：（445.9±45.0）℃。

相对密度：（1.2±0.1）g/cm^3。

蒸气压：（0.0±1.1）mmHg，25 ℃。

溶解性：在二氧六环或丙酮中溶解，在乙醇中略溶，在水中不溶。

（2）作用方式与用途

雌二醇是与动物繁殖相关的最具活性的天然性激素之一，具有促进雌性未成年动物性器官的形成、第二性征的发育和母畜发情等功能。雌二醇及其衍生物在预混料及饲料中添加喂养畜禽或埋入耳根可促进机体生长和提高生产性能，提高畜禽瘦肉率。消费者食用了残留在肉、蛋、奶等畜禽产品中的雌二醇及其衍生物，可导致女性儿童提前发育，男性儿童乳腺发育呈女性化，长期食用还会造成男性生殖系统发育异常与病变、女性乳腺癌和子宫内膜异位症发生率上升。

（3）毒理信息

急性毒性：鱼类-毒性半数致死浓度（LC$_{50}$）> 0.5 mg/L。

（4）毒性等级

致癌性，类别2；

生殖毒性，类别1A。

（5）最大残留限量

不得检出。

2. 存在的突出问题

存在违规使用和滥用己烯雌酚的现象。

3. 管理情况

（1）国内管理情况

中华人民共和国农业部公告第176号文件明确规定在饲料及饮用水中严禁加入雌二醇和苯甲酸雌二醇等雌激素类药物。

（2）境外管理情况

欧盟国家和美国等西方国家从20世纪70年代开始先后颁布禁令，将雌二醇列为禁用兽药。

（二十五）戊酸雌二醇

1. 基本信息

中文通用名称：戊酸雌二醇。

英文通用名称：estradiol valerate。

化学名称：3-羟基雌甾-1,3,5(10)-三烯-17β-醇 17-戊酸酯。

CAS 号：979-32-8。

（1）理化性质

分子式：$C_{23}H_{32}O_3$。

分子量：356.498。

化学结构式：

性状：白色结晶性粉末，无臭。

熔点：144 ℃。

闪点：（191.1±21.5）℃。

相对密度：（1.1±0.1）g/cm³。

蒸气压：（0.0±1.3）mmHg，25 ℃。

溶解度：在乙醇、丙酮或三氯甲烷中易溶，在甲醇中溶解，在植物油中微溶，在水中几乎不溶。

（2）作用方式与用途

戊酸雌二醇为雌激素的一种，是长效雌二醇的戊酸酯。雌激素能促使细胞合成 DNA、RNA 和相应组织内各种不同的蛋白质，并通过减少下丘脑促性腺激素的释放，导致卵泡刺激素（FSH）、黄体生成素（LH）和促黄体分泌素从垂体的释放也减少，从而抑制了排卵。男性 LH 分泌减少，可使睾丸分泌睾酮降低。

（3）体内代谢特征

戊酸雌二醇吸收后经血液和组织液转运到靶细胞，能与血浆蛋白中度或高度结合，转运到雌激素反应组织后，与特异性受体蛋白结合，形成"活化"的复合体，此种复合体具有多种功能。戊酸雌二醇口服后生物利用度为 3%～5%，吸收迅速，在体内水解为雌二醇（E2），血雌二醇于服药后 3 h 达峰值浓度，6～8 h 后出现第二高峰，提示有肠肝循环。血内雌二醇在肠道及肝内迅速代谢为雌酮（E1）及其硫酸盐。E1 和 E2 之间在体内可互相转换，然后进一步代谢为雌三醇、儿茶酚雌激素等，主要以葡萄糖醛酸盐或硫酸盐的形式，自肾脏排泄，少部分自粪便排出。在肝内代谢的雌激素有部分经胆汁排入肠内可再吸收，即肠肝循环。雌激素的吸收、利用、代谢有一定的个体差异，因此用药需因人而异。

β-雌二醇 17-戊酸是一种合成的雌激素，广泛用于激素替代疗法药物中的其他类固醇激素，并在天然水中检测，是雄性和雌性鱼类中的生殖毒物和雌激素化学物质。

（4）毒理信息

致癌性：重复给药的毒理学研究，包括致肿瘤性的研究结果没有显示与人类使用相关的特殊风险。然而，必须牢记性激素能够促进一些激素依赖性组织和肿瘤的生长。

（5）最大残留限量

不得检出。

2. 管理情况

（1）国内管理情况

2002 年，中华人民共和国农业部公告第 176 号《禁止在饲料和动物饮用水中使用的药物品种目录》规定，禁止在饲料和动物饮用水中使用戊酸雌二醇。

（2）境外管理情况

欧盟从 1998 年就禁止生长激素用于食品动物的饲养，2004 年欧盟对我国畜禽产品提出了 18 个种类的兽药残留、抗生素检测监控要求，其中明确指出，动物源性食品药物残留中，戊酸雌二醇不得检出。国际食品法典委员会、美国、日本等组织和国家对动物食品中蛋白同化类激素的残留都有严格的要求。

（二十六）苯甲酸雌二醇

1. 基本信息

中文通用名称：苯甲酸雌二醇。

英文通用名称：estradiol benzoate。

化学名称：3-羟基雌甾-1,3,5(10)-三烯-17b-醇-3-苯甲酸酯。

CAS 号：50-50-0。

（1）理化性质

分子式：$C_{25}H_{28}O_3$。

分子量：376.49。

化学结构式：

性状：白色或微黄色结晶粉末、无臭、无味、在空气中稳定。

熔点：191~198 ℃。

闪点：212 ℃。

相对密度：1.185 g/cm^3。

蒸气压：4.08×10^{12} mmHg，25 ℃。

亨利常数：未确定。

溶解性：溶于乙醇、丙酮、二阿噁烷等，微溶于植物油，难溶于乙醚，几乎不溶于水。

（2）作用方式与用途

苯甲酸雌二醇属人工合成雌激素，在养殖中能够通过蛋白质同化作用提高食欲，促进畜禽生长，因而常被添加进饲料中用来提高饲料转化率。

（3）体内代谢特征

苯甲酸雌二醇吸收后经血液和组织液转运到靶细胞，能与血浆蛋白中度或高度结合，转运到雌激素反应组织后，与特异性受体蛋白结合，形成"活化"的复合体，此种复合体具有多种功能。苯甲酸雌二醇主要在肝脏代谢，经过肠-肝循环可再吸收，经肾随尿排出。

（4）毒理信息

急性毒性：小鼠-最低中毒剂量为 500 μg/kg。

（5）毒性等级

中等毒。

（6）最大残留限量

不得检出。

2. 存在的突出问题

激素类药物具有提高牛羊的繁殖性能、促进生长，改善牛羊肉品质、促进泌乳羊的产奶量等作用。激素通过食物链在人体内积累，可诱发癌变，对生殖与神经等系统带来影响，还可造成严重的环境污染问题，并能使男性生殖器官发生异常与病变以及使女性乳腺癌和子宫内膜发生异位。

3. 管理情况

（1）国内管理情况

2002 年，中华人民共和国农业部发布公告第 176 号明确规定禁止在饲料和动物饮用水中使用雌二醇、苯甲酸雌二醇和戊酸雌二醇。中华人民共和国农业部公告第 193 号明确规定禁止在所有食用动物饲养中使用苯甲酸雌二醇以促生产或其他用途。

（2）境外管理情况

欧盟从 1998 年就禁止生长激素用于食品动物的饲养，2004 年欧盟对我国畜禽产品提出了 18 个种类的兽药残留、抗生素检测监控要求，其中明确指出，动物源性食品药物残留中，苯甲酸雌二醇不得检出。国际食品法典委员会、美国、日本等组织和国家对动物食品中蛋白同化类激素的残留都有严格的要求。

（二十七）氯烯雌醚

1. 基本信息

中文通用名称：氯烯雌醚。
英文通用名称：chlorotrianisene。
化学名称：1,1′,1″-(1-氯-1-乙烯基-2-亚基)三(4-甲氧基苯)。
CAS 号：569-57-3。

（1）理化性质

分子式：$C_{23}H_{21}ClO_3$。

分子量：380.864。

化学结构式：

性状：白色或类白色结晶或结晶性粉末；无臭。

熔点：114~116 ℃。

闪点：164.1 ℃。

相对密度：1.168 g/cm³。

溶解性：在氯仿、苯或丙酮中易溶，在乙醚中溶解，在甲醇或乙醇中微溶，在水中几乎不溶。

（2）作用方式与用途

氯烯雌醚属于非甾体雌激素及孕激素类药物。氯烯雌醚的雌激素活性较己烯雌酚弱（仅为1/10），属弱雌激素类药，故作用比较温和。给药后能储存于脂肪组织内，缓慢释放，故作用持续时间较长。氯烯雌醚代谢为有雌激素作用的物质，能调节垂体前叶释放促性腺激素。氯烯雌醚代谢物还能调节垂体前叶释放促性腺激素，但其引起垂体前叶和肾上腺皮质功能亢进的作用较雌激素弱。此外，氯烯雌醚能够通过蛋白同化作用提高食欲、促进畜禽生长，常被添加到饲料中用来提高饲料转化率。而食用含有氯烯雌醚残留的肉食品后会扰乱人体激素平衡，导致女童性早熟，男性女性化，诱发女性乳腺癌、卵巢癌等疾病。

（3）环境归趋特征

氯烯雌醚服用后能储藏于脂肪组织内，并缓慢释放，经肝脏代谢为含有雌激素作用的物质，故有雌激素前体之称。氯烯雌醚给药后在肝脏代谢，主要通过粪便中排泄，并能测出其活性物质。大鼠口服 5 mg，在第 10 d 粪便中还能测出；猴口服 70 mg 后，到第 30 d 尚有 6%~18% 的雌激素活性物质。

（4）最大残留限量

不得检出。

2. 管理情况

（1）国内管理情况

2002 年，中华人民共和国农业部公告第 176 号禁用己烯雌酚、雌二醇、戊酸雌二醇、苯甲酸雌二醇、氯烯雌醚、炔诺醇、炔诺醚、醋酸氯地孕酮、左炔诺孕酮、炔诺酮、绒毛膜促性腺激素（绒促性素）、促卵泡生长激素（尿促性素主要含卵泡刺激素 FSH 和黄体生成素 LH）。

（2）境外管理情况

欧盟从 1998 年就禁止生长激素用于食品动物的饲养，2004 年欧盟对我国畜禽产品提出了 18 个种类的兽药残留、抗生素检测监控要求，其中明确指出，动物源性食品药物残留中，氯烯雌醚不得检出。国际食品法典委员会、美国、日本等组织和国家对动物食品中蛋白同化类激素的残留都有严格的要求。

（二十八） 炔诺醇

1. 基本信息

中文通用名称：炔诺醇。

英文通用名称：ethynodiol。

化学名称：17β-羟基-19-去甲基-17α-孕甾-4-烯-20-炔-3-酮。

CAS 号：1231-93-2。

分子式：$C_{20}H_{28}O_2$。

分子量：300.435。

化学结构式：

熔点：212.5 ℃。

闪点：201.9 ℃。

相对密度：1.15 g/cm^3。

蒸气压：9.46×10^{-10} mmHg，25 ℃。

2. 国内管理情况

2002 年，中华人民共和国农业部公告第 176 号禁用己烯雌酚、雌二醇、戊酸雌二醇、苯甲酸雌二醇、氯烯雌醚、炔诺醇、炔诺醚、醋酸氯地孕酮、左炔诺孕酮、炔诺酮、绒毛膜促性腺激素（绒促性素）、促卵泡生长激素（尿促性素主要含卵泡刺激素 FSH 和黄体生成素 LH）。

（二十九） 醋酸氯地孕酮

1. 基本信息

中文通用名称：醋酸氯地孕酮。

英文通用名称：chlormadinone acetate。

化学名称：17α-羟基-6-氯孕甾-4,6-二烯-3,20-二酮醋。

CAS 号：302-22-7。

分子式：$C_{23}H_{29}ClO_4$。

分子量：404.927。

化学结构式：

性状：白色至微黄色结晶性粉末；无臭，无味。

熔点：212 ℃。

闪点：172.5 ℃。

相对密度：1.23 g/cm³。

蒸气压：(0.0±1.3) mmHg，25 ℃。

溶解性：在三氯甲烷中易溶，在甲醇中略溶，在乙醇中微溶，在水中不溶。

2. 国内管理情况

2002 年，中华人民共和国农业部公告第 176 号禁用己烯雌酚、雌二醇、戊酸雌二醇、苯甲酸雌二醇、氯烯雌醚、炔诺醇、炔诺醚、醋酸氯地孕酮、左炔诺孕酮、炔诺酮、绒毛膜促性腺激素（绒促性素）、促卵泡生长激素（尿促性素主要含卵泡刺激素 FSH 和黄体生成素 LH）。

（三十） 左炔诺孕酮

1. 基本信息

中文通用名称：左炔诺孕酮。

英文通用名称：levonorgestrel。

化学名称：(一)-13-乙基-17-羟基-18,19-双去甲基-17α-孕甾-4-烯-20-炔-3-酮。

CAS 号：797-63-7。

(1) 理化性质

分子式：$C_{21}H_{28}O_2$。

分子量：312.446。

化学结构式：

性状：白色或类白色结晶性粉末；无臭，无味。

熔点：206 ℃。

闪点：195.4 ℃。

相对密度：(1.1±0.1) g/cm³。

蒸气压：(0.0±2.6) mmHg，25 ℃。

溶解性：在三氯甲烷中溶解，在甲醇中微溶，在水中不溶。

(2) 作用方式与用途

左炔诺孕酮为全合成的强效孕激素，是消旋炔诺孕酮的光学活性体，活性比炔诺孕酮强 1 倍，约为炔诺酮的 100 倍。为此，剂量比炔诺孕酮可减半，不良反应也减少。左炔诺孕酮主要作用于下丘脑和垂体，使月经中期促卵泡生成激素、促黄体生成激素水平的高峰明显降低或消失，卵巢不排卵，有明显的抗雌激素活性，几乎不具有雌激素活性；能使宫颈黏液变稠阻碍精子穿透，对子宫内膜转化显示左炔诺孕酮极强的孕激素活性，可使子宫内膜变薄，内膜上皮细胞呈低柱形，分泌功能不良，不利于孕卵着床。左炔诺孕酮也有一定雄激素活性和蛋白同化作用，口服或皮下注射均可抑制排卵。

（3）环境归趋特征

左炔诺孕酮是一种常用的人工合成孕激素，自 1972 年作为第二代避孕药被开发出来，已广泛应用于避孕药剂、紧急避孕药片、植入式避孕物等。随着左炔诺孕酮的大量使用，其被释放到环境中，目前已有研究表明世界各地水环境（包括污水处理厂进出水、地表水、地下水等）中广泛检测到该种孕激素，其浓度范围为 0~213 ng/L，其中在地表水中检测的浓度高达 38 ng/L。

（4）毒理信息

急性毒性：经口-大鼠，半数致死计量（LD_{50}）>5 000 mg/kg。

（5）毒性等级

急性毒性：吸入，类别 4；

经皮：类别 4；

致癌性：类别 2。

2. 国内管理情况

2002 年，中华人民共和国农业部公告第 176 号禁用己烯雌酚、雌二醇、戊酸雌二醇、苯甲酸雌二醇、氯烯雌醚、炔诺醇、炔诺醚、醋酸氯地孕酮、左炔诺孕酮、炔诺酮、绒毛膜促性腺激素（绒促性素）、促卵泡生长激素（尿促性素主要含卵泡刺激素 FSH 和黄体生成素 LH）。

（三十一） 炔诺酮

1. 基本信息

中文通用名称：炔诺酮。

英文通用名称：norethisterone。

化学名称：17α-乙炔基-17β-羟基-19-去甲-4-雄甾烯-3-酮。

CAS 号：68-22-4。

（1）理化性质

分子式：$C_{20}H_{26}O_2$。

分子量：298.419 2。

化学结构式：

性状：白色或类白色的结晶性粉末；无臭，味微苦。

熔点：202~208 ℃。

闪点：（190.5±21.3）℃。

相对密度：（1.2±0.1）g/cm³。

蒸气压：（0.0±2.5）mmHg，25 ℃。

溶解性：不溶于水，微溶于乙醇，略溶于丙酮，溶于氯仿。

（2）作用方式与用途

为19-去甲基睾酮衍生物，是一种口服有效的避孕药。其孕激素作用为炔孕酮的5倍，并有轻度雄激素和雌激素活性。能抑制下丘脑促黄体释放激素（LHRH）的分泌，并作用于垂体前叶，降低其对LHRH的敏感性，从而阻断促性腺激素的释放，产生排卵抑制作用，因此主要与炔雌醇合用作为短效口服避孕药。单独应用较大剂量时，能使宫颈黏液稠度增加，以防精子穿透受精，同时抑制子宫内膜腺体发育生长，影响孕卵着床，可作为速效探亲避孕药。口服容易吸收，经0.5~4 h血浓度达峰值，半衰期约为5~14 h，血浆结合蛋白率约为80 %，作用时间在24 h以上。

（3）环境归趋特征

孕激素是一种类固醇激素，广泛用于人类避孕药物以及治疗激素引起的各项疾病，还广泛用于畜牧业，以提高动物产量和增肥。这导致受纳环境存在不同浓度的孕激素。水环境中残留的炔诺酮会对生物的生长发育和生殖系统产生不良影响。已有文献报道，炔诺酮可抑制黑头呆鱼和日本青鳉产卵量，可引起雌鱼发生雄性化，还可改变斑马鱼性别比例，导致更多雄鱼产生。

2. 国内管理情况

2002年，中华人民共和国农业部公告第176号禁用己烯雌酚、雌二醇、戊酸雌二醇、苯甲酸雌二醇、氯烯雌醚、炔诺醇、炔诺醚、醋酸氯地孕酮、左炔诺孕酮、炔诺酮、绒毛膜促性腺激素（绒促性素）、促卵泡生长激素（尿促性素主要含卵泡刺激素FSH和黄体生成素LH）。

（三十二）绒毛膜促性腺激素

1. 基本信息

中文通用名称：绒毛膜促性腺激素。

英文通用名称：chorionic gonadotropin。

CAS号：56832-34-9。

分子式：$C_{17}H_{28}$。

分子量：232.404 22。

化学结构式：

性状：白色或类白色粉末。

2. 国内管理情况

2002 年，中华人民共和国农业部公告第 176 号禁用己烯雌酚、雌二醇、戊酸雌二醇、苯甲酸雌二醇、氯烯雌醚、炔诺醇、炔诺醚、醋酸氯地孕酮、左炔诺孕酮、炔诺酮、绒毛膜促性腺激素（绒促性素）、促卵泡生长激素（尿促性素主要含卵泡刺激素 FSH 和黄体生成素 LH）。

（三十三）促卵泡生长激素

1. 基本信息

中文通用名称：促卵泡生长激素。
英文通用名称：follicle stimulating hormone。
CAS 号：146479-72-3。

（1）理化性质

分子式：$C_{42}H_{65}N_{11}O_{12}S_2$。
分子量：980.162。
溶解性：可溶于水，50 mg/mL。
化学结构式：

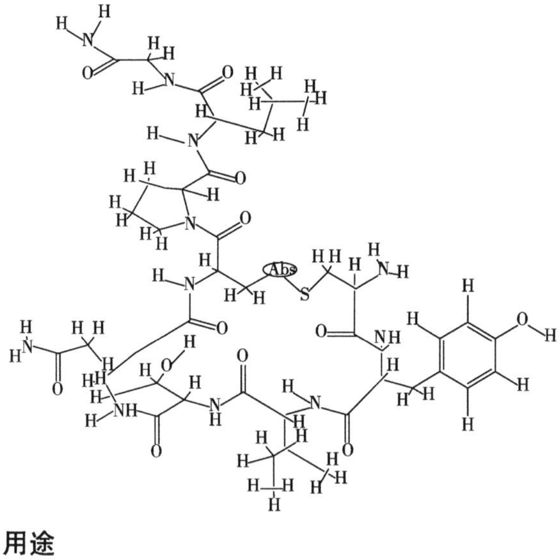

（2）作用方式与用途

促卵泡生长激素是一种由动物脑垂体前叶分泌的糖蛋白类促性腺激素。具有调节机体的生长、性成熟和繁殖等作用。促卵泡生长激素在雌性动物可促进子宫内膜生长、排卵、刺激多卵泡发育等。

性激素类管控措施：加强监管近几年来，国家的市场例行监测和产地监督抽查都将性激素类作为必检指标，但从目前的监管效果来看，仍需继续完善监管措施，改进监管手段，以达到预期的监管效果；检测方法是食品安全监管的重要技术支撑，因此要加大投入研究准确、快速、廉价、环保的快速检测方法；少部分生产企业冒着风险添加违禁药物的根本原因是缺少替代药品，或者有替代药品但使用成本相对较高，因此要着力于价廉、环保的替代药品的研发。

2. 国内管理情况

2002 年，中华人民共和国农业部公告第 176 号禁用己烯雌酚、雌二醇、戊酸雌二醇、苯甲酸雌二醇、氯烯雌醚、炔诺醇、炔诺醚、醋酸氯地孕酮、左炔诺孕酮、炔诺酮、绒毛膜促性腺激素（绒促性素）、促卵泡生长激素（尿促性素主要含卵泡刺激素 FSH 和黄体生成素 LH）。

（三十四）苯丙酸诺龙

1. 基本信息

中文通用名称：苯丙酸诺龙。
英文通用名称：nandrolone phenylpropionate。
化学名称：17B-羟基-19-去甲-4-雄甾烯-3-酮。
CAS 号：62-90-8。

（1）理化性质

分子式：$C_{27}H_{34}O_3$。

分子量：406.56。

化学结构式：

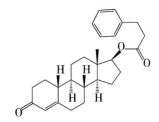

性状：白色或乳白色结晶性粉末，有特殊臭。

熔点：93~99 ℃。

沸点：487.61 ℃。

相对密度：1.014 0 g/cm^3。

溶解性：几乎不溶于水，溶于乙醇或脂肪油。

（2）作用方式与用途

参见丙酸睾酮，本药蛋白同化作用为丙酸睾酮的 12 倍，而雄性化作用仅为丙酸睾酮的 1/2，分化指数为 8。其蛋白同化作用及雄性化作用均经雄激素受体发挥作用。本药能促进蛋白质合成，并有使钙磷沉积、促进骨组织合成和抑制蛋白质异生等作用。

（3）环境归趋特征

代谢：激素通过尿液排出，大部分是以共轭的形式，而在粪便中激素主要以自由形式排出，而诺龙和去甲雄烯二醇在尿液中的主要代谢产物是 19-去甲雄酮。

（4）毒理信息

急性毒性：静脉注射-大鼠，半数致死剂量（LD$_{50}$）>1 mg/kg。

（5）毒性等级

高毒。

（6）最大残留限量

不得检出。

2. 存在的突出问题

苯丙酸诺龙是一种蛋白同化激素，是由雄激素衍生出的人工合成类固醇化合物。在医学上用于严重创伤、烧伤后的修复，再生障碍性贫血的治疗及骨质疏松症的辅助治疗等。在水产行业中被添加在饲料中，利用其强的蛋白同化作用，增强食欲和提高饲料转化率。但长期使用苯丙酸诺龙会造成男女性别特征的紊乱、总胆固醇升高、肝细胞癌青少年儿童骨骼早闭后的身材矮小等。

3. 管理情况

（1）国内管理情况

中华人民共和国农业部公告第 176 号禁止在饲料和动物饮用水中使用的药物品种目录中将其作为蛋白同化激素被禁止使用，不得在动物性食品中检出；2002 年，中华人民共和国农业部发布公告第 193 号，规定所有食品动物禁用苯丙酸诺龙。

（2）境外管理情况

欧盟从 1998 年就禁止生长激素用于食品动物的饲养，国际食品法典委员会等组织和我国对动物食品中蛋白同化类激素的残留都有严格的要求。

（三十五）己烯雌酚

1. 基本信息

中文通用名称：己烯雌酚。
英文通用名称：diethylstilbestrol。
化学名称：(E)-4,4′-(1,2-二乙基-1,2-亚乙烯基)双苯酚。
CAS 号：56-53-1。
（1）理化性质
分子式：C$_{18}$H$_{20}$O$_2$。
分子量：268.35。
化学结构式：

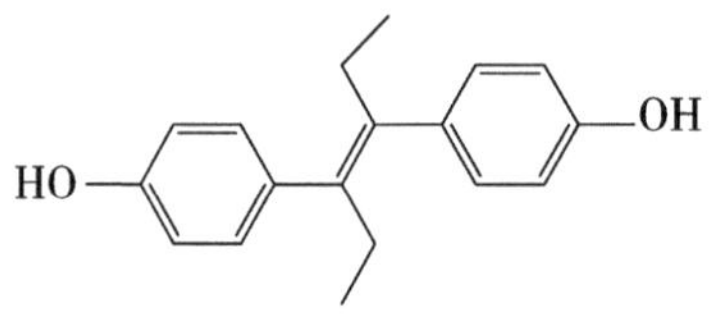

性状：白色结晶粉末。

熔点：170~172 ℃。

闪点：（186.9±17.8）℃。

沸点：（407.1±25.0）℃。

相对密度：（1.1±0.1）g/cm^3。

蒸气压：（0.0±1.0）mmHg，25 ℃。

（2）作用方式与用途

己烯雌酚最早由 Dodds 公司于 1938 年成功合成，发现其具有与天然雌激素相同的药理作用和治疗效果。己烯雌酚在兽医方面主要用于动物的催情、子宫炎和胎衣不下治疗以及排出死胎等，还可治疗雌激素紊乱、控制繁殖周期。人工合成雌激素能促进蛋白质的合成代谢、提高饲料转化率和瘦肉率，在畜牧业中己烯雌酚曾一度作为饲料添加生长促进剂广泛应用于牛、羊、猪和水产养殖中。

（3）环境归趋特征

大多数天然雌激素在动物体内易被肝脏分解，不易产生残留。但己烯雌酚是亲脂性物质，较稳定，不易降解，易在人和动物脂肪及组织中残留，长期服用会导致肝脏损伤。此外己烯雌酚在水源和土壤中也很难降解，还可以通过食物链在体内富积而导致其他慢性疾病。

（4）毒理信息

大鼠-经口半数致死剂量（LD$_{50}$）>3 000 mg/kg；

急性毒性：经口，类别 5；

皮肤刺激，类别 2；

眼刺激，类别 2A；

致癌性，类别 1B；

致畸性，类别 1B；

特异性靶器官系统毒性一次接触，类别 3；

急性水生毒性，类别 1；

慢性水生毒性，类别 1。

（5）毒性等级

低毒。

（6）最大残留限量

不得检出。

2. 存在的突出问题

过度使用己烯雌酚导致其在动物体内的残留危害逐渐暴露。大量动物实验和临床调查表明己烯雌酚具有致癌、致畸性。由于受经济利益驱使，违规使用和滥用己烯雌酚的现象依然存在，加强对饲料和动物源食品中的己烯雌酚监管和残留检测工作显得尤为重要。

3. 管理情况

（1）国内管理情况

我国于 1999 年实施的残留监控计划中规定禁止使用己烯雌酚，2002 年中华人民共和国农业部修订的《动物性食品中兽药最高残留限量》规定在所有可食动物组织中不得检出己烯雌酚及其盐和酯。早期，针对某些性激素，中华人民共和国农业部 176 号公告文件明确规定，禁止动物饲料和饮用水中添加己烯雌酚、苯甲酸雌二醇等雌激素、炔诺酮、醋酸氯地孕酮、左炔诺孕酮等孕激素、苯丙酸诺龙等雄激素及其他蛋白同化激素；中华人民共和国农业部公告第 235 号文件规定了丙酸睾酮、甲基睾酮、群勃龙、己烯雌酚、苯丙酸诺龙等化学合成类激素在动物源食品中不得检出。2019 年 12 月，中华人民共和国农业农村部发布公告第 250 号，规定食品动物中禁止使用己二烯雌酚、己烯雌酚、己烷雌酚及其盐、酯。

（2）境外管理情况

自 1988 年起，欧盟禁止动物源性食品中使用激素，其中包括二苯乙烯类及其衍生物、盐和酯，如己烯雌酚（己烯雌酚）、己二烯雌酚、己烷雌酚，类固醇类，如雌二醇、雌三醇、雌酮、睾酮、群勃龙、诺龙、甲基睾酮、氯睾酮、甲地孕酮、康力龙、美仑孕酮、地塞米松、氟米松、甲孕酮、折仑诺（睾酮），孕激素等。

（三十六）己二烯雌酚

1. 基本信息

中文通用名称：己二烯雌酚。

英文通用名称：dienestrol。

化学名称：(E)-4,4′-(1,2-二乙基-1,2-亚 2 烯基)双苯酚。

CAS 号：13029-44-2。

分子式：$C_{18}H_{18}O_2$。

分子量：266.33。

溶解性：可溶于水：50mg/mL。

化学结构式：

熔点：224~226 ℃。

沸点：349.54 ℃。

相对密度：1.130 5。

折射率：1.480 0。

2. 国内管理情况

2019 年 12 月，中华人民共和国农业农村部发布公告第 250 号，规定食品动物中禁止使用己二烯雌酚、己烯雌酚、己烷雌酚及其盐、酯。

（三十七）　己烷雌酚

1. 基本信息

中文通用名称：己烷雌酚。

英文通用名称：hexestrol。

化学名称：4,4′-(1,2-二乙基亚乙基)二苯酚。

CAS 号：84-16-2。

分子式：$C_{18}H_{22}O_2$。

分子量：270.366 1。

化学结构式：

性状：白色、无气味结晶性粉末。

熔点：184.0~188.0 ℃。

闪点：181.6 ℃。

沸点：353.48 ℃。

相对密度：1.093 g/cm³。

溶解性：易溶于乙醚，溶于丙酮、乙醇、甲醇、植物油和碱溶液，微溶于苯和氯仿，几乎不溶于水和稀矿酸。

2. 国内管理情况

2019 年 12 月，中华人民共和国农业农村部发布公告第 250 号，规定食品动物中禁止使用己二烯雌酚、己烯雌酚、己烷雌酚及其盐、酯。

（三十八）　氯丙嗪

1. 基本信息

中文通用名称：氯丙嗪。

英文通用名称：chlorpromazine。

化学名称：3-(2-氯-10H-吩噻嗪-10-基)-N,N-二甲基丙-1-胺。

CAS 号：50-53-3。

（1）理化性质

分子式：$C_{17}H_{19}ClN_2S$。

分子量：318.864 16。

化学结构式：

性状：白色或乳白色结晶性粉末，有微臭，味极苦，有引湿性，遇光渐变色，水溶液显酸性反应。

熔点：192~196 ℃。

闪点：（226.0±28.7）℃。

相对密度：（1.2±0.1）g/cm^3。

蒸气压：（0.0±1.1）mmHg，25 ℃。

溶解性：易溶于水、乙醇或氯仿，不溶于苯或乙醚。

（2）作用方式与用途

氯丙嗪由法国学者于1950年首先合成，1952年用于临床治疗。氯丙嗪的主要作用机理是通过阻断脑内多巴胺受体而产生镇静作用，在体内代谢主要是氧化过程，受细胞色素P450酶的催化，在肝脏中进行，具有镇定、止吐、降低动物代谢等作用，在畜禽生产中有一定的应用，通常会在饲料中进行添加。氯丙嗪进入体内后大部分从尿中排除，但因排出过程缓慢，容易产生药物残留，因其具有蓄积性残留会对人体健康造成危害。

（3）环境归趋特征

氯丙嗪在使用过程中可以随动物粪便排出体外，如果利用这些粪便作为肥料，氯丙嗪就可以进入土壤，从而影响植物的生长。

（4）毒理信息

氯丙嗪可引起一般急性，慢性中毒。氯丙嗪等镇静类药物在畜禽产品中残留，人食后头脑不清醒，出现一系列的生理变化，表现为嗜睡等，而且一旦不吃，还会导致人兴奋等。氯丙嗪可能通过母乳进入婴儿体内，由于婴幼儿药物代谢功能不完善，因此会比较敏感，再加上氯丙嗪具有高度的亲脂性，易透过血脑屏障，因此其对婴幼儿的毒性要高于成人。

（5）毒性等级

一次吞服超大剂量（1~2 g）氯丙嗪后，可发生急性中毒，出现昏睡、血压下降达休克水平，并出现心动过速、心电图异常。

（6）最大残留限量

不得检出。

2. 存在的突出问题

氯丙嗪主要用于大型养殖场家禽疾病的治疗以及饲养动物的增重，还可作为镇静类兽药用于动物运输以及宰杀前的短期使用，氯丙嗪具有亲脂性，局部注射后组织中残留很高，因而存在较大的潜在危害。研究表明，氯丙嗪污染对生态系统的毒害效应是复杂的、多方面的。氯丙嗪以抑制植物的生长和发育，能够抑制动物体内的酶活性，造成细胞的生物损伤。另外，氯丙嗪具有致畸作用、光毒性和光敏性，可以诱发多种并发症，并通过食物链蓄积作用危害人类健康。

3. 管理情况

（1）国内管理情况

根据《饲料和饲料添加剂管理条例》《兽药管理条例》等有关规定，2002 年中华人民共和国农业部发布公告第 176 号和第 193 号，2010 年中华人民共和国农业部发布公告第 1519 号，向社会公布了禁止在饲料、动物饮用水和畜禽水产养殖过程中使用的药物和物质清单。清单中包含氯丙嗪等 82 种禁用物质。

（2）境外管理情况

欧洲药品评估局和联合国粮农组织/世界卫生组织食品添加剂联合专家委员会在 1991 年建议氯丙嗪不得用于食用性动物中。欧盟早在 1997 年颁布的法令（EC）NO.17/97 明令禁止在饲料中添加氯丙嗪。日本也明确规定在动物源食品中不得检出氯丙嗪。

（三十九）地西泮

1. 基本信息

中文通用名称：地西泮。
英文通用名称：diazepam。
化学名称：7-氯-1-甲基-5-苯基-1,3-二氢-1,4-苯并二氮杂䓬-2-酮。
CAS 号：439-14-5。

（1）理化性质

分子式：$C_{16}H_{13}ClN_2O$。
分子量：284.740 2。
化学结构式：

性状：白色或类白色结晶性粉末，无臭，味微苦。
熔点：130~134 ℃。
溶解性：在水中几乎不溶，在乙醇中溶解。

（2）作用方式与用途

地西泮是 20 世纪 50 年代由 Hoffmann-La Roche 制药公司研究人员发现，因具有良好的镇静催眠、抗惊厥、抗焦虑以及促食欲过盛等优点，在 20 世纪 60 年代发展起来，并逐渐取代了巴比妥类药物。地西泮经肝脏代谢为奥沙西泮，仍有生物活性，故连续应用可蓄积。可透过胎盘屏障进入胎儿体内。主要自肾脏排出，亦可从乳汁排泄。

（3）毒理信息

地西泮可引起中枢神经系统不同部位的抑制，随着用量的加大，临床表现可自轻度镇静到催眠甚至昏迷。

（4）毒性等级

2017 年 10 月 27 日，世界卫生组织国际癌症研究机构公布的致癌物清单中地西泮被列为 3 类致癌物。

（5）最大残留限量

不得检出。

2. 存在的突出问题

地西泮是一类具有抑制中枢神经系统功能的药物，在渔业养殖中被用于促进管理和减轻鱼体的环境压力，或被用于水产品活体运输过程中，降低机体对外界的感知能力和新陈代谢，减少对鱼体的伤害，提高存活率，然而地西泮不容易被动物机体代谢出去，从而蓄积在畜禽体内，消费者一旦食用这种带有地西泮残留的肉制品，就会对身体健康造成直接危害，动物排泄物进入土壤和水中导致生态环境问题，对人类健康产生间接危害。

3. 管理情况

（1）国内管理情况

2002 年，中华人民共和国农业部公告第 235 号《动物性食品中兽药最高残留限量》规定不得在动物性食品中检出地西泮。2002 年 4 月中华人民共和国农业部发布公告第 193 号《食品动物禁用的兽药及其他化合物清单》，地西泮只能用于治疗，禁止用于食品动物抗应激、提高饲料报酬和促生长，在动物性食品中不得检出。2011 年的"瘦肉精事件"后，卫生部于同年 4 月发布了食品中可能违法添加的非食用物质名单，其中就包括地西泮。

（2）境外管理情况

国际食品法典委员会、欧盟和澳大利亚等国家或组织均对畜肉中镇静剂的最高限量值做出了相关规定。

（四十）利血平

1. 基本信息

中文通用名称：利血平。

英文通用名称：reserpine。

化学名称：11,17-二甲氧基-18-[(3,4,5-三甲氧基苯甲酰)氧]育亨烷-16-甲酸甲酯。

CAS 号：50-55-5。

（1）理化性质

分子式：$C_{33}H_{40}N_2O_9$。

分子量：608.679。

化学结构式：

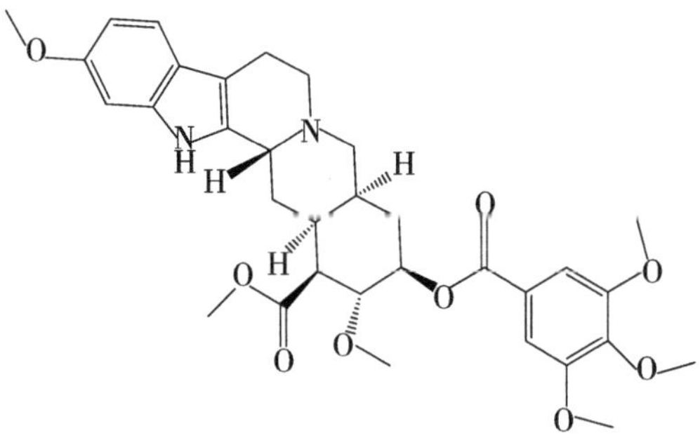

性状：白色或浅黄色结晶性粉末，气微，无苦味。

熔点：264~265 ℃。

闪点：22 ℃。

相对密度：1.32 g/cm³。

溶解性：易溶于氯仿、二氯甲烷、冰醋酸，能溶于苯、乙酸乙酯，稍溶于丙酮、甲醇、乙醇、乙醚、乙酸和柠檬酸的稀水溶液。

（2）作用方式与用途

利血平由夹竹桃科植物（萝芙木属）全碱浓缩酸性渗透滤液时析出的胶瘃物中提取而得的一种生物碱，由化学合成来制取。利血平能降低血压和减慢心率，对中枢神经系统有持久的安定作用，广泛用于轻度和中度高血压的治疗。

（3）毒理信息

2017 年 10 月 27 日，世界卫生组织国际癌症研究机构公布的致癌物清单，利血平在 3 类致癌物清单中。

经口-大鼠，半数致死剂量（LD_{50}）为 420 mg/kg。

（4）毒性等级

中等毒。

（5）最大残留限量

不得检出。

2. 存在的突出问题

利血平属吲哚类生物碱，可从夹竹桃科植物萝芙木中分离获得，临床上常用作降压药，通过耗竭神经末梢的去甲肾上腺素而达到降压作用，但大剂量长期应用易诱发帕金森综合征和抑郁症。在饲料中主要作为镇静类药物添加剂。利血平会残留在动物性食品中，人食用有利血平残留的食品后会产生不良后果，易引起嗜睡、食欲减退等反应，小孩食用后会影响大脑发育，并有致畸作用。

3. 管理情况

（1）国内管理情况

2002 年，中华人民共和国农业部公告第 176 号明确将利血平列入禁止在饲料和动物饮水中使用的药物品种目录。

（2）境外管理情况

国际食品法典委员会、欧盟和澳大利亚等国家或组织均对畜肉中镇静剂的最高限量值做出了相关规定。

（四十一） 三唑仑

1. 基本信息

中文通用名称：三唑仑。

英文通用名称：triazolam。

CAS 号：28911-01-5。

（1）理化性质

分子式：$C_{17}H_{12}C_{12}N_4$。

分子量：343.21。

化学结构式：

性状：白色或类白色结晶性粉末，无臭。

熔点：239~243 ℃。

溶解性：在冰醋酸或氯仿中易溶，在甲醇中略溶，在乙醇或丙酮中微溶，在水中几乎不溶。

（2）作用方式与用途

三唑仑属于苯二氮䓬类镇静催眠药，具有抗惊厥、抗癫痫、抗焦虑、镇静催眠、中枢性骨骼肌松弛作用，广泛应用于治疗失眠，近几年在神经科，精神科，戒毒所等领域使用较多。

本类药物作用于中枢神经系统的苯二氮䓬受体，加强中枢抑制性神经递质 γ-氨基丁酸与 γ-氨基丁酸 A 型受体的结合，增强 γ-氨基丁酸 A 型系统的活性。在饲料中违规添加一定量的三唑仑可促进睡眠、提高食欲、降低基础代谢以及抗应激等作用，从而提高畜禽日增重量。

（3）毒理信息

三唑仑是一种强烈的麻醉药品，口服后可以迅速使人昏迷晕倒。0.75 mg 的三唑仑，能让人在 10 min 快速昏迷，昏迷时间可达 4~6 h，故俗称迷药、蒙汗药、迷魂药。与地西泮相比，其催睡作用强 45 倍。多次使用可在体内有轻微程度的积累作用。由于吸收比较快，起效时间 15~30 min，更适合作为催眠药物治疗入睡困难。但由于三唑仑半衰期短，对治疗睡眠维持困难疗效较差，患者可能出现早醒和白天焦虑现象，其不良反应与地西泮相似。

（4）最大残留限量

不得检出。

2. 存在的突出问题

2002 年，中华人民共和国农业部公告第 176 号，禁止在饲料和动物饮用水中使用吩噻嗪类（氯丙嗪、盐酸异丙嗪）、苯二氮䓬类（地西泮、硝西泮、奥沙西泮、三唑仑）、巴比妥类（巴比妥、苯巴比妥）等精神类药品。但养殖企业为了提高饲料报酬和经济效益，在动物养殖过程中违禁使用精神类药物的现象时有发生，对消费者健康和对外贸易均产生很大危害。

3. 管理情况

（1）国内管理情况

2002 年，中华人民共和国农业部公告第 176 号明确将其列入禁止在饲料和动物饮水中使用的药物品种目录。

（2）境外管理情况

国际食品法典委员会、欧盟、澳大利亚等国家或组织均对畜肉中镇静剂的最高限量值做出了相关规定。

（四十二）　匹莫林

1. 基本信息

中文通用名称：匹莫林。
英文通用名称：pemoline。
化学名称：2-亚氨基-5-苯基-4-噁唑烷酮。
CAS 号：2152-34-3。

（1）理化性质

分子式：$C_9H_8N_2O_2$。
分子量：176.172。
化学结构式：

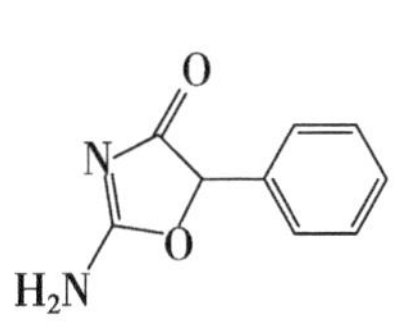

性状：白色至灰白色结晶粉末，无臭，无味。
熔点：243 ℃。
闪点：143.4 ℃。
相对密度：1.4 g/cm³。
溶解性：难溶于水、乙醚、氯仿、丙酮、苯、稀盐酸，溶于无水乙醇、丙二醇、热酒精，易溶于碱性溶液及浓矿酸。

（2）作用方式与用途

匹莫林为中枢兴奋药，临床多用于治疗轻微脑功能失调，轻度抑郁症及发作性睡眠病，治疗遗传过敏性皮炎等。中枢兴奋作用温和，强度介于苯丙胺与哌甲酯之间，约相当于咖啡因 5 倍。

（3）毒理信息

对人体产生眼球震颤及运动障碍，偶见头痛、头昏、皮疹、嗜睡、烦躁不安、易激动、轻度抑郁症、失眠、食欲减退并伴有体重减轻等。

（4）毒性等级

中等毒。口服-大鼠，半数致死剂量（LD_{50}）为 500 mg/kg。

（5）最大残留限量

不得检出。

2. 存在的突出问题

匹莫林是一种中枢神经兴奋药物，禁止在体育赛事中使用。由于该药物具有温和的中枢兴奋作用，可能被非法添加到动物饲料中，以提高比赛动物的兴奋性。但由于经济利益的驱使，存在违法滥用现象。

3. 管理情况

（1）国内管理情况

2002 年，中华人民共和国农业部公告第 176 号明确将其列入禁止在饲料和动物饮水中使用的药物品种目录。

（2）境外管理情况

2005 年 FDA 确定，匹莫林和非专利匹莫林均有肝脏毒性，该药物的危险超过益处。2005 年 5 月 Abbott 公司决定停止在美国销售匹莫林，全部非专利公司亦同意停止销售匹莫林。匹莫林是一种中枢神经系统兴奋剂，是治疗注意缺陷多动症的二线药，因为它可导致危及生命的肝衰。

（四十三）安眠酮

1. 基本信息

中文通用名称：安眠酮。

英文通用名称：hyminal。

化学名称：2-甲基-3-邻甲苯基喹唑酮-4。

CAS 号：72-44-6。

（1）理化性质

分子式：$C_{16}H_{14}N_2O$。

分子量：250.29。

化学结构式：

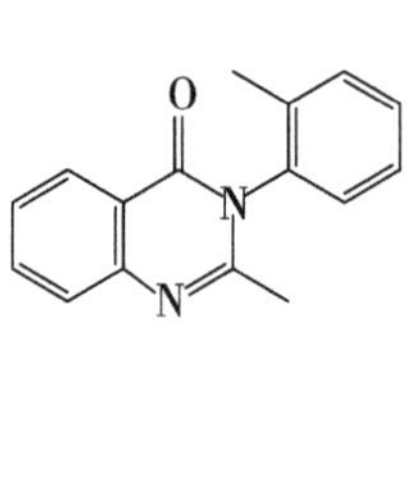

性状：淡灰色、褐色、黑色或白色结晶粉末，无臭，味苦。

熔点：114~117 ℃。

闪点：9 ℃。

相对密度：1. 16 g/cm³。

溶解性：易溶于乙醇，几乎不溶于水，在弱碱性条件下极易溶于有机溶剂，易溶于氯仿、丙酮、乙醇、乙醚等。

（2）作用方式与用途

1965 年安眠酮作为一种催眠镇定药物投入市场使用。安眠酮属于非巴比妥类中枢神经镇定药。在临床上常用作催眠药、镇定药，兽医临床主要用于动物过度兴奋或惊厥促使机体平静。

（3）毒理信息

安眠酮的副作用较大，误食有该药残留的动物性食品，人体会表现出恶心、呕吐、头晕、无力、四肢及口舌麻木等症状，过量食用会出现昏迷、心跳过速、呼吸抑制等严重症状。人长期食用残留安眠酮的动物组织会对该类药物产生依赖性。

（4）毒性等级

安眠酮毒理作用为抑制中枢神经系统，主要作用于大脑皮层，过量可使呼吸抑制。用量超过 8 g 可致严重中毒，甚至死亡。一般致死量为 10~20 g，最小致死血液浓度为 2%（质量百分比）。

（5）最大残留限量

不得检出。

2. 存在的突出问题

安眠酮作为一种精神控制药物，在 20 世纪 80 年代被禁止流通和使用，因此，在生活中残留问题相对比较少见。但是由于安眠酮生产工艺简单，随着畜牧养殖业的迅速发展，一些不法分子在经济利益的驱动下，置法律法规于不顾，转入地下大量生产并大肆用于畜禽养殖。除此之外，一些企业为了追求高额利润和饲料的转化率，在饲料和饮用水中随意添加该类违禁药物，造成了动物性食品的不安全。在养猪饲料中目前使用较多的镇静剂和催眠药物，如"睡梦美"其主要成分就是安定、氯丙嗪、安眠酮等。

3. 管理情况

（1）国内管理情况

1987 年我国禁止了安眠酮的生产和流通。2007 年中华人民共和国农业部第 824 号文件也明确规定，国家管制的精神药品如安眠酮在动物性食品中的残留为零（农业部发布动物性食品中兽药最高残留限量）；2019 年，中华人民共和国农业农村部公告第 250 号规定食品动物中禁止使用安眠酮。

（2）境外管理情况

1974 年法国对医学用的安眠酮进行管理规定，限制了其流通。在美国，人们发现，1978 年以来随着安眠酮使用的逐渐增加，安眠酮成为滥用药品之一。《1971 年精神药物公约》管制目录将安眠酮列入其中并已有 17 个国家规定禁止使用和进出口安眠酮。欧盟、美国等均明确规定了残留的限量标准为"零容许量"不得检出。

（四十四）苯巴比妥

1. 基本信息

中文通用名称：苯巴比妥。

英文通用名称：phenobarbital。

化学名称：5-乙基-5-苯基-2,4,6(1H,3H,5H)-嘧啶三酮。

CAS 号：50-05-6。

（1）理化性质

分子式：$C_{12}H_{12}N_2O_3$。

分子量：232.24。

化学结构式：

性状：白色有光泽的结晶性粉末。

熔点：174~178 ℃。

溶解性：不溶于水，溶于乙醇、氯仿和乙醚。

（2）作用方式与用途

巴比妥，1864 年由 A. Von Baeyer 合成。1903 年，拜尔公司开始生产和销售，商品名为"佛罗那"，1911 年生产出药效更佳的"苯巴比妥"，商品名"鲁米那"，1923 年美国Elilily 公司合成异戊巴比妥。苯巴比妥作用于网状兴奋系统的突触传递过程，通过抑制上行激活系统的功能使大脑皮层细胞兴奋性下降，从而产生镇静、催眠和麻醉等药效作用。

（3）毒理信息

2017 年 10 月 27 日，世界卫生组织国际癌症研究机构把苯巴比妥列入 2B 类致癌物清单中。苯巴比妥的毒副作用主要表现为对胎儿的毒性作用、药敏反应、致畸作用、骨质疏松症、神经毒性、致癌作用等。

（4）毒性等级

一般应用 5~10 倍催眠量时可引起中度中毒，10~15 倍则重度中毒，血药浓度高于（8~10）mg/100mL 时，有生命危险。急性中毒症状为昏睡，进而呼吸浅表，通气量大减，最后呼吸衰竭而死亡。

（5）最大残留限量

不得检出。

2. 存在的突出问题

巴比妥类药物在 60 年代中期就已作为镇静催眠药被广泛运用，但其镇静作用时间长，具有很强的毒副作用，且长期服用具有成瘾性，可引起慢性中毒，大剂量时可致人死。在兽药临床中巴比妥类药物常用作镇静剂，但在猪和鸡的饲养过程中，常被滥用作饲料添加剂，以促进动物生长和降低饲养成本。一些饲料和饲料添加剂生产厂家将安定、苯巴比妥、异戊巴比妥钠等用于镇静、抗惊厥和麻醉药物改变用途加入动物饲料和饲料添加剂中，让肉猪、肉牛、肉狗吃了睡，睡了吃，减少活动，减少运动消耗。

3. 管理情况

（1）国内管理情况

1997 年 3 月 25 日，中华人民共和国农业部发布了《关于严禁非法使用兽药的通知》（农牧发〔1997〕3 号）。严禁将催眠镇静类药物如苯巴比妥等作为动物促生长剂。1997 年 9 月 4 日，中华人民共和国农业部发布了《动物性食品中兽药最高残留限量》（农牧发〔1997〕17 号），规定催眠镇静类药物为禁用药物，在食品性动物组织中不得检出。1999 年 7 月 26 日，中华人民共和国农业部发布公告《允许使用的饲料添加剂品种目录》（农业部〔1999〕105 号），对兽药用于饲料添加剂做出了明确的规定，苯巴比妥不得用作饲料添加剂。1999 年 5 月 11 日，中华人民共和国农业部发布《中华人民共和国动物及动物源食品中残留物质监控计划》和《官方取样程序》的通知（农牧发〔1999〕8 号）。2001 年 11 月 29 日，国务院颁布了重修订的《饲料和添加剂管理条例》，进一步规范了饲料与饲料添加剂的生产和管理，从源头上杜绝了禁用药物的非法使用。2002 年，中华人民共和国农业部发布公告第 176 号，规定苯巴比妥禁止在饲料和动物饮用水中使用。2004 年 3 月 24 日国务院颁发《兽药管理条例》（国务院 404 号），为加强兽药管理，维护人民身体健康提供了有力的法律武器。

（2）境外管理情况

到 20 世纪 70 年代中期，随着对苯巴比妥毒性认识的深入和苯巴比妥中毒事件屡屡发生，FDA 和欧盟相继颁布法令禁止苯巴比妥用于动物生产。

（四十五）苯巴比妥钠

1. 基本信息

中文通用名称：苯巴比妥钠。
英文通用名称：phenobarbital sodium。
化学名称：5-乙基-5-苯基-1-甲基-2,4,6-(1H,3H,5H)-嘧啶三酮单钠盐。
CAS 号：57-30-7。

（1）理化性质

分子式：$C_{12}H_{12}N_2O_3Na$。
分子量：254.22。
化学结构式：

性状：白色有光泽的结晶性粉末。

熔点：175 ℃。

溶解性：≥10 g/100 mL，20 ℃。

（2）作用方式与用途

苯巴比妥钠为镇静、催眠、抗惊厥药，是长效巴比妥类的典型代表。1950 年的研究中，Hanzlik 等提出了苯巴比妥在动物饲料中的添加作用，其中对于育肥猪作用明显，饲料报酬可提高 12%，增重提高 20%，取得了明显的经济效益。此后开始广泛应用苯巴比妥于动物饲喂，尤其育肥猪和肉牛，在高温季节生产中应用更为普遍。

（3）毒理信息

2017 年 10 月 27 日，世界卫生组织国际癌症研究机构公布把苯巴比妥列为 2B 类致癌物。

经口-大鼠：半数致死剂量（LD_{50}）为 660 mg/kg。

（4）毒性等级

中等毒。

（5）最大残留限量

不得检出。

2. 存在的突出问题

属于苯巴比妥类药物，具体问题参考苯巴比妥。

3. 管理情况

（1）国内管理情况

2002 年，中华人民共和国农业部公告第 176 号明确将其列入禁止在饲料和动物饮水中使用的药物品种目录。

（2）境外管理情况

世界各国包括 FDA 和欧盟相继颁布禁令，禁止在动物生产中使用苯巴比妥类药物。

（四十六）巴比妥

1. 基本信息

中文通用名称：巴比妥。
英文通用名称：barbital。
化学名称：5,5-二乙基嘧啶-2,4,6(1H,3H,5H)-三酮。
CAS 号：57-44-3。
（1）理化性质
分子式：$C_8H_{12}N_2O_3$。
分子量：184.19。

化学结构式：

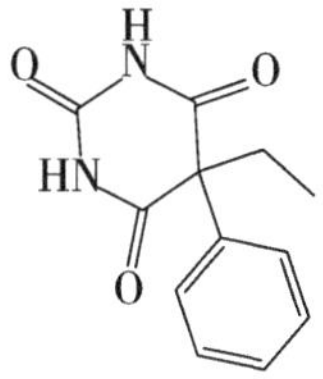

性状：白色晶状粉末。
熔点：188~192 ℃。
相对密度：1.15 g/cm³。
溶解性：溶于水。

（2）作用方式与用途

巴比妥，1864 年由 A. Von Baeyer 合成。1903 年，拜尔公司开始生产和销售，商品名为佛罗那，1911 年生产出药效更佳的苯巴比妥，商品名为鲁米那。1923 年美国 EliLily 公司合成异戊巴比妥。巴比妥类药物在 60 年代中期就已作为镇静催眠药被广泛运用，但其镇静作用时间长，具有很强的毒副作用，且长期服用具有成瘾性，可引起慢性中毒，大剂量时可致人死。在兽药临床中巴比妥类药物常用作镇静剂，但在猪和鸡的饲养过程中，常被滥用作饲料添加剂，以促进动物生长和降低饲养成本。

2. 国内管理情况

2002 年，中华人民共和国农业部公告第 176 号明确将其列入禁止在饲料和动物饮水中使用的药物品种目录。

（四十七）异戊巴比妥

1. 基本信息

中文通用名称：异戊巴比妥。
英文通用名称：amobarbital sodium。
化学名称：5-乙基-5-(3-甲基丁基)-2,4,6-(1H,3H,5H)嘧啶三酮。
CAS 号：57-43-2。
分子式：$C_{11}H_{17}N_2O_3$。
分子量：248.26。
化学结构式：

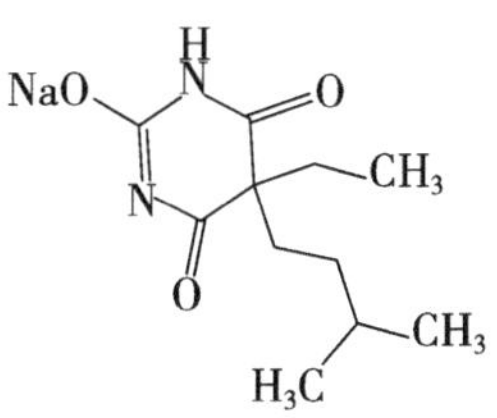

性状：白色结晶性粉末。
溶解性：水中极易溶解，在乙醇中溶解，在三氯甲烷或乙醚中几乎不溶。

异戊巴比妥作用与苯巴比妥相似，因 5 位取代的异戊基在体内比苯基代谢快，为作用时间中等的催眠药与抗惊厥药。本品的脂溶性较高，易透过细胞膜进入脑组织，显效较快。

2. 国内管理情况

2002 年，中华人民共和国农业部公告第 176 号明确将其列入禁止在饲料和动物饮水中使用的药物品种目录。

（四十八） 异戊巴比妥钠

1. 基本信息

中文通用名称：异戊巴比妥钠。
英文通用名称：amobarbital sodium。
化学名称：5-乙基-5-(3-甲基丁基)-2,4,6(1H,3H,5H)嘧啶三酮-钠盐。
CAS 号：64-43-7。
分子式：$C_{11}H_{17}N_2NaO_3$。
分子量：248.26。
化学结构式：

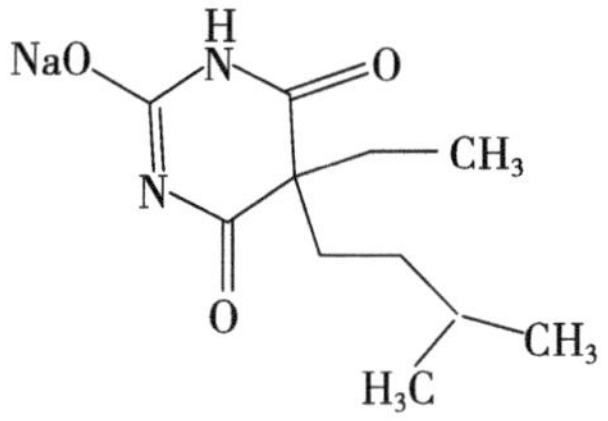

性状：白色的颗粒或粉末；无臭，味苦。
溶解性：水中极易溶解，在乙醇中溶解，在三氯甲烷或乙醚中几乎不溶。

2. 国内管理情况

2002 年，中华人民共和国农业部公告第 176 号明确将其列入禁止在饲料和动物饮水中使用的药物品种目录。

（四十九） 艾司唑仑

1. 基本信息

中文通用名称：艾司唑仑。
英文通用名称：estazolam。
化学名称：6-苯基-8-氯-4H-[1,2,4]-三氮唑[4,3-α(1,4)苯并二氮杂䓬]。
CAS 号：29975-16-4。

（1）理化性质

分子式：$C_{16}H_{11}ClN_4$。

分子量：294.74。

化学结构式：

性状：白色粉末状物质。

（2）作用方式与用途

艾司唑仑是快速吸收和半衰期中等的苯二氮䓬安定类催眠药物。可引起中枢神经系统不同部位的抑制，随着用量的加大，可导致从轻度的镇静到催眠甚至昏迷。临床研究报道，晚上服用后其作用可持续 6 h，可减少睡眠入睡潜伏期 15~20 min。镇静催眠作用是硝西泮 2.5~4 倍，其抗焦虑作用具有广谱性，可帮助消除紧张、烦躁症状。主要用于失眠、焦虑、紧张、恐惧、术前镇静、癫痫等。

（3）毒理信息

艾司唑仑过量摄入可出现持续的精神紊乱、嗜睡深沉、震颤、持续的说话不清、站立不稳、心动过缓、呼吸短促或困难、严重的肌无力症状。超量或中毒宜及早对症处理，包括催吐或洗胃以及呼吸、循环系统的支持治疗等。

（4）最大残留限量

不得检出。

2. 存在的突出问题

艾司唑仑属苯二氮䓬类抗焦虑镇静催眠药，在临床中广泛应用于催眠、镇静、抗惊厥和抗精神失常。该类药物能使动物平静，减轻机体对不良刺激的应激，限制动物的运动，从而减少动物维持体能的营养物质消耗，达到增重目的。故有些不法分子在经济利益的驱动下，在畜禽养殖中违规添加使用，以提高饲料转化率。在饲料中滥用此类药物将使其原型药物和代谢产物不可避免地残留于动物源性食品中，导致畜产品品质降低，人食用后会对中枢神经系统产生不良影响，危害身体健康。

3. 管理情况

（1）国内管理情况

2002 年，中华人民共和国农业部公告第 176 号明确将其列入禁止在饲料和动物饮水中使用的药物品种目录。

（2）境外管理情况

国际食品法典委员会、欧盟、澳大利亚等国家或组织均对畜肉中镇静剂的最高残留限量值做出了相关规定。

（五十）甲丙氨酯

1. 基本信息

中文通用名称：甲丙氨酯。

英文通用名称：meprobamate methanol solution。

化学名称：2-甲基-2-正丙基-1,3-丙二醇双氨基甲酸酯。

CAS 号：57-53-4。

（1）理化性质

分子式：$C_9H_{18}N_2O_4$。

分子量：218.250 2。

化学结构式：

性状：白色结晶性粉末。

熔点：103~107 ℃。

闪点：11 ℃。

沸点：358.93 ℃。

相对密度：1.200 4 g/cm³。

溶解性：易溶于乙醇、丙酮、氯仿，略溶于乙醚，微溶于水。

（2）作用方式与用途

与安定相似，其抗焦虑作用比安定弱。临床用于神经官能症的焦虑，精神紧张和失眠的治疗，对癫痫小发作有效，但对大发作不仅无效，反而有加重发作的倾向。

（3）毒理信息

过量可引起言语含混不清、共济失调、谵妄。重者血压下降、心律不齐、呼吸抑制、体温升高、昏迷、癫痫样发作，久服停药可致惊厥。

（4）毒性等级

本品毒性低，对小白鼠的口服急性中毒致死量在 1 000 mg/kg 以上，成人一次内服 20~40 g 可致严重中毒。

（5）最大残留限量

不得检出。

2. 存在的突出问题

甲丙氨酯是饲料营养强化剂，适合于反刍动物，具有在瘤胃中降解的保护作用，用于奶牛饲料中可提高牛奶的产量和牛奶的蛋白质含量，延长产乳期。弱安定药。用于治疗神经官能症的焦虑紧张失眠。

3. 管理情况

（1）国内管理情况

2002 年，中华人民共和国农业部公告第 176 号明确将其列入禁止在饲料和动物饮水中使用的药物品种目录。国家食品药品监督管理总局决定自 2013 年 7 月 1 日起，停止甲丙氨酯制剂在我国的生产、销售和使用，撤销药品批准证明文件。

（2）境外管理情况

国际食品法典委员会、欧盟、澳大利亚等国家或组织均对畜肉中镇静剂的最高限量值做出了相关规定。

（五十一）咪达唑仑

1. 基本信息

中文通用名称：咪达唑仑。

英文通用名称：midazolam。

化学名称：1-甲基-8-氯-6-(2-氟苯基)-4H-咪唑并[1,5-a][1,4]苯并二氮杂䓬。

CAS 号：59467-64-0。

（1）理化性质

分子式：$C_{18}H_{13}C1FN_3$。

分子量：325。

化学结构式：

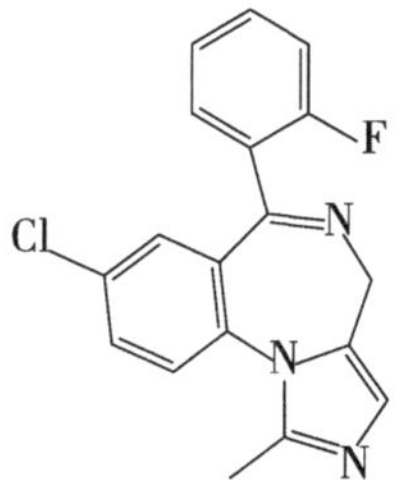

性状：白色至微黄色的结晶或结晶性粉末；无臭；遇光渐变黄。

熔点：160~164 ℃。

沸点：（496.9±55.0）℃，760 mmHg。

相对密度：（1.4±0.1）g/cm³。

溶解性：在冰醋酸或乙醇中易溶，在甲醇中溶解，在水中几乎不溶。

（2）作用方式与用途

咪达唑仑具有典型的苯二氮杂䓬类药理活性，可产生抗焦虑、镇静、催眠、抗惊厥及肌肉松弛作用。肌内注射或静脉注射后，可产生短暂的顺行性记忆缺失，使患者不能回忆起在药物高峰期间所发生的事情。

（3）毒性等级

高毒。

急性毒性：

雄性-小鼠-静脉，半数致死剂量（LD_{50}）为 91.32 mg/kg；

雌性-小鼠-静脉，半数致死剂量（LD_{50}）为 93.26 mg/kg；

雄性-小鼠-腹腔，半数致死剂量（LD_{50}）为 91.32 mg/kg；

雌性-小鼠-腹腔，半数致死剂量（LD_{50}）为 93.26 mg/kg。

（4）最大残留限量

不得检出。

2. 存在的突出问题

咪达唑仑具有脂溶性高，半衰期短的特点，是一种镇定安定剂，将其添加入饲料可以促使动物入睡，从而产生促增重作用。由于咪达唑仑作为增重剂效果好，经济回报高，部分违法者在畜禽养殖过程中使用咪达唑仑作为饲料添加剂，导致咪达唑仑可能会残留在各种食用组织中，人食用此类动物产品后，会表现出恶心、呕吐、头晕无力等现象，过量中毒可出现昏迷、心跳过速等症状，人久吃则会产生耐药性。

3. 管理情况

（1）国内管理情况

2002 年，中华人民共和国农业部公告第 176 号明确将其列入禁止在饲料和动物饮水中使用的药物品种目录。

（2）境外管理情况

国际食品法典委员会、欧盟、澳大利亚等国家或组织均对畜肉中镇静剂的最高限量值做出了相关规定。

（五十二）硝地泮

1. 基本信息

中文通用名称：硝西泮。

英文通用名称：nitrazepam。

化学名称：5-苯基-7-硝基-1,3-二氢-2H-1,4-苯并二氮䓬-2-酮。

CAS 号：146-22-5。

（1）理化性质

分子式：$C_{15}H_{11}N_3O_3$。

分子量：281.27。

化学结构式：

性状：淡黄色结晶性粉末，无臭，无味。

熔点：226~229 ℃。

溶解性：在氯仿中略溶，在乙醇或乙醚中微溶，在水中几乎不溶。

（2）作用方式与用途

硝地泮为苯二氮䓬类抗焦虑药，作用机制与其选择性作用于大脑边缘系统，与中枢苯二氮䓬受体结合，而促进氨基丁酸的释放，促进突触传导功能有关，具有安定、镇静及显著催眠作用。

（3）毒理信息

大剂量中毒时，可出现昏迷、血压降低、呼吸抑制和心动缓慢等。

（4）最大残留限量

不得检出。

2. 存在的突出问题

硝西泮是苯二氮䓬类药物，有安定、镇静及显著催眠作用。有些畜牧业生产者为了获取更多经济利益，利用硝西泮具有提高睡眠质量促进生长的作用，在饲料中添加硝西泮，动物食用后，硝西泮能在内脏和组织中形成蓄积性残留。如果违反停药期的规定，硝西泮就通过食物链的传递，进入人体内，使处于食物链终端的人类成为最终的受害者，给人们身体健康造成危害，同时扰乱了正常的畜牧业生产秩序。

3. 管理情况

（1）国内管理情况

2002 年，中华人民共和国农业部公告第 176 号明确将其列入禁止在饲料和动物饮水中使用的药物品种目录。

（2）境外管理情况

国际食品法典委员会、欧盟、澳大利亚等国家或组织均对畜肉中镇静剂的最高限量值做出了相关规定。

（五十三）奥沙西泮

1. 基本信息

中文通用名称：奥沙西泮。

英文通用名称：oxazepam。

化学名称：5-苯基-3-羟基-7-氯-1,3-二氢-2H-1,4-苯并二氮杂䓬-2-酮。

CAS 号：604-75-1。

（1）理化性质

分子式：$C_{15}H_{11}ClN_2O_2$。

分子量：286.713。

化学结构式：

性状：白色或类白色结晶性粉末；几乎无臭。

熔点：205~206 ℃。

沸点：（506.5±50.0）℃，760 mmHg。

相对密度：（1.4±0.1）g/cm³。

溶解性：在乙醇、氯仿或丙酮中微溶，在乙醚中极微溶解，在水中几乎不溶。

（2）作用方式与用途

奥沙西泮属于苯二氮䓬类催眠药和镇静药，具有抗惊厥、抗癫痫、抗焦虑、镇静催眠、中枢性骨骼肌松弛和暂时性记忆缺失作用。本药作用于中枢神经系统的苯二氮䓬受体，加强中枢抑制性神经递质 γ-氨基丁酸与 γ-氨基丁酸 A 型受体的结合，增强 γ-氨基丁酸系统的活性。随着用量的加大，临床表现可自轻度的镇静到催眠甚至昏迷。

（3）毒理信息

奥沙西泮常见的不良反应，嗜睡，头昏、乏力等，大剂量可有共济失调、震颤。罕见的有皮疹、白细胞减少。个别病人发生兴奋，多语，睡眠障碍，甚至幻觉。停药后，上述症状很快消失。有成瘾性。长期应用后，停药可能发生撤药症状，表现为激动或忧郁。

（4）最大残留限量

不得检出。

2. 存在的突出问题

奥沙西泮是苯二氮䓬类药物，具有提高睡眠质量促进生长的作用，有些畜牧业生产者为了获取更多经济利益，在饲料中添加奥沙西泮。动物食用后，奥沙西泮能在内脏和组织中形成蓄积性残留。如果这时违反停药期的规定，奥沙西泮就通过食物链的传递，进入人体内，使处于食物链终端的人类成为最终的受害者，给人类身体健康造成危害，同时扰乱了正常的畜牧业生产秩序。

3. 管理情况

（1）国内管理情况

2002 年，中华人民共和国农业部公告第 176 号明确将其列入禁止在饲料和动物饮水中使用的药物品种目录。

（2）境外管理情况

国际食品法典委员会、欧盟、澳大利亚等国家或组织均对畜肉中镇静剂的最高限量值做出了相关规定。

（五十四） 唑吡旦

1. 基本信息

中文通用名称：唑吡旦。

英文通用名称：zolpidem。

化学名称：N,N,6-三甲基-2-(4-甲基苯基)咪唑并[1,2-a]吡啶-3-乙酰胺。

CAS 号：82626-48-0。

（1）理化性质

分子式：$C_{19}H_{21}N_3O$。

分子量：307.39。

化学结构式：

性状：无色结晶，无臭。

熔点：196 ℃。

溶解性：水中溶解度（20 ℃）为 23 mg/mL。

（2）作用方式与用途

唑吡旦是由法国 Sanofi-Aventis 公司开发，先后在法国、美国和英国等十几个国家上市，作为镇静催眠药在世界各地广泛使用，有逐步取代苯类药物的趋势，临床主要应用于精神分裂症和失眠的短程治疗，与三唑仑具有相似的疗效和副作用；有苯二氮䓬类类似的镇静作用。

（3）毒理信息

临床试验中，10 mg 剂量以下观察到的不良反应有嗜睡、头晕、头痛、恶心、腹泻和眩晕；在长期临床试验中，能观察到记忆障碍（顺行性遗忘）、夜间烦躁、抑郁综合征、精神障碍、意识障碍或复视、颤抖舞蹈步和跌倒。

（4）毒性分级

中等毒。

（5）最大残留限量

不得检出。

2. 存在的突出问题

有些畜牧业生产者为了获得更多的经济利益，利用该药物提高睡眠质量促进动物生长的作用，在饲料里添加该药物，动物食用唑吡旦后，在内脏和组织中形成蓄积性残留。如果违反停药期规定，会通过食物链传递危害人体健康，扰乱了正常的畜牧业生产秩序。

3. 管理情况

（1）国内管理情况

2002 年，中华人民共和国农业部公告第 176 号明确将唑吡旦列入禁止在饲料和动物饮水中使用的药物品种目录。

（2）境外管理情况

国际食品法典委员会、欧盟、澳大利亚等国家或组织均对畜肉中镇静剂的最高限量值做出了相关规定。

（五十五）异丙嗪

1. 基本信息

中文通用名称：异丙嗪。
英文通用名称：promethazine。
化学名称：N,N,α-三甲基-10H-吩噻嗪-10-乙胺盐酸盐。
CAS 号：58-33-3。

（1）理化性质

分子式：$C_{17}H_{20}N_2S$。

分子量：284.42。

化学结构式：

性状：白色或灰白色粉末。

熔点：60 ℃。

闪点：198 ℃。

沸点：190~192 ℃。

相对密度：1.131 g/cm³。

溶解性：极易溶于水，溶于乙醇或氯仿，几乎不溶于丙酮或乙醚。

（2）作用方式与用途

异丙嗪能阻断平滑肌、毛细血管壁等组织的 H1 受体，从而与组胺起竞争性的拮抗作用，达到显著的中枢安定作用，加强麻醉药、催眠药及镇痛的作用，并能降低体温和镇吐。

（3）毒理信息

异丙嗪属吩噻嗪类衍生物，小剂量时无明显副作用，但大量和长时间应用时可出现吩噻嗪类常见的副作用。较常见的有嗜睡；较少见的有视力模糊或色盲（轻度）、头晕目眩、口鼻咽干燥、耳鸣、皮疹、胃痛或胃部不适感、反应迟钝（儿童多见）、晕倒感（低血压）、恶心或呕吐（进行外科手术和/或并用其他药物时），甚至出现黄疸。增加皮肤对光的敏感性，多噩梦，易兴奋，易激动，幻觉，儿童易发生锥体外系反应。上述反应发生率不高。心血管的不良反应很少见，可见血压增高，偶见血压轻度降低。白细胞减少、粒细胞减少症及再生不良性贫血则属少见。

急性毒性：经口-白兔，半数致死剂量（LD_{50}）为 580 mg/kg。

（4）毒性等级

中等毒。

（5）最大残留限量

不得检出。

2. 存在的突出问题

异丙嗪是一种吩噻嗪类的抗组胺类药物，氯丙嗪和异丙嗪合用组成的冬眠灵合剂，可用于镇吐、抗晕眩、晕动症以及镇静催眠。其在兽医临床上的作用广泛，饲料中添加此类药物，可间接起到催肥作用；另外，使用吩噻嗪类药物可降低动物运输过程中的死亡率。因该类药物脂溶性高，易蓄积于脂肪组织，停药数周乃至半年后，尿中仍可检出其代谢物，且部分代谢物仍具有药物活性。残留的氯丙嗪、异丙嗪和部分具有原药活性的代谢物能引起白细胞减少和粒细胞缺乏症，从而引起人体肝脏、肾脏的病变，还会引起眼部并发症等。

3. 管理情况

（1）国内管理情况

2002 年，中华人民共和国农业部公告第 176 号明确将其列入禁止在饲料和动物饮水中使用的药物品种目录。在卫生部 2010 年 3 月 22 日公布的第四批《食品中可能违法添加的非食用物质和易滥用的食品添加剂名单》中，包括了氯丙嗪、异丙嗪、万古霉素。

（2）境外管理情况

日本厚生劳动省于 2005 年 6 月 21 日，向各世界贸易组织（WTO）成员通报了"临时最大残留限量标准"、"一律基准"以及"豁免物质"最终草案——G/SPS/N/JPN/145。其中 9 种动物源性产品评估表将吩噻嗪类药物氯丙嗪列为"高贸易影响程度"的药物，明确规定在动物源性食品中该类药物及其代谢产物均不得检出。

（五十六）氧氟沙星

1. 基本信息

中文通用名称：氧氟沙星。

英文通用名称：ofloxacin。

化学名称：(+/-)-9-氟-2,3-二氢-3-甲基-10-(4-甲基-1-哌嗪基)-7-氧代-7H-吡啶并[1,2,3-de]-[1,4]苯并噁嗪-6-羧酸、9-氟-3,7-二氢-3-甲基-10-(4-甲基-1-哌嗪基)-7-氧-2H-[1,4]氧杂[2,3,4-ij]喹啉-6-羧酸。

CAS 号：82419-36-1。

（1）理化性质

分子式：$C_{18}H_{20}FN_3O_4$。

分子量：361.367。

化学结构式：

性状：灰白色固体或呈微黄色结晶状，无臭，带有苦味，见光会逐渐变色。

熔点：270~275 ℃。

闪点：（299.4±30.1）℃。

沸点：571.5 ℃。

相对密度：（1.5±0.1）g/cm^3。

蒸气压：（0.0±1.7）mmHg，25 ℃。

溶解性：难溶于水、甲醇、乙醇、氯仿、丙酮，易溶于冰醋酸，不溶于乙酸乙酯。

（2）作用方式与用途

氧氟沙星具有强效广谱抗菌作用，对多数肠杆菌科细菌，如大肠埃希菌、克雷伯菌属、变形杆菌属、沙门菌属、志贺菌属和流感嗜血杆菌、嗜肺军团菌、淋病奈瑟菌等革兰阴性菌均有较强的抗菌活性。对金黄色葡萄球菌、肺炎链球菌、化脓性链球菌等革兰阳性菌和肺炎支原体、肺炎衣原体也有抗菌作用，但对厌氧菌和肠球菌的效果较差。其作用机制是通过抑制细菌 DNA 旋转酶的活性，阻止细菌 DNA 的合成和复制而导致细菌死亡。

（3）环境归趋

氟喹诺酮类兽药进入环境的主要途径：通过生产该类药物的工厂排入水体、通过动物粪便和尿液排泄或水产养殖业直接进入水体中。被动物排泄到环境中的氟喹诺酮类抗生素，已经经过一定程度的代谢，代谢程度取决于基质，动物种类、年龄和环境。抗生素直接排放至周围环境中，从而进入附近水体或吸附于附件土壤或沉积物中。

（4）毒理信息

雄性-经口-小鼠，半数致死剂量（LD_{50}）为 5 450 mg/kg；

雌性-经口-小鼠，半数致死剂量（LD_{50}）为 5 290 mg/kg；

雄性-经口-大鼠，半数致死剂量（LD_{50}）为 3 590 mg/kg；

雌性-经口-大鼠，半数致死剂量（LD_{50}）为 3 750 mg/kg；

雄性-静脉注射-小鼠，半数致死剂量（LD_{50}）为 208 mg/kg；

雌性-静脉注射-小鼠，半数致死剂量（LD_{50}）为 233 mg/kg；

雄性-静脉注射-大鼠，半数致死剂量（LD_{50}）为 273 mg/kg；

雌性-静脉注射-大鼠，半数致死剂量（LD_{50}）为 276 mg/kg。

（5）毒性等级

低毒。

（6）最大残留限量

不得检出。

2. 存在的突出问题

由于氟喹诺酮类药物具有较高的抗菌作用，在养殖业的使用较为广泛。在畜禽疾病治疗过程中，氟喹诺酮类药物若用药量小，不能达到很好的治疗效果，用药量大会在一定程度上加大病菌对其的抗药性。由于此类药物半衰期较长，如用药量大，在动物体内会有部分残留，并会对肉品的营养质量造成影响，使其营养成分遭到破坏，且伴随有其他的不良产物。人们食用含有此类兽药残留的动物食品后，药物会转移并富集到人体内，对人的消化系统造成伤害，出现恶心、呕吐等现象。喹诺酮类药还会对人的中枢神经系统造成影响，导致人出现失眠、头痛、惊厥等症状，重者还会引发皮疹、肝肾中毒。喹诺酮类药物若传播到生态系统中，还会对生态环境造成危害。

3. 管理情况

（1）国内管理情况

2015年中华人民共和国农业部公告第2292号《发布在食品动物中停止使用洛美沙星、培氟沙星、氧氟沙星、诺氟沙星4种兽药的决定》中规定，在食品动物中禁止使用氧氟沙星（动物性食品中不得检出）。

（2）境外管理情况

从1997年8月20日起，美国禁止将FQS作为非限制性药物使用；美国联邦法规（21CFRS530，41）规定的禁用兽药品种（不能使用于供食用的动物）也包括FQS类药物；欧盟（EC）于2009年12月22日发布了37/20210号条例，其中关于动物性食品及其产品中兽药残留（B类）制定最高残留限量（最高残留限量s）包括喹诺酮类药物。日本于2003年7月1日起对进口生鳗鱼及其制品进行氧氟沙星、诺氟沙星、环丙沙星、恩诺沙星残留检测，并规定最大残留限量为50 μg/kg。

（五十七）　诺氟沙星

1. 基本信息

中文通用名称：诺氟沙星。
英文通用名称：norfloxacin。
化学名称：1-乙基-6-氟-1,4-二氢-4-氧代-7-(1-哌嗪基)-3-喹啉羧酸。
CAS号：70458-96-7。

（1）理化性质

分子式：$C_{16}H_{18}FN_3O_3$。
分子量：319.331。
化学结构式：

性状：类白色至淡黄色结晶性粉末，无臭，味微苦。

熔点：220 ℃。

闪点：(289.9±30.1)℃。

相对密度：(1.3±0.1) g/cm³。

蒸气压：(0.0±1.6) mmHg，25 ℃。

（2）作用方式与用途

诺氟沙星，为日本杏林公司1978年开发的第三代喹诺酮类抗菌剂，对大肠杆菌、痢疾杆菌、沙门氏杆菌、变形杆菌、绿脓杆菌等革兰阴性菌有高度抗菌活性，对葡萄球菌、肺炎双球菌等革兰阳性菌也有良好抗菌作用，主要作用部位在细菌的 DNA 促旋酶，使细菌 DNA 螺旋开裂，迅速抑制细菌的生长和繁殖，杀灭细菌，且对细胞壁有很强的渗透作用，因而其杀菌作用更强且对胃黏膜的刺激较小。

（3）环境归趋特征

氟喹诺酮类兽药进入环境的主要途径：通过生产该类药物的工厂排入水体、通过动物粪便和尿液排泄或水产养殖业直接进入水体中。被动物排泄到环境中的氟喹诺酮类抗生素，已经经过一定程度的代谢，代谢程度取决于基质，动物种类、年龄和环境等因素。抗生素直接排放至周围环境中，从而进入附近水体或吸附于附件土壤或沉积物中。研究表明，大多数此类抗生素具有极强的耐水解和耐高温特性，可以通过紫外和自然光光解，但几乎不受生物降解的影响，因此光解是氟喹诺酮类抗生素在水体环境中消除的重要途径。

（4）毒理信息

急性毒性：

经口-小鼠，半数致死剂量（LD_{50}）>4 000 mg/kg；

经口-大鼠，半数致死剂量（LD_{50}）>4 000 mg/kg；

皮下注射-小鼠，半数致死剂量（LD_{50}）>1 500 mg/kg；

皮下注射-大鼠，半数致死剂量（LD_{50}）>1 500 mg/kg；

静脉注射-小鼠，半数致死剂量（LD_{50}）为 220 mg/kg；

静脉注射-大鼠，半数致死剂量（LD_{50}）为 270 mg/kg。

（5）毒性等级

中等毒。

（6）最大残留限量

不得检出。

2. 存在的突出问题

由于氟喹诺酮类药物具有较高的抗菌作用，故在养殖业中被广泛使用。在畜禽疾病治疗过程中，若用药量小，不能达到很好的治疗效果，用药量大会在一定程度上加大病菌耐药性。此类药物半衰期较长，如用药量大，在动物体内会有部分残留，并会对营养质量造成影响，使营养成分遭到破坏，且伴随有其他的不良产物，人们食用此类动物食品后，药物会转移并富集到人体内，对人的消化系统造成伤害，出现恶心、呕吐等现象；此类药物会对人的中枢神经系统造成影响，导致人出现失眠、头痛、惊厥等症状，重者还会引发皮疹、肝肾中毒。

3. 管理情况

（1）国内管理情况

2015 年，中华人民共和国农业部发布公告第 2292 号《发布在食品动物中停止使用洛美沙星、培氟沙星、氧氟沙星、诺氟沙星 4 种兽药的决定》中规定，在食品动物中停止使用氧氟沙星（动物性食品中不得检出）。

（2）境外管理情况

从 1997 年 8 月 20 日起，美国禁止将 FQS 作为非限制性药物使用；美国联邦法规（21CFRS530，41）规定的禁用兽药品种也包括 FQS 类药物；欧盟（EC）于 2009 年 12 月 22 日发布了 37/20210 号条例，其中关于动物性食品及其产品中兽药残留制定最高残留限量包括喹诺酮类药物。日本于 2003 年 7 月 1 日起对进口生鳗鱼及其制品进行氧氟沙星、诺氟沙星、环丙沙星、恩诺沙星残留检测，并规定最大残留限量为 50 μg/kg。

（五十八）　培氟沙星

1. 基本信息

中文通用名称：培氟沙星。
英文通用名称：1-ethyl-6-fluoro-7-(4-methylpiperazin-1-yl)-4-oxoquinoline-3-carboxylic acid。
化学名称：1-乙基-6-氟-7-(4-甲基哌嗪-1-基)-4-氧代-1,4-二氢喹啉-3-甲酸。
CAS 号：70458-92-3。

（1）理化性质

分子式：$C_{17}H_{20}FN_3O_3$。

分子量：333.357。

化学结构式：

性状：类白色晶体。

闪点：273.8 ℃。

沸点：529.1 ℃，760 mmHg。

相对密度：1.32 g/cm³。

折射率：1.593。

蒸气压：$5.05×10^{-12}$ mmHg，25 ℃。

溶解性：溶于碱性和酸性溶液，微溶于水。

（2）作用方式与用途

第三代喹诺酮类抗菌药，有广谱的抗菌作用，其抗菌谱和抗菌活性和诺氟沙星类似。

通过干扰 DNA 的复制以及菌体蛋白的合成而发挥抑制或杀灭细菌的作用。对金葡菌具有较强的抗菌作用，对多种革兰阴性菌及耐氨苄青霉素、TMP 头孢 V 号的菌株有非常强的抗菌作用，对肠道细菌和第三代头孢菌素一样有效，但对厌氧菌、结核杆菌、梭状芽孢菌作用较差。不易产生耐药性。用于败血症，菌性脑膜炎，呼吸道、尿道、肾、肝胆、妇科疾病，骨和关节等感染。

（3）毒性等级

中等毒。

（4）最大残留限量

不得检出。

2. 存在的突出问题

在实际应用中由于盲目使用培氟沙星，导致了耐药菌株的出现，并通过动物组织经食物链进入人体后，对人体具有潜在的致癌性，会对人体的健康造成威胁。另外养殖户过度追求经济利益，对动物食品安全性还停留在无病即安全的肤浅认识上，不规范使用以及滥用抗生素，从而导致兽药在动物组织中残留的现象很普遍，在动物性产品中残留超标的现象也时有发生。

3. 管理情况

（1）国内管理情况

2015 年，中华人民共和国农业部发布公告第 2292 号《发布在食品动物中停止使用洛美沙星、培氟沙星、氧氟沙星、诺氟沙星 4 种兽药的决定》中规定，在食品动物中停止使用氧氟沙星（动物性食品中不得检出）。

（2）境外管理情况

从 1997 年 8 月 20 日起，美国禁止将 FQS 作为非限制性药物使用；美国联邦法规规定的禁用兽药品种（不能使用于供食用的动物）也包括 FQS 类药物；欧盟于 2009 年 12 月 22 日发布了 37/20210 号法，其中关于动物性食品及其产品中兽药残留制定最高残留限量包括喹诺酮类药物。日本于 2003 年 7 月 1 日起对进口生鳗鱼及其制品进行氧氟沙星、诺氟沙星、环丙沙星、恩诺沙星残留检测，并规定最大残留限量为 50 μg/kg。

（五十九）洛美沙星

1. 基本信息

中文通用名称：洛美沙星。

英文通用名称：lomefloxacin。

化学名称：(+/-)-1-乙基-6,8-二氟-1,4-二氢-7-(3-甲基-1-哌嗪基)-4-氧-喹啉-3-羧酸。

CAS 号：98079-51-7。

（1）理化性质

分子式：$C_{17}H_{19}F_2N_3O_3$。

分子量：351.348。

化学结构式：

性状：灰白色至黄色晶体。

熔点：239~240 ℃。

闪点：（282.0±30.1）℃。

沸点：（542.7±50.0）℃。

密度：（1.3±0.1）g/cm³。

蒸气压：（0.0±1.5）mmHg，25 ℃。

（2）毒理信息

急性毒性：

小鼠-静脉注射，半数致死剂量（LD_{50}）为 245.6 mg/kg；

小鼠-口服，半数致死剂量（LD_{50}）>4 000 mg/kg。

（3）毒性等级

中等毒。

（4）最大残留限量

不得检出。

2. 存在的突出问题

2015 年 9 月 1 日中华人民共和国农业部发布公告第 2292 号中指出，自 2015 年 12 月 31 日起，禁止兽药企业生产洛美沙星药物及其各种制剂，自 2016 年 12 月 31 日起，禁止对洛美沙星药物及其各种制剂的经营和使用。说明对于洛美沙星滥用现象以及可能带来的药物残留和动物性食品安全问题引起了农业农村部的高度重视。

3. 管理情况

（1）国内管理情况

2015 年中华人民共和国农业部公告第 2292 号《发布在食品动物中停止使用洛美沙星、培氟沙星、氧氟沙星、诺氟沙星 4 种兽药的决定》中规定，在食品动物中禁止使用氧氟沙星（动物性食品中不得检出）。

（2）境外管理情况

从 1997 年 8 月 20 日起，美国禁止将 FQS 作为非限制性药物使用；美国联邦法规（21CFRS530，41）规定的禁用兽药品种（不能使用于供食用的动物）也包括 FQS 类药物；欧盟（EC）于 2009 年 12 月 22 日发布了 37/20210 号法，其中关于动物性食品及其产品中兽药残留（B 类）制定最高残留限量包括喹诺酮类药物。日本于 2003 年 7 月 1 日起对进口生鳗鱼及其制品进行氧氟沙星、诺氟沙星、环丙沙星、恩诺沙星残留检测，并规定最大残留限量为 50 μg/kg。

（六十） 呋喃西林

1. 基本信息

中文通用名称：呋喃西林。

英文通用名称：nitrofurazone。

化学名称：5-硝基-2-呋喃醛缩氨基脲。

CAS 号：59-87-0。

（1） 理化性质

分子式：$C_6H_6N_4O_4$。

分子量：198.14。

化学结构式：

$$H_2N-C(=O)-NH-N=CH-\text{(furan)}-NO_2$$

性状：黄色结晶性粉末，无臭，味初淡，但有微苦的余味，日光下色渐深。

熔点：242~244 ℃。

闪点：2 ℃。

沸点：335.43 ℃。

相对密度：1.603 1 g/cm^3。

pKa：9.28±0.03。

溶解性：微溶于乙醇，极微溶于水，几乎不溶于乙醚及氯仿。

（2） 作用方式与用途

呋喃西林能干扰细菌的糖代谢过程和氧化酶系统而发挥抑菌或杀菌作用，主要干扰细菌糖代谢的早期阶段，导致细菌代谢紊乱而死亡，其抗菌谱较广，对多种革兰阳性和阴性菌有抗菌作用。能预防和治疗肠胃炎、禽霍乱和球虫病等。呋喃西林还能改善水生动物肠道，有利于养殖动物的消化和吸收，促进水产品和畜禽等生物快速生长。这类药物在动物体中数小时内可降解，但其代谢产物能与蛋白质紧密结合，形成稳定的残留物，残留时间达数周之久，甚至在蒸煮、烘烤、磨碎和微波加热过程中也无法有效降解。

（3） 毒理信息

具有致癌、致突变性和毒性。当细胞暴露于呋喃西林中，会对 DNA 产生不可逆损害，摄入呋喃西林是会有致癌影响的。在硝基呋喃类药物中，以呋喃西林对家禽的毒性作用最常见，不良反应为恶心、呕吐、头痛等，一般在减量后消失，偶尔发生过敏性皮疹。较大剂量可抑制精子发生，引起低血压。有先天性红细胞磷酸葡萄糖脱氢酶缺乏的病人可发生溶血性贫血，呋喃西林还可致末梢神经炎。

急性毒性：

口服-大鼠，半数致死剂量（LD_{50}）为 590 mg/kg；

口服-小鼠，半数致死剂量（LD_{50}）为 249 mg/kg。

（4）毒性等级

高毒。

（5）最大残留限量

不得检出。

2. 存在的突出问题

此类药物具有潜在的致癌性和致突变作用，为了保证动物性食品安全和保护消费者健康，硝基呋喃类药物已在不同国家和地区被禁止用于食品动物。然而，由于此类药物高效廉价，违法使用的现象仍然存在。

3. 管理情况

（1）国内管理情况

2002 年，中华人民共和国农业部公告第 193 号中明确禁止使用呋喃唑酮和呋喃它酮等硝基呋喃类抗生素，并且规定在动物性食品中不得检出。2003 年，我国又对水产品中的硝基呋喃代谢物进行相关的监控和规定。2019 年，中华人民共和国农业农村部发布公告第 250 号规定，所有食用动物禁止使用硝基呋喃类药物。

（2）境外管理情况

由于对呋喃唑酮蛋白结合态残留物的安全性产生怀疑，自 1995 年起欧盟全面规定禁止使用硝基呋喃类抗菌物质，在动物源性食品中硝基呋喃类残留物的检出限为不得检出。欧盟已经将硝基呋喃类药物列为 A 类禁用药，从 1997 年 1 月 1 日起禁止在动物饲料中添加任何硝基呋喃类药物，规定其在动物源性食品中的残留检测限为 1.0 μg/kg。2004 年 FDA 公布了禁止在进口动物源性食品中使用的 11 种药物名单，其中包括呋喃西林和呋喃唑酮。

（六十一）呋喃妥因

1. 基本信息

中文通用名称：呋喃妥因。

英文通用名称：furadantin。

化学名称：1-{[(5-硝基-2-呋喃基)亚甲基]氨基}-2,4-咪唑烷二酮。

CAS 号：67-20-9。

（1）理化性质

分子式：$C_8H_6N_4O_5$。

分子量：238.16。

化学结构式：

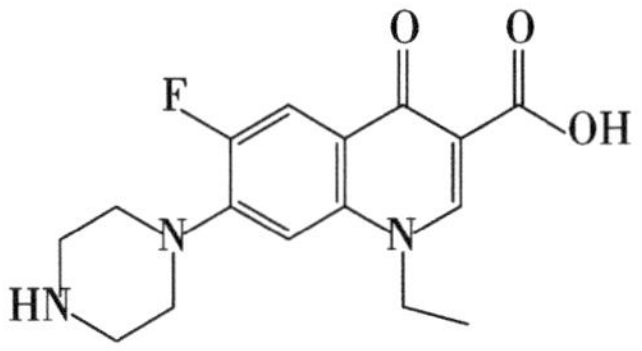

性状：结晶性粉末，无臭，味苦，本品为鲜黄色，遇光会使颜色加深。

熔点：268 ℃。

闪点：43 ℃。

折射率：1.52（20 ℃）。

相对密度：0.915 g/cm³（20 ℃）。

水溶性：<0.01 g/100 mL，19 ℃。

溶解性：在水和氯仿中几乎不溶解，在乙醇中极微溶解，在 N,N-二甲基甲酰胺中溶解。

（2）作用方式与用途

硝基呋喃类是人工合成的广谱抗生素，因抗菌效果好、价格低廉等优点，对大多数革兰阳性菌及阴性菌均有抗菌作用，如金葡菌、大肠杆菌、白色葡萄球菌及化脓性链球菌等。临床上用于敏感菌所致的泌尿系统感染，如肾盂肾炎、尿路感染、膀胱炎及前列腺炎等。在动物体内能够很快被代谢，半衰期比较短。而其呋喃妥因主要代谢物与组织蛋白结合牢固，在动物体内存留时间较长，即使是蒸煮、微波加热、烘烤等条件下也不分解。

（3）毒理信息

虽然呋喃妥因药物具有吸收快和药效好的优点，但是有研究表明，这种药物对动物机体有毒害作用，并存在潜在的致畸、致癌和致突变性作用。呋喃妥因原型药物在体内几小时内迅速代谢为 1-氨基乙内酰脲，可与体内细胞膜蛋白结合成为结合态，该结合物性质稳定，可以在体内残留数天，延缓药物在体内消除速度，普通的烹饪方法（烘烤，爆炒，蒸煮）无法使其降解，如果人类食用含呋喃妥因残留的食品后，呋喃妥因代谢物会在胃酸条件下与从蛋白上分离下来，被机体吸收，从而对机体产生毒害作用。

（4）毒性等级

高毒。

（5）最大残留限量

不得检出。

2. 存在的突出问题

此类药物具有潜在的致癌性和致突变作用，为了保证动物性食品安全和保护消费者健康，硝基呋喃类药物已在不同国家和地区被禁止用于食品动物。然而，但因其具有杀菌作用强、价格低廉等优点，动物养殖者们违法使用的现象时有发生，呋喃妥因常被作为饲料添加剂来促进动物的生长，在动物体内代谢迅速，半衰期短，代谢物 1-氨基乙内酰脲与组织蛋白结合牢固，在体内存留时间长。研究表明硝基呋喃类及其代谢物具有潜在的致畸性和致突变性，许多国家畜牧业领域已禁止此类药物使用。但一些人在经济利益等驱使下，违法使用的现象仍有发生。

3. 管理情况

（1）国内管理情况

2002 年，中华人民共和国农业部公告第 193 号中明确禁止使用呋喃唑酮和呋喃它酮等硝基呋喃类抗生素，并且规定在动物性食品中不得检出。2003 年，我国又对水产品中的硝基呋喃代谢物进行相关的监控和规定。2019 年，中华人民共和国农业农村部发布公告第 250 号，规定食品动物中禁止使用硝基呋喃类药物。

（2）境外管理情况

自 1995 年以来，欧盟禁止在食用性动物中使用硝基呋喃类。2004 年，美国也禁止了呋喃唑酮和呋喃西林的使用。

（六十二）呋喃唑酮

1. 基本信息

中文通用名称：呋喃唑酮。

英文通用名称：furazolidone。

化学名称：3-(5-硝基糠醛缩氨基)-噁唑烷酮。

CAS 号：67-45-8。

（1）理化性质

分子式：$C_8H_7N_3O_5$。

分子量：225.158 3。

化学结构式：

性状：黄色粉末或结晶性粉末，无臭，初无味后微苦，极微溶于水及乙醇。

熔点：255~259 ℃。

沸点：366.66 ℃。

相对密度：1.540 6 g/cm³（20 ℃）。

溶解性：微溶于氯仿，不溶于乙醚，易溶于二甲基甲酰胺及硝基甲烷中。

（2）作用方式与用途

呋喃唑酮是一种硝基呋喃类抗生素，可用于治疗细菌和原虫引起的痢疾、肠炎、胃溃疡等胃肠道疾患。对常见的革兰氏阴性菌和阳性菌有抑制作用，包括沙门菌属、志贺菌属、大肠杆菌、肺炎克雷伯菌、肠杆菌属、金葡菌、粪肠球菌、化脓性链球菌、霍乱弧菌、弯曲菌属、拟杆菌属等，在一定浓度下对毛滴虫、贾第鞭毛虫也有活性。

呋喃唑酮作用机制为干扰细菌氧化还原酶从而阻断细菌的正常代谢。作为兽药使用时，呋喃唑酮对防治某些原虫病、水霉病、细菌性烂鳃、赤皮病、出血病等有良好药效。在养殖业中，呋喃唑酮可用于治疗畜禽肠道感染，如仔猪黄、白痢。在水产业中，呋喃唑酮对鲑亚目感染脑黏体虫有一定疗效。

（3）环境归趋特征

在水产养殖用药过程中存在全池泼洒的现象，这种用药方式会使药物尤其是一些降解缓慢的药物在环境中大量残留。硝基呋喃类药物对光敏感，代谢快速，但其代谢物在环境中的存留时间较长。环境水体中呋喃唑酮自然光降解快速，初始浓度越大，酸度越高，自然光降解速度越慢，微生物会加速其降解。同时，比较自然光和紫外灯光光源的不同，结果显示，呋喃唑酮在紫外灯下远比太阳光下的降解速度小。

（4）毒理信息

呋喃唑酮的毒性主要表现诱癌性、致突变作用、繁殖毒性、心脏毒性、干扰内分泌活动和氧化还原系统。呋喃唑酮有一定的副作用，如引起视神经炎、药疹、精神障碍等，且长期摄入会产生毒性反应，引起人体的各种疾病。

呋喃唑酮，最初在我国应用于消化性溃疡病的治疗，之后被广泛应用于牲畜（家禽、猪和牛）、水产养殖（鱼和虾）和蜂群中，以预防和治疗由大肠杆菌和沙门氏菌引起的各种胃肠感染、家禽霍乱等，也作为家畜生长促进剂。然而，1969 年，Morris 等将硝基呋喃衍生物以 0.1%~0.3% 的水平添加在雌性大鼠的饲料中，结果显示出致癌活性长达 44.5 周。此外，该药物严重影响肠黏膜的增殖，荷尔蒙的产生和释放，还会造成人体肝细胞 DNA 的损伤和凋亡，对人体有潜在的致癌、致畸和致突变副作用。

（5）毒性等级

中等强度致癌性。

（6）最大残留限量

不得检出。

2. 存在的突出问题

呋喃唑酮作为一种广谱抗生素被广泛地用于治疗大肠埃希菌和沙门氏菌属引起的胃肠道感染，并作为牛，猪和家禽的生长促进剂。然而，有研究表明该药物的代谢物对人体有潜在的致癌、致畸和致突变等副作用。欧盟、美国和我国等已经先后禁止此类药物的使用。但是由于这种药物抗菌谱广，价格低廉，治疗效果较好，仍经常被不法分子滥用。

3. 管理情况

（1）国内管理情况

中华人民共和国农业部 1997 年规定呋喃唑酮在动物性食品中为零残留（农牧〔1997〕7 号），2002 年 3 月发布《食品动物禁用的兽药及其它化合物清单》将呋喃唑酮列为禁用药。2019 年，中华人民共和国农业农村部发布公告第 250 号，规定食品动物中禁止使用硝基呋喃类药物。

（2）境外管理情况

1995 年，欧盟禁止呋喃唑酮用于食品动物，随后美国、日本、澳大利亚等国均取消呋喃唑酮在畜禽生产上的使用。2002 年 FDA 公布了禁止在进口动物源性食品中使用的 11 种药物名单，其中包括呋喃唑酮。

（六十三）呋喃它酮

1. 基本信息

中文通用名称：呋喃它酮。

英文通用名称：furaltadone。

化学名称：2-氨基-3-(5-亚甲基硝基呋喃)-5-甲基吗啉烷酮。

CAS 号：139-91-3。

（1）理化性质

分子式：$C_{13}H_{16}N_4O_6$。

分子量：324.29。

化学结构式：

性状：人工合成的黄色结晶粉末。

熔点：206 ℃。

沸点：462.63 ℃。

相对密度：1.304 6 g/cm³（20 ℃）。

溶解性：难溶于水，其钠盐易溶于水，其水溶液不稳定。

（2）作用方式与用途

呋喃它酮药物抗菌谱较广，对大多数革兰氏阳性菌、阴性菌均有抗菌作用，如金黄色葡萄球菌、大肠杆菌、化脓性链球菌等。本品内服后在肠道不易吸收，故主要用于肠道感染，也可用于球虫病、火鸡黑头病的治疗。

（3）环境归趋特征

在水产养殖用药过程中存在全池泼洒的现象，这种用药方式会使药物尤其是一些降解缓慢的药物在环境中大量残留。硝基呋喃类药物对光敏感，代谢快速，但其代谢物在环境中的存留时间较长。呋喃它酮对光敏感，禽畜用药后在动物机体内仅仅有几小时的半衰期，所以检测样品时不能检测到原药，但其代谢产物在动物组织中残留时间长，以共价结合蛋白的形态可在体内残留数周，甚至可传给后代。

（4）毒理信息

毒性作用：大剂量或长时间用硝基呋喃类药物均能对畜禽产生毒性作用，其中以呋喃西林的毒性最大，呋喃唑酮的毒性最小。在硝基呋喃类药物中，以呋喃西林对家禽的毒性作用最常见，尤其是雏鸭和雏鸡，兽医临床上经常出现有关猪、鸭、羊、鸽子等呋喃唑酮中毒的事件报道。

"三致"（致癌、致畸、致突变）：呋喃它酮为强致癌性药物，呋喃唑酮具中等强度致癌性。通过对小白鼠和大白鼠的毒性研究表明，呋喃唑酮可以诱发乳腺癌和支气管癌，并且有剂量反应关系；高剂量饲喂食用鱼和观赏鱼，可诱导鱼的肝脏发生肿瘤；繁殖毒性结果表明，呋喃唑酮能减少精子的数量和胚胎的成活率。硝基呋喃类化合物是直接致突变剂，它不用附加外源性激活系统就可以引起细菌的突变。

代谢产物有危害：硝基呋喃类药物在体内代谢迅速，代谢的部分化合物分子与细胞膜蛋白结合成为结合态，结合态可长期保持稳定，从而延缓药物在体内的消除速度。这些代谢物可以在弱酸性条件下从蛋白质中释放出来，因此，当人类吃了含有硝基呋喃类残留的食品，这些代谢物就可以在人体胃液的酸性条件下从蛋白质中释放出来，被人体吸收而对人类健康造成危害。动物肝脏为主要的药物代谢器官，蛋白质结合态的残留药物主要累积在肝脏。

（5）毒性等级

强致癌性药物。

（6）最大残留限量

不得检出。

2. 存在的突出问题

呋喃它酮属于硝基呋喃类兽药的一种，具有广谱抗菌性，能抑制和杀死多类细菌和原虫、对真菌也有抑制杀伤作用，细菌对此药物不易产生耐药性并与其他类药物之间无交叉耐药性，因而被广泛地用于水产、畜禽和蜜蜂等食源性动物的疾病预防与治疗，也用作动物饲料添加剂促生长剂。

3. 管理情况

（1）国内管理情况

2002年3月发布《食品动物禁用的兽药及其它化合物清单》将呋喃它酮列为禁用药。2019年，中华人民共和国农业农村部发布公告第250号，规定食品动物中禁止使用硝基呋喃类药物。

（2）境外管理情况

欧盟已经将硝基呋喃类药物列为A类禁用药，从1997年1月1日起禁止在动物饲料中添加任何硝基呋喃类药物，规定其在动物源性食品中的残留检测限为1.0 μg/kg。由于对呋喃唑酮蛋白结合态残留物的安全性产生怀疑，自1995年起欧盟全面规定禁止使用硝基呋喃类抗菌物质，在动物源性食品中硝基呋喃类残留物的检出限为不得检出。

2004年FDA公布了禁止在进口动物源性食品中使用的11种药物名单，其中包括呋喃西林和呋喃唑酮。目前，欧盟、美国及其他国家都对进口蜂蜜中硝基呋喃类药物残留做了非常严格的限制，要求硝基呋喃代谢物残留不得超过1.0 μg/kg。

（六十四）呋喃苯烯酸钠

1. 基本信息

中文通用名称：呋喃苯烯酸钠。

英文通用名称：sodium nifurstylenate。

化学名称：4-[2-(5-硝基-2-呋喃)乙烯]苯甲酸钠盐。

CAS号：54992-23-3。

（1）理化性质

分子式：$C_{13}H_8NNaO_5$。

分子量：281.2。

化学结构式：

（2）作用方式与用途

主要用于动物和鱼类的细菌预防和治疗中，有良好的效果。

（3）环境归趋特征

在水产养殖用药过程中存在全池泼洒的现象，这种用药方式会使药物尤其是一些降解缓慢的药物在环境中大量残留。硝基呋喃类药物对光敏感，代谢快速，但其代谢物在环境中的存留时间较长。

（4）毒理信息

毒性作用：大剂量或长时间用硝基呋喃类药物均能对畜禽产生毒性作用，其中以呋喃西林的毒性最大，呋喃唑酮的毒性最小。在硝基呋喃类药物中，以呋喃西林对家禽的毒性作用最常见，尤其是雏鸭和雏鸡，兽医临床上经常出现有关猪、鸭、羊、鸽子等呋喃唑酮中毒的事件报道。

"三致"（致癌、致畸、致突变）：呋喃它酮为强致癌性药物，呋喃唑酮具中等强度致癌性。通过对小白鼠和大白鼠的毒性研究表明，呋喃唑酮可以诱发乳腺癌和支气管癌，并且有剂量反应关系；高剂量饲喂食用鱼和观赏鱼，可诱导鱼的肝脏发生肿瘤；繁殖毒性结果表明，呋喃唑酮能减少精子的数量和胚胎的成活率。硝基呋喃类化合物是直接致突变剂，它不用附加外源性激活系统就可以引起细菌的突变。

代谢产物有危害：硝基呋喃类药物在体内代谢迅速，代谢的部分化合物分子与细胞膜蛋白结合成为结合态，结合态可长期保持稳定，从而延缓药物在体内的消除速度。这些代谢物可以在弱酸性条件下从蛋白质中释放出来，因此，当人类吃了含有硝基呋喃类残留的食品，这些代谢物就可以在人体胃液的酸性条件下从蛋白质中释放出来，被人体吸收而对人类健康造成危害。动物肝脏为主要的药物代谢器官，蛋白质结合态的残留药物主要累积在肝脏。

（5）毒性等级

高毒。

（6）最大残留限量

不得检出。

2. 存在的突出问题

呋喃苯烯酸钠属于硝基呋喃类药物，是人工合成的一种广谱抗菌药物，对动物和鱼类的细菌预防和治疗有良好效果。但是，世界卫生组织和联合国粮农组织联合报道硝基呋喃类药物具有潜在的致突变和致癌性。为保护消费者的健康，世界各国纷纷禁止硝基呋喃类药物在食品动物上的使用。然而，这些药物的违法使用现象仍然存在。

3. 管理情况

（1）国内管理情况

2002 年 3 月发布《食品动物禁用的兽药及其它化合物清单》将呋喃苯烯酸钠列为禁用药。中华人民共和国农业部公告第 235 号中规定禁止将呋喃苯烯酸钠用于食品动物。2019 年，中华人民共和国农业农村部发布公告第 250 号，规定食品动物中禁止使用硝基呋喃类药物。

（2）境外管理情况

由于对呋喃唑酮蛋白结合态残留物的安全性产生怀疑，自 1995 年起欧盟全面规定禁止使用硝基呋喃类抗菌物质，在动物源性食品中硝基呋喃类残留物的检出限为不得检出。欧盟已经将硝基呋喃类药物列为 A 类禁用药，从 1997 年 1 月 1 日起禁止在动物饲料中添加任何硝基呋喃类药物，规定其在动物源性食品中的残留检测限为 1.0 μg/kg。

（六十五）硝基酚钠

1. 基本信息

中文通用名称：硝基酚钠。

英文通用名称：sodium nitrophenoxide。

化学名称：2,4-二硝基酚钠。

CAS 号：1011-73-0。

（1）理化性质

分子式：$C_6H_3N_2NaO_5$。

分子量：206.09。

化学结构式：

性状：黄色晶体。

熔点：114~115 ℃。

沸点：312.1 ℃，760 mmHg。

溶解性：微溶于水，溶于乙醇、乙醚、苯。

（2）作用方式与用途

硝基酚钠是一种鱼、虾促生长药物添加剂，该药在国内外曾广泛用于水产养殖业中。复硝酚钠是由邻硝基酚钠、对硝基酚钠、2-甲氧基-5-硝基苯酚钠及其他助剂加工而成，具有促进生长、提高产量等作用。

（3）毒理信息

有毒。能通过皮肤和呼吸道引起中毒。早期中毒症状为嘴唇、指端等部位呈灰紫色。严重中毒者呈现溶血性黄疸出血、肝功能异常等症状。

急性毒性：

经口-大鼠，半数致死剂量（LD_{50}）为 320 mg/kg；

静脉注射-犬，半数致死剂量（LD_{50}）为 10 mg/kg。

（4）毒性等级

中等毒。

（5）最大残留限量

不得检出。

2. 存在的突出问题

硝基酚钠是 20 世纪 60 年代由日本旭化学工业株式会社最先发现的一种高效植物生长

调节剂，由对硝基酚钠、邻硝基酚钠和 5-硝基邻甲氧基苯酚钠及其助剂按一定比例混配而成。复方硝基酚钠是一种新型强力细胞赋活剂，在农业、畜牧和渔业上有广泛应用。由于复方硝基酚钠的价廉高效，使得化肥生产商在肥料生产过程中，添加少量的复方硝基酚钠，以增强其肥效，降低成本。

3. 管理情况

（1）国内管理情况

2002 年 4 月，中华人民共和国农业部公告第 193 号将其列入《食品动物禁用的兽药及其化合物清单》之中，同年中华人民共和国农业部公告第 235 号也将其列为"在动物性食品中不得检出的药物"。2019 年，中华人民共和国农业农村部发布公告第 250 号，规定食品动物中禁止使用硝基呋喃类药物。

（2）境外管理情况

美国环保局已将邻硝基苯酚、对硝基苯酚列为"优先控制污染物"。

（六十六）硝呋烯腙

1. 基本信息

中文通用名称：硝呋烯腙。
英文通用名称：difurazone。
化学名称：1,5-双-(5-硝基-2-呋喃)1,4-戊二烯-3-酮脒基腙。
CAS 号：804-36-4。

（1）理化性质

分子式：$C_{14}H_{12}N_6O_6$。
分子量：360.282。
化学结构式：

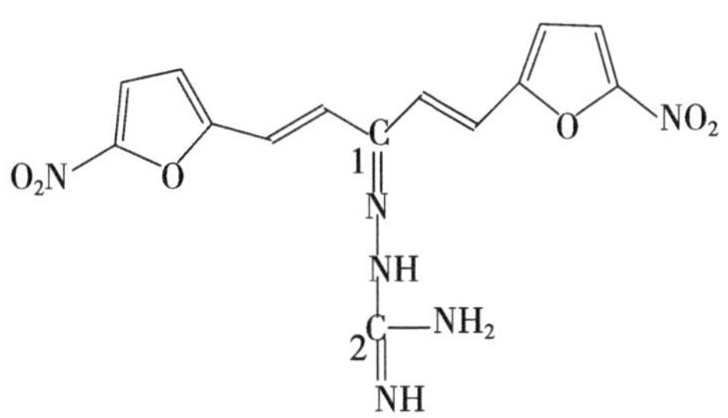

性状：暗紫色结晶。
熔点：217 ℃。
沸点：（550.3±60.0）℃，760 mmHg。
密度：（1.6±0.1）g/cm³。
蒸气压：（0.0±1.5）mmHg，25 ℃。
溶解性：溶于乙醇、二甲基亚砜、二甲基甲酰胺、吡啶及其他有机溶剂，几乎不溶于水和乙醚。

（2）作用方式与用途

硝呋烯腙，为硝基呋喃类药物中的一种。为畜禽生长促进剂，具有促旱灾生长、提高饲料转化率的作用。经过许多国家多年应用，证明有良好效果。以本品 20 mg/kg 拌饲料，从断猪开始直到上市，可增重 7%，提高饲料转化率 5%，对猪的健康、胴体质量、肉质味道均无影响。对羔羊、肉鸡也有促进生长的作用。

（3）毒理信息

急性毒性：

口服-大鼠，半数致死剂量（LD_{50}）>10 g/kg；

口服-小鼠，半数致死剂量（LD_{50}）为 6.4 g/kg。

（4）毒性等级

低毒。

（5）最大残留限量

不得检出。

2. 存在的突出问题

硝呋烯腙属于呋喃类化学合成药物，能抑制和杀灭多种病原微生物，减少动物感染疾病的机会，提高抗病能力，且有效地提高营养物质在动物消化道中的消化和吸收，从而使饲料中的营养成分能被动物充分吸收利用，提高饲料利用率。但是，由于硝呋烯腙作为抗生素药物，具有耐药性、残留和二重感染等弊端和危害。

3. 管理情况

（1）国内管理情况

2002 年被我国列为禁止使用的药物。2019 年，中华人民共和国农业农村部发布公告第 250 号，规定食品动物中禁止使用硝基呋喃类药物。

（2）境外管理情况

欧盟已于 1995 年禁止将硝基呋喃类药物应用于食用动物，动物源性食品中的硝基呋喃类残留物的检出限为不得检出。

（六十七）替硝唑

1. 基本信息

中文通用名称：替硝唑。

英文通用名称：sodium nifurstylenate。

化学名称：2-甲基-1-[2-(乙基磺酰基)乙基]-5-硝基-1H-咪唑。

CAS 号：19387-91-8。

（1）理化性质

分子式：$C_8H_{13}N_3O_4S$。

分子量：247.27。

化学结构式：

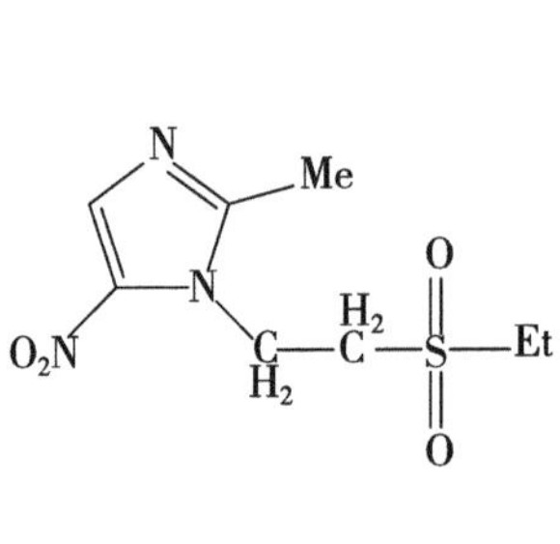

性状：近乎白色或淡黄色，结晶粉末。

熔点：117~121 ℃。

沸点：528.4 ℃，760 mmHg。

相对密度：1.43 g/cm^3。

（2）作用方式与用途

抗滴虫药。替硝唑最先在美国研制成功，是继甲硝唑后的新一代疗效更高、疗程更短、耐受性好、不良反应低的抗厌氧菌及抗滴虫的甲硝咪唑类药物。国际上广泛用于厌氧菌感染和原虫疾病的预防和治疗、优于甲硝唑。

（3）毒理信息

具有遗传毒性和致畸、致癌、致突变作用。

（4）毒性等级

急性经皮肤毒性：类别4；

急性吸入毒性：类别4；

生殖细胞致突变性：类别2；

致癌性：类别2。

（5）最大残留限量

不得检出。

2. 存在的突出问题

替硝唑是一类用于杀灭诸如阿米巴虫、贾第鞭毛虫等传染性原虫和厌氧菌的5-硝基咪唑药物。近年来，由于氯霉素、甲硝唑等常用药物均在农业生产中遭到严格禁用，替硝唑、奥硝唑等逐渐被蜂农用作替代药物，防治蜜蜂"爬蜂病"。

3. 管理情况

（1）国内管理情况

中华人民共和国农业部公告第235号明确指出，食品中禁止添加硝基咪唑类药物。2019年，中华人民共和国农业农村部公告第250号规定食品动物中禁止使用的硝基咪唑类：洛硝达唑、替硝唑。

（2）境外管理情况

2002年FDA公布了禁止在进口动物源性食品中使用11种药物，其中包括替硝唑及其他硝基咪唑类药物。

（六十八）洛硝哒唑

1. 基本信息

中文通用名称：洛硝哒唑。

英文通用名称：ronidazole。

化学名称：1-甲基-2-(氨基甲酰氧甲基)-5-硝基咪唑。

CAS号：7681-76-7。

（1）理化性质

分子式：$C_6H_8N_4O_4$。

分子量：200.15。

化学结构式：

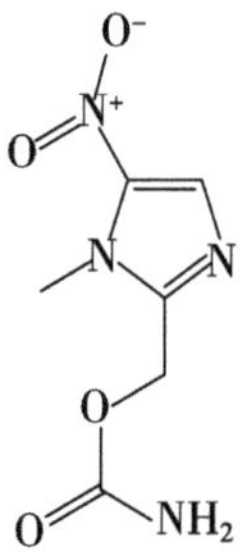

熔点：167~169 ℃。

沸点：337.86 ℃。

性状：白色粉末。

（2）作用方式与用途

洛硝哒唑是一种用于兽医的抗原生动物药。它也用于治疗猫的胎三毛滴虫感染。在体外，洛硝哒唑在>0.1 μg/mL 的浓度下能够杀死胎三毛滴虫。同时也是一种较好的生长促进剂，有增重和提高饲料转化率的作用，其稳定性及相容性较好。

（3）最大残留限量

不得检出。

2. 国内管理情况

2002 年 4 月，中华人民共和国农业部公告第 193 号将其列入《食品动物禁用的兽药及其化合物清单》之中，同年中华人民共和国农业部第 235 号公告也将其列为"在动物性食品中不得检出的药物"。2019 年，中华人民共和国农业农村部公告第 250 号，食品动物中禁止使用的硝基咪唑类：洛硝达唑、替硝唑。

（六十九）氯化亚汞

1. 基本信息

中文通用名称：氯化亚汞。

英文通用名称：mercurous chloride。

化学名称：4-[2-(5-硝基-2-呋喃)乙烯]苯甲酸钠盐。

CAS 号：10112-91-1。

（1）理化性质

分子式：Hg_2Cl_2。

分子量：472.09。

性状：白色有光泽的结晶或粉末，无气味，无味。

熔点：400 ℃。

沸点：383 ℃。

相对密度：7.15 g/cm³。

蒸气压：1.7 mmHg，236 ℃。

溶解性：不溶于水，不溶于乙醇、乙醚、稀酸，溶于浓硝酸、硫酸。

（2）作用方式与用途

主要应用于药物和农用杀虫剂、防腐剂等。

（3）环境归趋特征

汞制剂进入水体后有 3 种形态：Hg^0、Hg^+、Hg^{2+}。在水环境中，汞可发生如下迁移和转化：胶体吸附与沉积。吸附作用可使水中的汞由天然溶液转入固相而沉积于底泥或悬浮物上，底质中被吸附的汞因解析作用再迁移到水中。络合物形成与溶解迁移，在富含氧的淡水中，汞主要以 $Hg(OH)^+$、$Hg(OH)_2$ 和 $HgCl_2$ 的形式存在，从而大大提高了汞化合物的溶解度及水迁移能力。汞的甲基化作用，水中 Hg^{2+} 经过微生物富集作用，转变为有剧毒的甲基汞。水环境中只有某些低等藻类具有分解甲基汞的能力。汞的生物富集作用，水及底质中的无机汞或有机汞均可被水生生物吸收而富集，汞在水生生物体内富集后，不能随代谢排出体外，且在水生生物中逐级累积，通过食物链转移到人体富集后对人体产生危害。作用过程是 Hg^{2+} 可与蛋白质中的巯基结合，破坏酶的活性，元素汞和甲基汞可迅速蓄积在脑组织中，损害脑组织；大量蓄积在肝和肾脏中，对身体造成损害。

（4）毒理信息

健康危害：吸入后引起胸痛、胸部紧束感、咳嗽、呼吸困难、蛋白尿等，可致死。对眼和皮肤有刺激性。摄入可致急性胃肠炎、中枢神经系统抑制、肾损害，可致死。

慢性中毒：长期接触可在脑、肝和肾中蓄积。中毒后出现头痛、记忆力下降、震颤、牙齿脱落、食欲不振。可引起皮肤损害。

急性毒性：

大鼠-静脉注射，半数致死剂量（LD_{50}）为 17 mg/kg；

大鼠-经口，半数致死剂量（LD_{50}）为 210 mg/kg。

（5）毒性等级

剧毒。

（6）最大残留限量

不得检出。

2. 存在的突出问题

氯化亚汞也被用作杀真菌剂、泻剂、防腐剂、利尿剂等。如果用含汞废水灌溉或不合理地使用违禁含汞农药、渔药，会使农作物和水产品中汞含量增高，并通过食物链的逐步富集最终危害到人类的健康。

3. 国内管理情况

根据中华人民共和国农业部公告第 235 号，以上几类汞杀虫剂被禁止使用。2019 年，中华人民共和国农业农村部公告第 250 号规定，食品动物中禁止使用汞制剂：氯化亚汞（甘汞）、醋酸汞、硝酸亚汞、吡啶基醋酸汞。

4. 替代产品情况

汞制剂虽然在治疗淡水鱼小瓜虫病方面有较好疗效，但因其对人的健康危害大，于 2002

年5月我国已禁止使用。目前可用下列方法替代汞制剂治疗小瓜虫病，辣椒、生姜，每立方米水体放辣椒粉0.8~1.2 g和生姜1.5~2.2 g，先粉碎、加水煮30 min后，连渣带汁全池遍洒，每天泼1次，连泼2~3次；阿维菌素（灭虫雷）100 g/(亩·m)，遍洒，连用2次。

（七十）硝酸亚汞

1. 基本信息

中文通用名称：硝酸亚汞。

英文通用名称：mercury（I）nitrate。

化学名称：4-[2-(5-硝基-2-呋喃)乙烯]苯甲酸钠盐。

CAS号：10415-75-5。

（1）理化性质

分子式：$Hg_2（NO_3）_2$。

分子量：525.19。

性状：白色单斜晶体。

熔点：70 ℃时分解。

相对密度：4.8 g/cm^3。

溶解性：略溶于水，会产生水解反应。溶于稀硝酸。不溶于乙醇、氨水和乙醚。

（2）作用方式与用途

用作通用分析试剂及氧化剂、鱼类防白点病等。长吻鮠对硝酸亚汞极为敏感，故浸泡时间要准确。白点病不能用硫酸铜或食盐治疗。硫酸亚汞不能用金属器皿称量，存装泼洒，不宜高温加热；测量水体、计算药量要准确；施药人员应戴防护用具。硝酸亚汞因药性较烈，用药时应注意一次性使用，若重复用药，会引起鱼的各鳍腐烂。

（3）环境归趋特征

同氯化亚汞。

（4）毒理信息

有毒，吸入或与皮肤接触时有极毒，并有蓄积性危害。

（5）毒性等级

剧毒。

（6）最大残留限量

不得检出。

2. 存在的突出问题

硝酸亚汞是一种水产养殖上治疗小瓜虫病和水霉病的鱼药，同类的含汞杀虫剂还有氯化亚汞、醋酸汞、吡啶基醋酸汞等。对人、畜有毒性，汞剂又易在人、鱼、畜体内积累，有损人体健康。

3. 国内管理情况

根据中华人民共和国农业部公告第235号，以上几类汞杀虫剂被禁止使用。2019年，中华人民共和国农业农村部公告第 250 号规定，食品动物中禁止使用汞制剂：氯化亚汞（甘汞）、醋酸汞、硝酸亚汞、吡啶基醋酸汞。

4. 替代产品情况

同氯化亚汞。

（七十一）　醋酸汞

1. 基本信息

中文通用名称：醋酸汞。

英文通用名称：mercuric acetate。

化学名称：4-[2-(5-硝基-2-呋喃)乙烯]苯甲酸钠盐。

CAS 号：54992-23-3。

（1）理化性质

分子式：$C_4H_6HgO_4$。

分子量：259.633 5。

化学结构式：

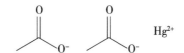

性状：无色或白色结晶，暴露在空气中颜色变深，加热则分解变成黑色。

熔点：178~180 ℃。

相对密度：3.27 g/cm³。

溶解性：微溶于水，溶于稀酸，不溶于乙醇、乙醚。

（2）作用方式与用途

主要应用于药物和农用杀虫剂、防腐剂等。

（3）环境归趋特征

同氯化亚汞。

对水是极其危害的，即使是小量的。不要让该产品接触地下水，水道污水系统，即使是小量该产品渗入地下水也会对饮用水造成危险，对水中的鱼类和浮游生物也有毒害。对水中有机物质有剧毒。

急性毒性：

小鼠-口服，半数致死剂量（LD_{50}）为 150 mg/kg；

小鼠-腹膜，半数致死剂量（LC_{50}）为 10 200 mg/kg；

大鼠-口服，半数致死剂量（LD_{50}）为 175 mg/kg；

大鼠-皮上，半数致死剂量（LD_{50}）为 960 mg/kg。

（4）毒性等级

剧毒。

（5）**最大残留限量**

不得检出。

2. 存在的突出问题

汞制剂对水是极其危害的，即使是小量的。不要让该产品接触地下水，水道污水系统，即使是小量该产品渗入地下水也会对饮用水造成危险，对水中的鱼类和浮游生物也有毒害。对水中有机物质有剧毒。若无政府许可，勿将材料排入周围环境。

3. 国内管理情况

根据中华人民共和国农业部第 235 号公告，以上几类汞杀虫剂被禁止使用。2019 年，中华人民共和国农业农村部第 250 号公告规定，食品动物中禁止使用汞制剂：氯化亚汞（甘汞）、醋酸汞、硝酸亚汞、吡啶基醋酸汞。

4. 替代产品情况

同氯化亚汞。

（七十二） 吡啶基醋酸汞

1. 基本信息

中文通用名称：吡啶基醋酸汞。

英文通用名称：pyridyl mercurous acetate。

化学名称：4-[2-(5-硝基-2-呋喃)乙烯]苯甲酸钠盐。

化学结构式：

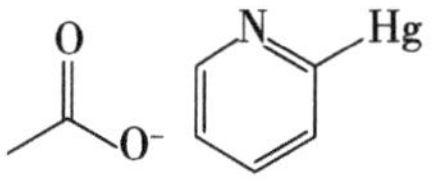

（1）**作用方式与用途**

应用于水产养殖的杀虫剂。

（2）**环境归趋**

同氯化亚汞。

（3）**毒理信息**

具有致癌性。

（4）**毒性等级**

剧毒。

（5）**最大残留限量**

不得检出。

2. 存在的突出问题

氯化亚汞（甘汞）、硝酸亚汞、醋酸汞、吡啶基醋酸汞等汞制剂是农业部发布公告禁止用于畜禽、水产养殖的药物。吡啶基醋酸汞以前常用作杀虫剂。这类汞制剂中含有"孔雀石绿"，以前在水产养殖中使用较广，孔雀石绿是人工合成的有机化合物，具有高残留和致癌等副作用，是无公害水产养殖领域国家明令禁止添加。

3. 国内管理情况

根据中华人民共和国农业部公告第 235 号，以上几类汞杀虫剂被禁止使用。2019 年，中华人民共和国农业农村部公告第 250 号规定，食品动物中禁止使用汞制剂：氯化亚汞（甘汞）、醋酸汞、硝酸亚汞、吡啶基醋酸汞。

4. 替代产品情况

同氯化亚汞。

（七十三）　氨苯砜

1. 基本信息

中文通用名称：氨苯砜。
英文通用名称：dapsone。
化学名称：4,4′-磺酰基双苯胺。
CAS 号：80-08-0。

（1）理化性质
分子式：$C_{12}H_{12}N_2O_2S$。
分子量：248.31。
化学结构式：

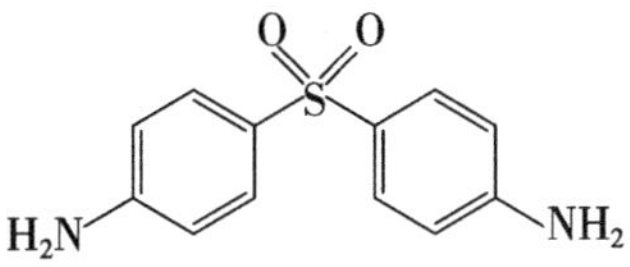

性状：白色或类白色的结晶或结晶性粉末，无臭，味微苦。
熔点：176 ℃。
相对密度：1.33 g/cm^3。
溶解性：不溶于水，溶于丙酮、醇。

（2）作用方式与用途
本品与其他抑制麻风药联合用于由麻风分枝杆菌引起的各种类型麻风和疱疹样皮炎的治疗，也用于脓疱性皮肤病、类天疱疮、坏死性脓皮病、复发性多软骨炎、环形肉芽肿、系统性红斑狼疮的某些皮肤病变、放线菌性足分支菌病、聚会性痤疮、银屑病、带状疱疹的治疗。光照易分解。

（3）毒理信息
常见的反应有厌食、恶心、呕吐，偶见头痛、头晕、心动过速等。血液系统反应，有白细胞减少粒细胞缺乏、贫血，应定期查血象。偶见中毒性肝炎，应定期检查肝功能、肝功能不全者慎用。中毒性精神病、周围神经炎等也偶发生。有精神病史者慎用。

急性毒性：

经口-大鼠，半数致死剂量（LD_{50}）为 1 000 mg/kg；

经口-小鼠，半数致死剂量（LD_{50}）为 250 mg/kg；

腹腔-大鼠，半数致死剂量（LD_{50}）为 196 mg/kg；

经皮-兔，半数致死剂量（LD_{50}）>4 000 mg/kg。

（4）毒性等级

中等毒。

（5）最大残留限量

不得检出。

2. 存在的突出问题

氨苯砜属砜类抑菌剂，为治疗麻风病的首选药物，N-乙酰氨苯砜是氨苯砜的主要代谢产物，由于其与磺胺类药物具有协同增效作用，在动物和水产养殖中曾作为磺胺增效剂使用。然而氨苯砜毒性较高，常见的毒性反应为血液系统的反应，可出现高铁血红蛋白血症和溶血性贫血。

3. 管理情况

（1）国内管理情况

2002 年，中华人民共和国农业部公告第 235 号明确规定禁止以任何用途将氨苯砜用于食品动物。2019 年，中华人民共和国农业农村部发布公告第 250 号，规定食品动物中禁止使用氨苯砜药物。

（2）境外管理情况

1997 年，欧盟 2377/90 条例中明确规定氨苯砜为禁用药物。

（七十四）盐酸可乐定

1. 基本信息

中文通用名称：盐酸可乐定。

英文通用名称：clonidine hydrochloride。

化学名称：2-(2,6-二氯苯胺基)-2-咪唑啉盐酸盐。

CAS 号：4205-91-8。

（1）理化性质

分子式：$C_9H_{10}Cl_3N_3$。

分子量：266.55。

化学结构式：

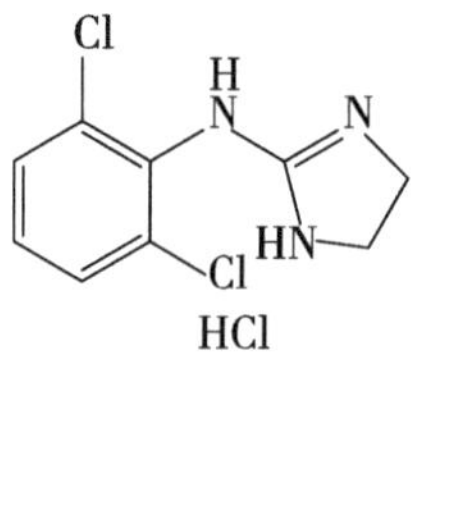

HCl

性状：白色结晶状粉末。

熔点：312 ℃。

闪点：240.3 ℃。

沸点：537.3 ℃ at 760 mmHg。

水溶解性：<0.1 g/100 mL at 23 ℃。

溶解性：微溶于水、乙醇，溶于热水、甲醇、碱液。

（2）作用方式与用途

盐酸可乐定是 α 受体激动剂，直接激动下丘脑及延脑的中枢突触后膜 α2 受体，使抑制性神经元激动，减少中枢交感神经冲动传出，从而抑制外周交感神经活动。可乐定还激动外周交感神经突触前膜 α2 受体，增强其负反馈作用，减少末梢神经释放去甲肾上腺素，降低外周血管和肾血管阻力，减慢心率，降低血压。肾血流和肾小球滤过率基本保持不变。直立性症状较轻、较少见或很少发生。盐酸可乐定使卧位心排血量中度（15%～20%）减少，而不改变周围血管阻力。临床研究证实盐酸可乐定降低血浆肾素活性、减少醛固酮及儿茶酚胺分泌，但这些药理作用与抗高血压作用的确切关系并不完全清楚。急性使用盐酸可乐定刺激儿童和成人的生长激素释放，但长期使用不引起生长激素水平持续增高。盐酸可乐定可以治疗偏头疼、痛经及绝经期潮热，但其治疗机制不明，可能通过稳定周围血管发挥作用。可能通过抑制脑内 α 受体活性戒阿片瘾。致癌、致突变及生殖毒性小鼠服用 32～46 倍人体最大推荐剂量的盐酸可乐定 132 周，无致癌事件。3 倍于人体最大推荐剂量的盐酸可乐定对兔子无致畸作用，无红细胞毒性作用。盐酸可乐定 150 μg/kg 或约 3 倍于人体最大推荐剂量时不影响雄性或雌性小鼠的繁殖能力；但 500～2 000 μg/kg 或 10～40 倍人体最大推荐剂量，影响雌性小鼠繁殖能力。

（3）毒理信息

急性毒性：

口服-大鼠，半数致死剂量（LD_{50}）为 91.2 mg/kg；

口服-小鼠，半数致死剂量（LD_{50}）为 126 mg/kg。

（4）毒性等级

高毒。

（5）最大残留限量

不得检出。

2. 存在的突出问题

将可乐定添加于饲料中，可以促进猪的生长，并提高瘦肉率，可乐定也有一定的刺激食欲的作用，因此，国内有发现畜产品养殖者将此种药物添加于饲料中，这无疑会给人类的健康带来危害。

3. 国内管理情况

中华人民共和国农业部于 2010 年 12 月 27 日发布公告第 1519 号，禁止在饲料和动物饮水中使用盐酸可乐定和盐酸赛庚啶。

<h1 style="text-align:center">（七十五）盐酸赛庚啶</h1>

1. 基本信息

中文通用名称：盐酸赛庚啶。

英文通用名称：antimony potassium tartrate。

化学名称：1-甲基-4-(5H-二苯并[a,d]环庚三烯-5-亚基)哌啶盐酸盐。

CAS 号：41354-29-4。

（1）理化性质

分子式：$C_{21}H_{21}N \cdot HCl$。

分子量：323.86。

化学结构式：

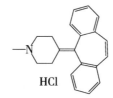

性状：白色至略淡黄色结晶固体。

熔点：165 ℃。

闪点：194.5 ℃。

沸点：440.1 ℃，760 mmHg。

水溶解性：<0.1 g/100 mL，23 ℃。

溶解性：可溶于水，易溶于甲醇，微溶于乙醇，不溶于氯仿，几乎不溶于乙醚中。

（2）作用方式与用途

盐酸赛庚啶又称二苯环庚啶，偏痛定、乙苯环庚啶、安替根，是一种六氢吡啶类抗组胺药，可与组织中释放出来的组胺竞争效应细胞上的 H1 受体，从而阻止过敏反应的发作，解除组胺的致痉 Chemicalbook 和充血作用，本品具有较强的 H1 受体拮抗作用，抗组胺作用比扑尔敏、异丙嗪强。有轻、中度的抗 5-羟色胺作用及抗胆碱作用。此外，尚有刺激食欲的作用，服一定时间后可见体重增加。

（3）毒理信息

急性毒性：口服-大鼠，半数致死剂量（LD_{50}）为 295 mg/kg。

（4）毒性等级

不得检出。

（5）最大残留限量

2. 存在的突出问题

将赛庚啶添加于饲料中，可以促进猪的生长，并提高瘦肉率，赛庚啶也有一定的刺激食欲的作用，因此，国内有发现畜产品养殖者将此种药物添加于饲料中，这无疑会给人类的健康带来危害。

3. 国内管理情况

中华人民共和国农业部于 2010 年 12 月 27 日发布公告第 1519 号，禁止在饲料和动物饮水中使用盐酸可乐定和盐酸赛庚啶。

（七十六）碘化酪蛋白

1. 基本信息

中文通用名称：碘化酪蛋白。
英文通用名称：thyroid。
CAS 号：8028-36-2。

（1）理化性质

分子式：$C_{15}H_{10}I_4NNaO_4$。
分子量：763。
化学结构式：

性状：棕黄色粉末。

溶解性：不溶于水，可溶于碳酸氢钠、碳酸钠和氢氧化钠等碱性溶液，但随着溶液酸性的增强至 pH 值 4.0 左右时，碘化酪蛋白会从溶液中沉淀析出。

（2）作用方式与用途

碘化酪蛋白是早在 20 世纪 50 年代由美国农业技术开发公司研制成功的一种添加剂。它由天然优质的酪蛋白经加碘处理，使碘结合在具有独特三级结构酪蛋白的酪氨酸分子上而生成的。碘化酪蛋白是甲状腺素的前驱物质，具有类似甲状腺素的生理作用，故称为类甲状腺素。它进入动物机体后具有以下几方面的作用：参与机体内的物质代谢。如加强脂肪、糖和蛋白质的代谢；增强毛细血管的渗透性，使肾的排泄功能加强；促进幼畜的生长发育。

用途：饲料添加剂，碘化酪蛋白作为饲料添加剂使用始于 20 世纪 40 年代，但随着激素类药物作为饲料添加剂在我国全面停止使用。碘化酪蛋白对光照不敏感，对热的稳定性较强，在潮湿环境中吸湿性强。

（3）毒理信息

碘化酪蛋白对小白鼠急性毒性耐受量大于 8 g/kg。

（4）毒性等级

低毒。

（5）最大残留限量

不得检出。

2. 存在的突出问题

碘化酪蛋白作为饲料添加剂，虽然具有调节动物生长发育、促进产奶、产蛋、降低体脂和促进鸟换羽等积极作用，然而，在长期的使用过程中，碘化酪蛋白作为饲料添加剂的诸多弊端，表现在甲状腺毒性，研究显示，饲料中添加碘化酪蛋白，动物甲状腺会发生萎缩，使其功能受到抑制；依赖性。碘化酪蛋白在使用初期会增加奶牛的产奶量，但随着时间的延长奶牛的产奶量与不饲喂碘化酪蛋白的奶牛相比，产奶量反而会下降，无论前期还是后期，一旦撤出碘化酪蛋白，产奶量都会急剧下降；碘化酪蛋白使用后，动物体内过高水平的甲状腺激素 t_3、t_4 易给动物健康带来一些不好预测的危害，对畜产品安全有潜在隐患。

3. 国内管理情况

2002 年被中华人民共和国农业部公告第 176 号列入禁止在饲料和动物饮用水中使用的药物。

（七十七）万古霉素

1. 基本信息

中文通用名称：万古霉素。
英文通用名称：vancomycin。
CAS 号：1404-93-9。

（1）理化性质

分子式：$C_{66}H_{76}Cl_3N_9O_{24}$。

分子量：1 485.71。

化学结构式：

性状：近乎白色粉末。

熔点：>190 ℃。

相对密度：1.65 g/cm³。

（2）作用方式与用途

万古霉素是一种糖肽类抗生素，其作用机制是以高亲和力结合到敏感细菌细胞壁前体肽聚末端的丙氨酰丙氨酸，阻断构成细菌细胞壁的高分子肽聚糖合成，导致细胞壁缺损而杀灭细菌。

万古霉素主要用在4个方面的感染治疗：一是耐药菌感染的治疗；二是用在难辨梭菌酿成的抗生素耐药性的伪膜性肠炎的治疗；三是用于治疗结肠炎和肠道炎症；四是用于安装心脏导管、静脉导管等装置时的预防感染。万古霉素可以单独用药，也可以联合用药。可抑制细菌细胞壁的合成，对金黄色葡萄球菌、化脓链球菌、肺炎链球菌等作用强，对难辨梭状芽孢杆菌、炭疽杆菌、白喉杆菌等作用也良好。万古霉素与其他抗生素无交叉耐药性，极少耐药菌株。主要用于心内膜炎、败血症、伪膜性肠炎等。

（3）环境归趋特征

不规范使用药物添加到动物饲料及过量的用于动物疾病预防控制致使万古霉素和去甲万古霉素在动物体内沉积，并在副产品中形成残留。由于抗生素在动物体内无法完全吸收，很容易随着排泄物进入到生态环境中。全球大部分农户都喜欢用动物的排泄物做肥料施入土壤中用于增加植物营养，一旦排泄物中残存着未分解的抗生素并蓄积到土壤中，势必会造成环境污染，附近的动物和植物都会受到影响，如蜜蜂长期采集受污染区的花粉，则极容易造成蜂制品污染。

（4）毒理信息

万古霉素在体内停留期不长，且90%以上的用量都经肾脏随尿液排出，肾脏功能异常的患者代谢药物的能力会下降且极容易造成肾脏损伤。

（5）毒性等级

皮肤致敏物，类别1。

（6）最大残留限量

不得检出。

2. 存在的突出问题

万古霉素抗生素作为强效抗菌的保留药物被违规作用于食用动物体内，直接影响了动物源性食品的质量安全，食用有安全隐患的食物，极容易危害到人类的健康。同时，由于万古霉素及去甲万古霉素的滥用导致其耐受细菌的数量也有所增加，这对疾病的预防和治疗造成了极大隐患。

3. 管理情况

（1）境内管理情况

自2005年首次将万古霉素和去甲万古霉素列为禁用兽药。国内管理情况。2010年，国家食安办将这2种抗生素作为违规使用物质列入"可能非法添加的非食用物质"名单中。2019年中华人民共和国农业农村部公告第250号规定：食品动物中禁止使用万古霉素及其盐、酯。

（2）境外管理情况

美国自 1997 年开始就明令禁止将万古霉素用于牲畜养殖。

（七十八）氯霉素

1. 基本信息

中文通用名称：氯霉素。

英文通用名称：chloroamphenicol。

化学名称：D-苏式-(-)-N-[α-(羟基甲基)-β-羟基-对硝基苯乙基]-2,2-二氯乙酰胺；(1R,2R)-N-[α-(羟基甲基)-β-羟基-对硝基苯乙基]-2,2-二氯乙酰胺。

CAS 号：56-75-7。

（1）理化性质

分子式：$C_{11}H_{12}Cl_2N_2O_5$。

分子量：323.129 4。

化学结构式：

性状：白色针状或微带黄绿色的针状、长片状结晶或结晶性粉末；味苦。

熔点：149~153 ℃。

闪点：（294.4±32.9）℃。

相对密度：（1.6±0.1）g/cm^3。

蒸气压：（0.0±1.6）mmHg，25 ℃。

溶解度：2.5 g/L（25 ℃），略溶于丙二醇（150.8 mg/mL）。易溶于甲醇、乙醇、丁醇、乙酸乙酯、丙酮，不溶于乙醚、苯、石油醚。在干燥时稳定，在弱酸性和中性溶液中较安定，煮沸也不见分解，遇碱类易失效。

（2）作用方式与用途

氯霉素最初是从委内瑞拉链丝菌的培养液中提取制得，1948 年，其结构被确定，并成为第一种完全由人工合成的抗生素，可抑制蛋白质的合成，对革兰氏阴性和阳性菌均有抑制作用，尤其对伤寒、副伤寒杆菌作用更强；其次为大肠杆菌、变形杆菌、痢疾杆菌、流感杆菌、沙门氏菌、布氏杆菌、巴氏杆菌、克雷伯氏杆菌、胎弧菌和百日咳杆菌等，对部分衣原体、立克次氏体有作用。

氯霉素的抗菌作用机理在于抑制菌体蛋白的合成，它作用于核蛋白 50s 亚基上的肽基转移酶，使肽链不能向新附着的氨基酸上转移，因而使肽链延长受到抑制，同时能特异的阻止 mRNA 和敏感的核蛋白结合。由于哺乳动物的核蛋白体与细菌不同，是由 40s 亚基和 60s 亚基组成的 80s 核蛋白体，氯霉素对此核蛋白体无作用，故氯霉素对哺乳动物蛋白质的合成无作用。

（3）体内代谢特征

氯霉素口服后吸收迅速而完全，可广泛分布至全身各组织和体液中，脑脊液中分布浓度较其他抗生素均高，口服生物利用度为 75%~90%。口服后半小时，在血液中可达有效浓度，2~3 h 达高峰。一次口服 0.5 g、1 g 和 2 g 后，2 h 血药浓度分别可达 4 mg/L、8~10 mg/L 和 16~21 mg/L。一日 1~2 g，分 4 次口服，可使血中长期保持 5~10 mg/L 的有效抑菌浓度。静注后，平均血药浓度与口服相同剂量时相似。肌注后吸收缓慢而不规则，血药浓度仅为口服同量的 50%，但维持时间较久。血浆蛋白结合率为 50%~60%。半衰期为 2~3 h，新生儿的半衰期显著高于成人，2 岁以下者约为 24 h，2~4 岁约为 12 h。本品吸收后广泛分布于全身各组织和体液，以肝、肾中含量最高，其次为肺、脾、心肌、肠和脑等。胆汁中含量低，约为血中浓度的 20%~50%，也可进入胸腔积液、腹水、乳汁、胎儿循环及眼部各组织。可透过血脑屏障到达脑脊液中，正常脑脊液中浓度可达血中浓度的 20%~50%，炎症时可达 50%~100%。主要在肝脏代谢，与葡萄糖醛酸结合而失活，约 75%~90% 的代谢物在 24 h 内经尿排出，其中 5%~15% 为原形药。口服 1 g 后，尿中浓度为 70~150 mg/L。严重肝病患者，半衰期可延长，由于肝内代谢减少，可由蓄积而引起中毒。

（4）毒理信息

急性毒性：

经口-大鼠，半数致死剂量（LD_{50}）为 2 500 mg/kg；

腹膜内的-大鼠，半数致死剂量（LD_{50}）为 1 811 mg/kg；

腹膜内的-小鼠，半数致死剂量（LD_{50}）为 1 100 mg/kg。

（5）毒性等级

中等毒。

急性毒性，经口，类别 5。

致癌性，类别 1B。

（6）最大残留限量

不得检出。

2. 存在的突出问题

由于氯霉素的抑菌效果好，价格低，仍有部分养殖者在动物源性食品的生产中违规使用。由于对治疗食品动物传染性疾病有较好的效果，在缺少有效替代药品的前提下，一些养殖生产企业在生产过程中违法使用是造成动物源性食品中氯霉素残留的直接原因。少数饲料生产企业在饲料生产过程中违法添加氯霉素，而食品动物生产企业在不知情的情况下使用了此类饲料，也是造成氯霉素残留的一个间接原因。

3. 管理情况

（1）国内管理情况

中华人民共和国农业部已将氯霉素从 2000 年版的《中国兽药典》中删除，并作为禁用药品，规定在动物性食品中禁止有其残留，中华人民共和国农业部公告第 235 号《动物性食品中兽药最高残留限量》中禁止氯霉素使用，在所有动物可食性组织中禁止检出。2019 年，中华人民共和国农业农村部发布公告第 250 号，规定食品动物中禁止使用氯霉素。

（2）境外管理情况

因氯霉素的毒副作用较大，联合国粮农组织、欧盟、美国均明确规定在食用动物中禁止使用氯霉素。

（七十九）卡巴氧

1. 基本信息

中文通用名称：卡巴氧。

英文通用名称：carbadox。

化学名称：N,N′-二氧化甲基(2-喹喔啉基亚甲基)肼羧酸酯。

CAS 号：6804-07-5。

（1）理化性质

分子式：$C_{11}H_{10}N_4O_4$。

分子量：262.22。

化学结构式：

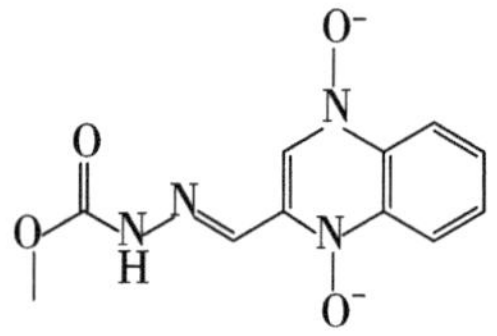

熔点：239~240 ℃。

沸点：405.47 ℃。

相对密度：1.360 2 g/cm^3。

（2）作用方式与用途

卡巴氧是喹喔啉类生长促进剂中代性品种。卡巴氧抗菌谱较广，对革兰氏阴性菌（例如大肠杆菌、沙门氏杆菌、志贺氏菌及变形杆菌）特别敏感；对革兰氏阳性菌（例如葡萄球菌、链球菌）的最小抑菌浓度也优于金霉素，因而卡巴氧能有效控制猪赤痢脏乱细菌性下痢。卡巴氧具有蛋白同化作用，对促进猪的生长及改善饲料转化率具有显著的效果。

（3）毒理信息

卡巴氧具有较强的致突变、致癌作用。

（4）毒性等级

高毒。

（5）最大残留限量

不得检出。

2. 存在的突出问题

卡巴氧是化学合成的具有喹喔啉-1,4-二氮氧结构的化合物，曾作为动物专用药，促进蛋白质同化，增加瘦肉率，促进畜禽生长以及提高饲料转化率，广泛用于猪、牛、鸡、羊等促进生长、抗菌治病和水生动物疾病的防治。但是毒理学研究表明，卡巴氧和喹乙醇具有致癌、致畸等毒性。但是卡巴氧价格便宜，使用尚不规范，由此在动物体内造成蓄积残留，严重危害消费者的健康。

3. 管理情况

（1）国内管理情况

2002年，中华人民共和国农业部公告第193号禁用卡巴氧及其盐、酯及制剂。2019年中华人民共和国农业农村部公告第250号规定，食品动物中禁止使用卡巴氧及其盐、酯。

（2）境外管理情况

卡巴氧于1999年被欧盟列为禁用药。

（八十）　喹乙醇

1. 基本信息

中文通用名称：喹乙醇。

英文通用名称：olaquindox。

化学名称：2-[N-2-羟基-乙基]-氨基甲酰-3-甲基-喹噁啉-1,4-二氧化物。

CAS号：23696-28-8。

（1）理化性质

分子式：$C_{12}H_{13}N_3O_4$。

分子量：263.25。

化学结构式：

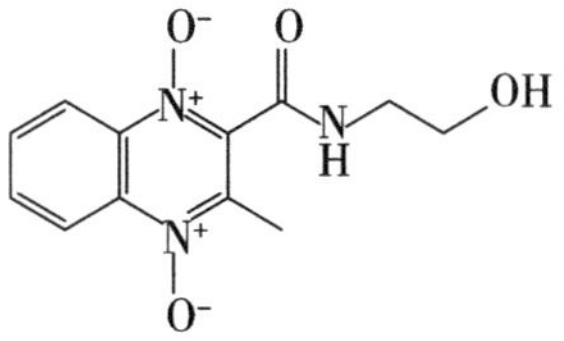

性状：浅黄色结晶性粉末，无臭，味苦。

熔点：209 ℃。

相对密度：1.43 g/cm³。

溶解性：溶于热水，微溶于冷水，在乙醇中几乎不溶。

（2）作用方式与用途

喹乙醇是1965年由德国人合成的一种抗菌促生长剂，是喹噁啉类广谱抗菌药物，具有蛋白同化作用，可提高饲料转化率与瘦肉率，促进动物生长。同时喹乙醇对革兰氏阳性菌和革兰氏阴性菌均具有明显抗菌效果，同时不影响有益的肠道微生物菌落，因此对预防和控制猪腹泻病作用显著，在猪饲料中的添加量为50～150 mg/kg。喹乙醇与杆菌肽锌、阿散酸、速大肥等其他药物有拮抗作用，因此不可在猪全价饲料中同时使用上述药物。

本品曾广泛用于畜禽促生长，也用于防治禽霍乱、鸡大肠杆菌病、葡萄球菌病、仔猪黄白痢、猪胃肠炎、淡水鱼类细菌出血性败血症、疖疮病等。由于在畜禽中的休药期太长（35 日），2000 年版《中国兽药典》规定仅用于 35 kg 以下的猪促生长，禁用于家禽。饲料中添加本品主要用于促进生长、预防和治疗某些细菌性疾病，如饲料中添加喹乙醇可以预防断奶仔猪腹泻。喹乙醇与常用的抗生素，如青霉素、四环素、氯霉素等无交叉耐药性，对上述抗生素产生耐药性的菌株也有一定的疗效。常温下非常稳定，在混合物或片剂中稳定性也很好。但对光敏感、光照易分解为棕色或深棕色。

（3）毒理信息

急性毒性：

经口-小鼠，半数致死剂量（LD_{50}）为 3.316 mg/kg；

经口-大鼠，半数致死剂量（LD_{50}）为 1 700 mg/kg。

（4）毒性等级

高毒。

急性经口毒性，类别 4。

呼吸道致敏物，类别 1。

（5）最大残留限量

不得检出。

2. 存在的突出问题

20 世纪 80 年代初，喹乙醇作为饲料添加剂被推广使用。它是近年来在我国生产和使用的一种低毒、高效、用量少、具有抗菌、促生长的饲料添加剂。它能够促进机体蛋白质合成、增强代谢，从而提高饲料中蛋白质的利用率，特别对革兰阴性菌具有良好的杀菌能力。同时也是广大养殖户用来预防和治疗革兰阴性菌，特别是用来治疗禽霍乱的重要药物之一。

喹乙醇成品本身毒性小，其在饲料中的添加含量与饲料的效能及其毒性有着密不可分的关系，喹乙醇的价格低廉，部分水产和畜牧养殖行业，为了追求经济价值，提高养殖业的产出率，盲目地向饲料中非法添加或滥用喹乙醇，这不仅会危害养殖动物的健康，而且对畜牧业发展乃至人体健康也造成潜在的威胁。大量或长期使用会引起急性中毒，损害动物的肝脏，血清电解质水平紊乱，谷丙转氨酶、谷草转氨酶升高以及碱性磷酸酶含量升高。同时该药物毒性随动物种属不同存在较大差异。特别对禽和鱼类有中度至明显蓄积毒性和一定遗传毒性。

3. 管理情况

（1）国内管理情况

2005 版《中华人民共和国兽药典》明确规定：喹乙醇作为促生长剂，禁用于禽、鱼类等动物。2018 年 1 月 12 日，中华人民共和国农业部发布公告第 2638 号，决定停止喹乙醇、氨苯胂酸、洛克沙胂等 3 种兽药使用于食品动物。

（2）境外管理情况

早在 1998 年，美国和欧盟都禁止用作饲料添加剂。

（八十一）　氨苯胂酸

1. 基本信息

中文通用名称：氨苯胂酸。

英文通用名称：arsanilic acid。

CAS 号：98-50-0。

（1）理化性质

分子式：$C_6H_8AsNO_3$。

分子量：217.05。

化学结构式：

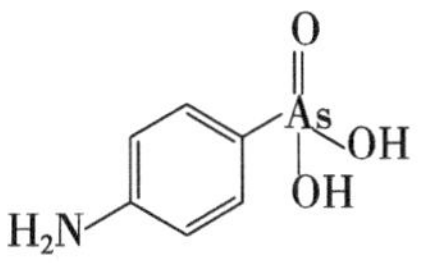

性状：白色或淡黄色结晶性粉末，无臭。

熔点：232 ℃。

溶解性：微溶于水、乙醇，溶于热水、甲醇、碱液。

（2）作用方式与用途

氨苯胂酸是苯胂酸类化合物，是重要的有机砷制剂。由于氨苯胂酸和洛克沙胂能够刺激动物生长、改善禽肉质、增加饲料利用率，其被作为畜禽饲料添加剂使用。用于猪、鸡促进生长；一种五价有机砷制剂，作为药物饲料添加剂已从 20 世纪 70 年代开始在全球被广泛使用；不单起着补充必要微量元素砷的营养作用，还可使机体同化作用加强，促进蛋白质合成，改善皮肤营养，增强骨髓的造血机能；具有广谱高效的抗菌能力，能有效抑制并杀灭大肠杆菌、沙门氏菌、球虫、附红细胞体、密螺旋体、衣原体等细菌和原虫。

（3）环境归趋

在某些环境条件下，如微生物氧化、矿物氧化和光解，苯胂酸类化合物能转化生成高毒的无机砷［As（Ⅲ）和 As（Ⅴ）］。

（4）毒理信息

苯胂酸类药物的毒性反应是由五价砷引起的，其损害的特点是外周神经和视神经束的脱髓鞘作用及神经胶质增生；并且由于饲料中大量长期使用砷制剂，会对土壤、空气、水及周围环境造成严重污染，通过食物链危害人类。

急性毒性：经口-大白鼠，半数致死剂量（LD_{50}）为 155 mg/kg。

（5）毒性等级

中等毒。

（6）最大残留限量

不得检出。

2. 存在的突出问题

此类物质极少在动物体内残留，绝大多数以化合物的形式随粪便和尿液排出体外，蓄积在粪便中。即便如此，众多研究表明：经苯胂酸类饲料添加剂饲养过的动物，其组织中的砷含量明显高于从未使用过此类饲料添加剂的动物，养殖者为了个人利益进行超限量添加，对人们的健康会造成很大的潜在危害。

3. 管理情况

（1）国内管理情况

我国于 2017 年 8 月起停止氨苯胂酸作为饲料药物添加剂在食品动物上使用（药典办〔2017〕14 号）。2018 年 1 月 12 日，中华人民共和国农业部发布公告第 2638 号，决定停止喹乙醇、氨苯胂酸、洛克沙胂等 3 种兽药使用于食品动物。

（2）境外管理情况

欧洲和美国分别于 1998 年和 2013 年禁止氨苯胂酸在其境内的使用。

（八十二）洛克沙胂

1. 基本信息

中文通用名称：洛克沙胂。

英文通用名称：4-hydroxy-3-nitrobenzenearsonic acid。

化学名称：3-硝基-4-羟基苯胂酸。

CAS 号：121-19-7。

（1）理化性质

分子式：$C_6H_6AsNO_6$。

分子量：263.04。

化学结构式：

性状：白色或浅黄色针状或菱片状结晶。

熔点：≥300 ℃。

闪点：240.3 ℃。

沸点：537.3 ℃，760 mmHg。

水溶解性：<0.1 g/100 mL，23 ℃。

溶解性：微溶于水、乙醇，溶于热水、甲醇、碱液。

（2）作用方式与用途

洛克沙胂是苯胂酸类化合物，与氨苯胂酸一样，是重要的有机砷制剂。其作用方式与用途同氨苯胂酸。

（3）环境归趋

同氨苯肿酸。

（4）毒理信息

同氨苯肿酸。

急性毒性：

口服-大鼠，半数致死剂量（LD_{50}）为 82 mg/kg；

口服-小鼠，半数致死剂量（LD_{50}）为 244 mg/kg。

（5）毒性等级

高毒。

（6）最大残留限量

不得检出。

2. 存在的突出问题

此类物质极少在动物体内残留，绝大多数以化合物的形式随粪便和尿液排出体外，蓄积在粪便中。即便如此，众多研究表明：经苯肿酸类饲料添加剂饲养过的动物，其组织中的砷含量明显高于从未使用过此类饲料添加剂的动物，养殖者为了个人利益进行超限量添加，对人们的健康会造成很大的潜在危害。

3. 管理情况

（1）国内管理情况

我国于 2017 年 8 月起停止洛克沙肿作为饲料药物添加剂在食品动物上使用（药典办〔2017〕14 号）。2018 年 1 月 12 日，中华人民共和国农业部发布公告第 2638 号，决定停止喹乙醇、氨苯肿酸、洛克沙肿等 3 种兽药使用于食品动物。

（2）境外管理情况

洛克沙砷在美国自 20 世纪 40 年代开始生产，主要用来杀死寄生虫并促进家禽生长，欧洲和美国分别于 1998 年和 2013 年禁止洛克沙肿在其境内的使用。

（八十三）孔雀石绿

1. 基本信息

中文通用名称：孔雀石绿。

英文通用名称：malachite green oxalate。

化学名称：四甲基代二氨基三苯甲烷。

CAS 号：569-64-2。

（1）理化性质

分子式：$C_{23}H_{25}ClN_2$。

分子量：364.92。

化学结构式：

性状：绿色有金属光泽的晶体。

熔点：112~114 ℃。

闪点：268.2 ℃。

相对密度：1.131 g/cm³。

溶解性：易溶于水，溶于乙醇、甲醇和戊醇，水溶液呈蓝绿色，pH 值 0.0 以下呈黄色，最大吸收波长 616.9 nm。

（2）作用方式与用途

从 1936 年开始，在全世界被广泛用于局部抗真菌和体外寄生虫感染。主要用于预防卵菌纲真菌在鱼体和鱼卵的生长繁殖，同时可预防和治疗二次感染。孔雀石绿作为一种低成本、高效的化学试剂，自 1993 年以来一直用于渔业生产，被广泛用作水产养殖中的抗真菌药物和抗菌剂，孔雀石绿可用作治理鱼类或鱼卵的寄生虫、真菌或细菌感染，对付真菌特别有效，渔场的鱼卵会感染这种真菌。孔雀石绿也常用作处理受寄生虫影响的淡水水产。用作抑菌剂或杀阿米巴原虫剂；对脂鲤和鲶鱼等海产动物来说，有高度毒性、高残留等副作用。对人体有很多不良影响，其具有高毒、致癌、致畸和致突变作用。

孔雀石绿的抗菌杀虫机理是在细胞分裂时阻碍蛋白肽的形成，使细胞内的氨基酸无法转化为蛋白肽，细胞分裂受到抑制，从而产生抗菌杀虫作用。

（3）环境归趋特征

孔雀石绿对水生动物的毒副作用相关研究表明孔雀石绿的毒性较强，对水生动物的安全浓度较低。如对翘嘴红、虹鳟鱼苗、加州鲈鱼和对虾虾苗的安全浓度分别为 0.031 mg/L、0.025 mg/L、0.02 mg/L 和 0.01 mg/L，这比孔雀石绿的有效用药浓度 0.10~0.20 mg/L 低，因此孔雀石绿在上述水产养殖动物中使用是不安全的。

（4）毒理信息

致癌性：孔雀石绿的官能团三苯甲烷分子中与苯环相连的亚甲基和次甲基受苯环影响有较高的反应活性，可生成三苯甲基，同时孔雀石绿能抑制人体谷胱甘肽-S-转移酶的活性，嵌入 DNA 生成加合物。这 2 种情况均能造成人体器官组织氧压的改变和脂质过氧化，使细胞凋亡，进而诱发肿瘤，而来源于上皮组织的恶性肿瘤。

遗传毒性：研究发现孔雀石绿和无色孔雀石绿的致基因突变试验结果均为阳性。孔雀石绿可诱发叙利亚仓鼠胚胎细胞的恶性转化，并诱导细胞凋亡，其诱导细胞凋亡的机制与改变肿瘤抑制基因 p53 和 bcl-2 家族蛋白基因的表达有关。

慢性毒性：通过动物试验发现孔雀石绿可引起肝、肾、心脏、脾、皮肤、眼睛、肺等多器官毒性。此外孔雀石绿能抑制血浆胆碱酯酶的活性，进而造成乙酰胆碱的蓄积而出现神经症状。

（5）毒性等级

急性毒性，经口，类别4；

严重眼睛损伤，类别1；

生殖毒性，类别2；

急性水生毒性，类别1。

（6）最大残留限量

不得检出。

2. 存在的突出问题

孔雀石绿是有毒的三苯甲烷类化学物，既是染料，也是杀菌和杀寄生虫的化学制剂，可致癌。本品针对鱼体水霉病和鱼卵的水霉病有特效，现市面上还暂无针对水霉病能够短时间解决水霉病的特效药物，这也是为什么这个产品在水产业禁止这么多年还禁而不止，水产业养殖户铤而走险继续违规使用孔雀石绿的根本原因。

3. 管理情况

（1）国内管理情况

中华人民共和国农业部于2002年5月将孔雀石绿列入《食品动物禁用的兽药及其化合物清单》中，禁用于所有食品动物。2019年12月27日，中华人民共和国农业农村部将孔雀石绿列入食品动物中禁止使用的药品及其他化合物清单，同时禁止用于所有食用动物的饲养环节。

（2）境外管理情况

加拿大于1992年禁止将孔雀石绿作为渔场杀菌剂；1993年FDA规定在食用水产品中禁止检出孔雀石绿和隐性孔雀石绿；欧盟法案2002/675/EC的规定，动物源性食品中孔雀石绿和无色孔雀石绿残留总量限制为2 μg/kg；日本的肯定列表明确规定在进口水产品中不得检出孔雀石绿残留。

（八十四） 酒石酸锑钾

中文通用名称：酒石酸锑钾。

英文通用名称：antimony potassium tartrate。

CAS号：11071-15-1。

（1）理化性质

分子式：$C_8H_4K_2O_{12}Sb_2$。

分子量：613.827。

化学结构式：

性状：白色晶体。

熔点：100 ℃。

闪点：240.3 ℃。

沸点：537.3 ℃，760 mmHg。

水溶解性：<0.1 g/100 mL，23 ℃。

溶解性：微溶于水、乙醇，溶于热水、甲醇、碱液。

（2）作用方式与用途

印染工业用作碱性染料染棉的媒染剂，在酸性染料染色后用酒石酸锑钾、单宁酸和甲酸的溶液处理，可以提高织物的水洗和皂洗牢度。皮革工业用作皮革的媒染剂。医药工业用作催吐剂和治疗血吸虫病的针剂。因有催吐作用，又名"吐酒石"。内服后需经 1 h 左右才能产生增强瘤胃蠕动和兴奋反刍的效果。这是由于此药在胃内水解后所产生的锑离子，刺激真胃和十二指肠黏膜，反射地兴奋瘤胃所致。由于刺激了胃黏膜，还可出现反射性祛痰作用。可用于治疗前胃弛缓和呼吸道炎症。

（八十五）锥虫砷胺

1. 基本信息

中文通用名称：锥虫砷胺。

英文通用名称：tryparsamide。

CAS 号：554-72-3。

（1）理化性质

分子式：$C_8H_{10}AsN_2O_4 \cdot Na$。

分子量：296.089。

化学结构式：

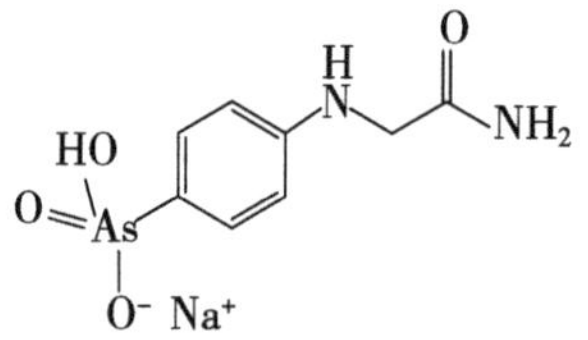

（2）作用方式与用途

用于预防、治疗、诊断动物疾病或者有目的地调节其生理机能的物质（含药物饲料添加剂）。主要包括血清制品、疫苗、诊断制品、微生态制品、中药材、中成药、化学药品、抗生素、生化药品、放射性药品及外用杀虫剂、消毒剂等。

2. 国内管理情况

锥虫砷胺是畜禽水产养殖禁用药物，其中的砷有剧毒，还可对水域造成污染，在国外已被禁用。2019 年 12 月 27 日，锥虫砷胺被列入食品动物中禁止使用的药品及其他化合物清单。

（八十六）五氯酚酸钠

1. 基本信息

中文通用名称：五氯酚酸钠。

英文通用名称：sodium pentachlorophenoxide。

CAS 号：131-52-2。

（1）理化性质

分子式：C_6Cl_5NaO。

分子量：288.318。

精确质量：285.829。

熔点：>300 ℃。

闪点：133.7 ℃。

沸点：309.5 ℃，760 mmHg。

相对密度：1.804 g/cm^3。

化学结构式：

（2）作用方式与用途

五氯酚酸钠即五氯酚钠，可用作落叶树休眠期喷射剂，以防治褐腐病，也用作除草或杀虫剂，是触杀型灭生性除草剂，主要防除稗草和其他多种由种子萌发的幼草，如鸭舌草、瓜皮草、水马齿、狗尾草、节节草、马唐、看麦娘、蓼等。对牛毛草有一定抑制作用，还可消灭钉螺、蚂蟥等有害生物。五氯酚（pentachlorophenol，PCP）及其钠盐五氯酚酸钠。

（3）毒理信息

主要因皮肤接触或误饮污染的水引起。症状有乏力、头昏、恶心、呕吐、腹泻等；严重者体温高达40 ℃以上，大汗淋漓、口渴、呼吸增快、心动过速、烦躁不安、肌肉强直性痉挛、血压下降，昏迷、可致死。皮肤接触可致接触性皮炎。国外资料报道长期接触者可有周围神经病。

急性毒性：

大鼠-经口，半数致死剂量LD_{50}为140~280 mg/kg；

大鼠-经皮，半数致死剂量LD_{50}为66 mg/kg；

大鼠-一次性吸入致死剂量LC_{50}为152mg/m^3；

小鼠-一次性吸入致死剂量LC_{50}为229mg/m^3；

人-经口最小致死剂量为30 mg/kg；

人-经皮最小致死剂量为60 mg/kg。

（4）毒性分级

中等毒。

（5）最大残留限量

不得检出。

2. 存在的突出问题

作为高效、廉价的有机氯农药，常用作杀菌剂、除草剂、木材防腐剂，也用于杀灭血吸虫宿主钉螺等。五氯酚酸钠易溶于水，容易造成水体和土壤的污染，并可进一步通过食物链进入动植物体内。PCP-Na 进入人体后转化为 PCP，PCP 同时具有酚和有机氯的毒性，能抑制生物代谢过程中氧化磷酸化作用，可对人体的肝、肾及中枢神经系统造成损害，并具有致畸、致癌和致突变作用。

3. 管理情况

（1）国内管理情况

2002 年中华人民共和国农业部发布公告第 235 号，规定动物源性食品中不得检出五氯酚酸钠，2018 年《国家食品安全监督抽检实施细则（2018 年版）》规定畜禽肉及其副产品中五氯酚酸钠残留为抽检项目，2019 年，中华人民共和国农业农村部发布公告第 250 号，规定食品动物禁止使用五氯酚酸钠。

（2）境外管理情况

五氯酚酸钠被国际癌症研究机构和美国环境保护局分别列为 2B 类致癌物和持久性有机污染物。

（八十七）林丹

见农药相关信息。

（八十八）毒杀芬

见农药相关信息。

（八十九）呋喃丹

见农药相关信息（注：农药部分的表述名称为"克百威"）。

（九十）杀虫脒

见农药相关信息。

（九十一）氟虫腈

见农药相关信息。

四、禁停用兽药（化合物）相关部令公告

中华人民共和国农业部公告　第176号

为加强饲料、兽药和人用药品管理，防止在饲料生产、经营、使用和动物饮用水中超范围、超剂量使用兽药和饲料添加剂，杜绝滥用违禁药品的行为，根据《饲料和饲料添加剂管理条例》、《兽药管理条例》、《药品管理法》的规定，农业部、卫生部、国家药品监督管理局联合发布公告，公布了《禁止在饲料和动物饮用水中使用的药物品种目录》，目录收载了5类40种禁止在饲料和动物饮用水中使用的药物品种。公告要求：

一、凡生产、经营和使用的营养性饲料添加剂和一般饲料添加剂，均应属于《允许使用的饲料添加剂品种目录》（农业部公告第105号）中规定的品种及经审批公布的新饲料添加剂，生产饲料添加剂的企业需办理生产许可证和产品批准文号，新饲料添加剂需办理新饲料添加剂证书，经营企业必须按照《饲料和饲料添加剂管理条例》第十六条的规定从事经营活动，不得经营和使用未经批准生产的饲料添加剂。

二、凡生产含有药物饲料添加剂的饲料产品，必须严格执行《饲料药物添加剂使用规范》（农业部公告第168号，简称《规范》）的规定，不得添加《规范》附录二中的饲料药物添加剂。凡生产含有《规范》附录一中的饲料药物添加剂的饲料产品，必须执行《饲料标签》标准的规定。

三、凡在饲养过程中使用药物饲料添加剂，需按照《规范》规定执行，不得超范围、超剂量使用药物饲料添加剂。使用药物饲料添加剂必须遵守休药期、配伍禁忌等有关规定。

四、人用药品的生产、销售必须遵守《药品管理法》及相关法规的规定。未办理兽药、饲料添加剂审批手续的人用药品，不得直接用于饲料生产和饲养过程。

五、生产、销售《禁止在饲料和动物饮用水中使用的药物品种目录》所列品种的医药企业或个人，违反《药品管理法》第四十八条规定，向饲料企业和养殖企业（或个人）销售的，由药品监督管理部门按照《药品管理法》第七十四条的规定给予处罚；生产、销售《禁止在饲料和动物饮用水中使用的药物品种目录》所列品种的兽药企业或个人，向饲料企业销售的，由兽药行政管理部门按照《兽药管理条例》第四十条的规定给予处罚；违反《饲料和饲料添加剂管理条例》第十一条、第十七条规定，生产、经营、使用《禁止在饲料和动物饮用水中使用的药物品种目录》所列品种的饲料和饲料添加剂生产企业或个人，由饲料管理部门按照《饲料和饲料添加剂管理条例》第二十六条、第二十七条的规定给予处罚。其他单位和个人生产、经营、使用《禁止在饲料和动物饮用水中使用的药物品种目录》所列品种，用于饲料生产和饲养过程中的，上述有关部门按照谁发现谁查处的原则，依据各自法律法规予以处罚；构成犯罪的，要移送司法机关，依法追究刑事责任。

六、各级饲料、兽药、食品和药品监督管理部门要密切配合，协同行动，加大对饲料生产、经营、使用和动物饮用水中非法使用违禁药物违法行为的打击力度。

中华人民共和国农业部
中华人民共和国卫生部
国家药品监督管理局
二○○二年二月九日

附件

禁止在饲料和动物饮用水中使用的药物品种目录

一、肾上腺素受体激动剂

1. 盐酸克仑特罗（Clenbuterol Hydrochloride）：中华人民共和国药典（以下简称药典）2000 年二部 P605。β2 肾上腺素受体激动药。

2. 沙丁胺醇（Salbutamol）：药典 2000 年二部 P316。β2 肾上腺素受体激动药。

3. 硫酸沙丁胺醇（Salbutamol Sulfate）：药典 2000 年二部 P870。β2 肾上腺素受体激动药。

4. 莱克多巴胺（Ractopamine）：一种 β 兴奋剂，FDA 已批准，中国未批准。

5. 盐酸多巴胺（Dopamine Hydrochloride）：药典 2000 年二部 P591。多巴胺受体激动药。

6. 西马特罗（Cimaterol）：美国氰胺公司开发的产品，一种 β 兴奋剂，FDA 未批准。

7. 硫酸特布他林（Terbutaline Sulfate）：药典 2000 年二部 P890。β2 肾上腺受体激动药。

二、性激素

8. 己烯雌酚（Diethylstibestrol）：药典 2000 年二部 P42。雌激素类药。

9. 雌二醇（Estradiol）：药典 2000 年二部 P1005。雌激素类药。

10. 戊酸雌二醇（Estradiol Valcrate）：药典 2000 年二部 P124。雌激素类药。

11. 苯甲酸雌二醇（Estradiol Benzoate）：药典 2000 年二部 P369。雌激素类药。中华人民共和国兽药典（以下简称兽药典）2000 年版一部 P109。雌激素类药。用于发情不明显动物的催情及胎衣滞留、死胎的排除。

12. 氯烯雌醚（Chlorotrianisene）药典 2000 年二部 P919。

13. 炔诺醇（Ethinylestradiol）药典 2000 年二部 P422。

14. 炔诺醚（Quinestml）药典 2000 年二部 P424。

15. 醋酸氯地孕酮（Chlormadinone acetate）药典 2000 年二部 P1037。

16. 左炔诺孕酮（Levonorgestrel）药典 2000 年二部 P107。

17. 炔诺酮（Norethisterone）药典 2000 年二部 P420。

18. 绒毛膜促性腺激素（绒促性素）（Chorionic Conadotrophin）：药典 2000 年二部 P534。促性腺激素药。兽药典 2000 年版一部 P146。激素类药。用于性功能障碍、习惯性流产及卵巢囊肿等。

19. 促卵泡生长激素（尿促性素主要含卵泡刺激素 FSH 和黄体生成素 LH）（Menotropins）：药典 2000 年二部 P321。促性腺激素类药。

二、蛋白同化激素

20. 碘化酪蛋白（Iodinated Casein）：蛋白同化激素类，为甲状腺素的前驱物质，具有类似甲状腺素的生理作用。

21. 苯丙酸诺龙及苯丙酸诺龙注射液（Nandrolone phenylpro pionate）药典 2000 年二部 P365。

四、精神药品

22. （盐酸）氯丙嗪（Chlorpromazine Hydrochloride）：药典 2000 年二部 P676。抗精神病药。兽药典 2000 年版一部 P177。镇静药。用于强化麻醉以及使动物安静等。

23. 盐酸异丙嗪（Promethazine Hydrochloride）：药典 2000 年二部 P602。抗组胺药。兽药典 2000 年版一部 P164。抗组胺药。用于变态反应性疾病，如荨麻疹、血清病等。

24. 安定（地西泮）（Diazepam）：药典 2000 年二部 P214。抗焦虑药、抗惊厥药。兽药典 2000 年版一部 P61。镇静药、抗惊厥药。

25. 苯巴比妥（Phenobarbital）：药典 2000 年二部 P362。镇静催眠药、抗惊厥药。兽药典 2000 年版一部 P103。巴比妥类药。缓解脑炎、破伤风、士的宁中毒所致的惊厥。

26. 苯巴比妥钠（Phenobarbital Sodium）：兽药典 2000 年版一部 P105。巴比妥类药。缓解脑炎、破伤风、士的宁中毒所致的惊厥。

27. 巴比妥（Barbital）：兽药典 2000 年版二部 P27。中枢抑制和增强解热镇痛。

28. 异戊巴比妥（Amobarbital）：药典 2000 年二部 P252。催眠药、抗惊厥药。

29. 异戊巴比妥钠（Amobarbital Sodium）：兽药典 2000 年版一部 P82。巴比妥类药。用于小动物的镇静、抗惊厥和麻醉。

30. 利血平（Reserpine）：药典 2000 年二部 P304。抗高血压药。

31. 艾司唑仑（Estazolam）。

32. 甲丙氨脂（Mcprobamate）。

33. 咪达唑仑（Midazolam）。

34. 硝西泮（Nitrazepam）。

35. 奥沙西泮（Oxazcpam）。

36. 匹莫林（Pemoline）。

37. 三唑仑（Triazolam）。

38. 唑吡旦（Zolpidem）。

39. 其他国家管制的精神药品。

五、各种抗生素滤渣

40. 抗生素滤渣：该类物质是抗生素类产品生产过程中产生的工业三废，因含有微量抗生素成分，在饲料和饲养过程中使用后对动物有一定的促生长作用。但对养殖业的危害很大，一是容易引起耐药性，二是由于未做安全性试验，存在各种安全隐患。

中华人民共和国农业部公告　第193号

为保证动物源性食品安全，维护人民身体健康，根据《兽药管理条例》的规定，我部制定了《食品动物禁用的兽药及其它化合物清单》（以下简称《禁用清单》），现公告如下：

一、《禁用清单》序号1至18所列品种的原料药及其单方、复方制剂产品停止生产，已在兽药国家标准、农业部专业标准及兽药地方标准中收载的品种，废止其质量标准，撤销其产品批准文号；已在我国注册登记的进口兽药，废止其进口兽药质量标准，注销其《进口兽药登记许可证》。

二、截止2002年5月15日，《禁用清单》序号1至18所列品种的原料药及其单方、复方制剂产品停止经营和使用。

三、《禁用清单》序号19至21所列品种的原料药及其单方、复方制剂产品不准以抗应激、提高饲料报酬、促进动物生长为目的在食品动物饲养过程中使用。

食品动物禁用的兽药及其他化合物清单序号　兽药及其他化合物名称　禁止用途　禁用动物。

1. 兴奋剂类：克仑特罗 Clenbuterol、沙丁胺醇 Salbutamol、西马特罗 Cimaterol 及其盐、酯及制剂　所有用途　所有食品动物。

2. 性激素类：己烯雌酚 Diethylstilbestrol 及其盐、酯及制剂　所有用途　所有食品动物。

3. 具有雌激素样作用的物质：玉米赤霉醇 Zeranol、去甲雄三烯醇酮 Trenbolone、醋酸甲孕酮 Mengestrol Acetate 及制剂　所有用途　所有食品动物。

4. 氯霉素 Chloramphenicol 及其盐、酯（包括琥珀氯霉素 Chloramphenicol Succinate）及制剂　所有用途　所有食品动物。

5. 氨苯砜 Dapsone 及制剂　所有用途　所有食品动物。

6. 硝基呋喃类：呋喃唑酮 Furazolidone、呋喃它酮 Furaltadone、呋喃苯烯酸钠 Nifurstyrenate sodium 及制剂　所有用途　所有食品动物。

7. 硝基化合物：硝基酚钠 Sodium nitrophenolate、硝呋烯腙 Nitrovin 及制剂　所有用途　所有食品动物。

8. 催眠、镇静类：安眠酮 Methaqualone 及制剂　所有用途　所有食品动物。

9. 林丹（丙体六六六）Lindane　杀虫剂　所有食品动物。

10. 毒杀芬（氯化烯）Camahechlor　杀虫剂、清塘剂　所有食品动物。

11. 呋喃丹（克百威）Carbofuran　杀虫剂　所有食品动物。

12. 杀虫脒（克死螨）Chlordimeform　杀虫剂　所有食品动物。

13. 双甲脒 Amitraz　杀虫剂　水生食品动物。

14. 酒石酸锑钾 Antimony potassium tartrate　杀虫剂　所有食品动物。

15. 锥虫胂胺 Tryparsamide　杀虫剂　所有食品动物。

16. 孔雀石绿 Malachite green　抗菌、杀虫剂　所有食品动物。

17. 五氯酚酸钠 Pentachlorophenol sodium　杀螺剂　所有食品动物。

18. 各种汞制剂包括：氯化亚汞（甘汞）Calomel、硝酸亚汞 Mercurous nitrate、醋酸汞 Mercurous acetate、吡啶基醋酸汞 Pyridyl mercurous acetate　杀虫剂　所有食品动物。

19. 性激素类：甲基睾丸酮 Methyltestosterone、丙酸睾酮 Testosterone Propionate 苯丙酸诺龙 Nandrolone Phenylpropionate、苯甲酸雌二醇 Estradiol Benzoate 及其盐、酯及制剂　促生长　所有食品动物。

20. 催眠、镇静类：氯丙嗪 Chlorpromazine、地西泮（安定）Diazepam 及其盐、酯及制剂　促生长　所有食品动物。

21. 硝基咪唑类：甲硝唑 Metronidazole、地美硝唑 Dimetronidazole 及其盐、酯及制剂　促生长　所有食品动物。

注：食品动物是指各种供人食用或其产品供人食用的动物。

二〇〇二年四月

中华人民共和国农业部公告　第560号

为加强兽药标准管理，保证兽药安全有效、质量可控和动物性食品安全，根据《兽药管理条例》和农业部公告第426号规定，现公布首批《兽药地方标准废止目录》（见附件，以下简称《废止目录》），并就有关事项公告如下：

一、经兽药评审后确认，以下兽药地方标准不符合安全有效审批原则，予以废止。一是沙丁胺醇、呋喃西林、呋喃妥因和替硝唑，属于我部明文（农业部公告第193号）禁用品种；卡巴氧因安全性问题、万古霉素因耐药性问题会影响我国动物性食品安全、公共卫生安全以及动物性食品出口。二是金刚烷胺类等人用抗病毒药移植兽用，缺乏科学规范、安全有效实验数据，用于动物病毒性疫病不但给动物疫病控制带来不良后果，而且影响国家动物疫病防控政策的实施。三是头孢哌酮等人医临床控制使用的最新抗菌药物用于食品动物，会产生耐药性问题，影响动物疫病控制、食品安全和人类健康。四是代森铵等农用杀虫剂、抗菌药用作兽药，缺乏安全有效数据，对动物和动物性食品安全构成威胁。五是人用抗疟药和解热镇痛、胃肠道药品用于食品动物，缺乏残留检测试验数据，会增加动物性食品中药物残留危害。六是组方不合理、疗效不确切的复方制剂，增加了用药风险和不安全因素。

二、本公告发布之日，凡含有《废止目录》序号1~4药物成分的所有兽用原料药及其制剂地方标准，属于《废止目录》序号5的复方制剂地方标准均予同时废止。

三、列入《废止目录》序号1的兽药品种为农业部193号公告的补充，自本公告发布之日起，停止生产、经营和使用，违者按照《兽药管理条例》实施处罚，并依法追究有关责任人的责任。企业所在地兽医行政管理部门应自本公告发布之日起15个工作日内完成该类产品批准文号的注销、库存产品的清查和销毁工作，并于12月底将上述情况及数据上报我部。

四、对列入《废止目录》序号2~5的产品，企业所在地兽医行政管理部门应自本公告发布之日起30个工作日内完成产品批准文号注销工作，并对生产企业库存产品进行核查、统计，于12月底前将产品批准文号注销情况（包括企业名称、批准文号、产品名称及商品名）及产品库存详细情况上报我部，我部将于年底前汇总公布。

五、列入《废止目录》序号2~5的产品自注销文号之日起停止生产，自本公告发布之日起6个月后，不得再经营和使用，违者按生产、经营和使用假劣兽药处理。对伪造、变更生产日期继续从事生产的，依法严厉处罚，并吊销其所有产品批准文号。

六、阿散酸、洛克沙肿等产品属农业部严格限制定点生产的产品，自本公告发布之日起，地方审批的洛克沙肿及其预混剂，氨苯肿酸及其预混剂不得生产、经营和使用。企业所在地兽医行政管理部门应在12月底前完成该类产品批准文号注销工作，并将有关情况上报我部。

七、为满足动物疫病防控用药需要并保障用药安全，促进新兽药研发工作，在保证兽药安全有效，维护人体健康和生态环境安全的前提下，各相关单位可在规定时期内对《废止目录》中的部分品种履行兽药注册申报手续。其中，列入《废止目录》序号3的品种5年后可受理注册申报，列入序号2、4、5的品种自本公告发布之日起可受理注册申报。

附件：《兽药地方标准废止目录》

二〇〇五年十月二十八

附件

兽药地方标准废止目录

序号	类别	名称/组方
1	禁用兽药	**β-兴奋剂类**：沙丁胺醇及其盐、酯及制剂 **硝基呋喃类**：呋喃西林、呋喃妥因及其盐、酯及制剂 **硝基咪唑类**：替硝唑及其盐、酯及制剂 **喹噁啉类**：卡巴氧及其盐、酯及制剂 **抗生素类**：万古霉素及其盐、酯及制剂
2	抗病毒药物	金刚烷胺、金刚乙胺、阿昔洛韦、吗啉（双）胍（病毒灵）、利巴韦林等及其盐、酯及单、复方制剂
3	抗生素、合成抗菌药及农药	**抗生素、合成抗菌药**：头孢哌酮、头孢噻肟、头孢曲松（头孢三嗪）、头孢噻吩、头孢拉啶、头孢唑啉、头孢噻啶、罗红霉素、克拉霉素、阿奇霉素、磷霉素、硫酸奈替米星（netilmicin）、氟罗沙星、司帕沙星、甲替沙星、克林霉素（氯林可霉素、氯洁霉素）、妥布霉素、胍哌甲基四环素、盐酸甲烯土霉素（美他环素）、两性霉素、利福霉素等及其盐、酯及单、复方制剂 **农药**：井冈霉素、浏阳霉素、赤霉素及其盐、酯及单、复方制剂

（续表）

序号	类别	名称/组方
4	解热镇痛类等其他药物	双嘧达莫（dipyridamole 预防血栓栓塞性疾病）、聚肌胞、氟胞嘧啶、代森铵（农用杀虫菌剂）、磷酸伯氨喹、磷酸氯喹（抗疟药）、异噻唑啉酮（防腐杀菌）、盐酸地酚诺酯（解热镇痛）、盐酸溴己新（祛痰）、西咪替丁（抑制人胃酸分泌）、盐酸甲氧氯普胺、甲氧氯普胺（盐酸胃复安）、比沙可啶（bisacodyl 泻药）、二羟丙茶碱（平喘药）、白细胞介素-2、别嘌醇、多抗甲素（α-甘露聚糖肽）等及其盐、酯及制剂
5	复方制剂	（1）注射用的抗生素与安乃近、氟喹诺酮类等化学合成药物的复方制剂 （2）镇静类药物与解热镇痛药等治疗药物组成的复方制剂

中华人民共和国农业部公告　第 1519 号

　　为加强饲料及养殖环节质量安全监管，保障饲料及畜产品质量安全，根据《饲料和饲料添加剂管理条例》有关规定，禁止在饲料和动物饮水中使用苯乙醇胺 A 等物质（见附件）。各级畜牧饲料管理部门要加强日常监管和监督检测，严肃查处在饲料生产、经营、使用和动物饮水中违禁添加苯乙醇胺 A 等物质的违法行为。

　　特此公告。

　　附件：禁止在饲料和动物饮水中使用的物质

二〇一〇年十二月二十七日

附件

禁止在饲料和动物饮水中使用的物质

1. 苯乙醇胺 A：β-肾上腺素受体激动剂。

2. 班布特罗：β-肾上腺素受体激动剂。

3. 盐酸齐帕特罗：β-肾上腺素受体激动剂。

4. 盐酸氯丙那林：药典 2010 版二部 P783。β-肾上腺素受体激动剂。

5. 马布特罗：β-肾上腺素受体激动剂。

6. 西布特罗：β-肾上腺素受体激动剂。

7. 溴布特罗：β-肾上腺素受体激动剂。

8. 酒石酸阿福特罗：长效型 β-肾上腺素受体激动剂。

9. 富马酸福莫特罗：长效型 β-肾上腺素受体激动剂。

10. 盐酸可乐定：药典 2010 版二部 P645。抗高血压药。

11. 盐酸赛庚啶：药典 2010 版二部 P803。抗组胺药。

中华人民共和国农业部公告　第2292号

为保障动物产品质量安全和公共卫生安全，我部组织开展了部分兽药的安全性评价工作。经评价，认为洛美沙星、培氟沙星、氧氟沙星、诺氟沙星4种原料药的各种盐、酯及其各种制剂可能对养殖业、人体健康造成危害或者存在潜在风险。根据《兽药管理条例》第六十九条规定，我部决定在食品动物中停止使用洛美沙星、培氟沙星、氧氟沙星、诺氟沙星4种兽药，撤销相关兽药产品批准文号。现将有关事项公告如下。

一、自本公告发布之日起，除用于非食品动物的产品外，停止受理洛美沙星、培氟沙星、氧氟沙星、诺氟沙星4种原料药的各种盐、酯及其各种制剂的兽药产品批准文号的申请。

二、自2015年12月31日起，停止生产用于食品动物的洛美沙星、培氟沙星、氧氟沙星、诺氟沙星4种原料药的各种盐、酯及其各种制剂，涉及的相关企业的兽药产品批准文号同时撤销。2015年12月31日前生产的产品，可以在2016年12月31日前流通使用。

三、自2016年12月31日起，停止经营、使用用于食品动物的洛美沙星、培氟沙星、氧氟沙星、诺氟沙星4种原料药的各种盐、酯及其各种制剂。

二〇〇五年九月一日

中华人民共和国农业部公告　第2583号

为保证动物源性食品安全，维护人民身体健康，根据《兽药管理条例》规定，禁止非泼罗尼及相关制剂用于食品动物。

二〇一七年九月十五日

中华人民共和国农业部公告　第2638号

为保障动物产品质量安全，维护公共卫生安全和生态安全，我部组织对喹乙醇预混剂、氨苯胂酸预混剂、洛克沙胂预混剂等3种兽药产品开展了风险评估和安全再评价。评价认为喹乙醇、氨苯胂酸、洛克沙胂等3种兽药的原料药及各种制剂可能对动物产品质量安全、公共卫生安全和生态安全存在风险隐患。根据《兽药管理条例》第六十九条规定，我部决定停止在食品动物中使用喹乙醇、氨苯胂酸、洛克沙胂等3种兽药。现将有关事项公告如下。

一、自本公告发布之日起，我部停止受理喹乙醇、氨苯胂酸、洛克沙胂等3种兽药的原料药及各种制剂兽药产品批准文号的申请。

二、自2018年5月1日起，停止生产喹乙醇、氨苯胂酸、洛克沙胂等3种兽药的原料药及各种制剂，相关企业的兽药产品批准文号同时注销。2018年4月30日前生产的产品，可在2019年4月30日前流通使用。

三、自 2019 年 5 月 1 日起，停止经营、使用喹乙醇、氨苯胂酸、洛克沙胂等 3 种兽药的原料药及各种制剂。

二〇一八年一月十一日

中华人民共和国农业农村部公告　第 250 号

为进一步规范养殖用药行为，保障动物源性食品安全，根据《兽药管理条例》有关规定，我部修订了食品动物中禁止使用的药品及其他化合物清单，现予以发布，自发布之日起施行。食品动物中禁止使用的药品及其他化合物以本清单为准，原农业部公告第 193 号、235 号、560 号等文件中的相关内容同时废止。

附件：食品动物中禁止使用的药品及其他化合物清单

二〇一九年十二月二十七日

附件

食品动物中禁止使用的药品及其他化合物清单

序号	药品及其他化合物名称
1	酒石酸锑钾（Antimony potassium tartrate）
2	β-受体激动剂（β-agonists）类及其盐、酯
3	汞制剂：氯化亚汞（甘汞）（Calomel）、醋酸汞（Mercurous acetate）、硝酸亚汞（Mercurous nitrate）、吡啶基醋酸汞（Pyridyl mercurous acetate）
4	毒杀芬（氯化烯）（Camahechlor）
5	卡巴氧（Carbadox）及其盐、酯
6	呋喃丹（克百威）（Carbofuran）
7	氯霉素（Chloramphenicol）及其盐、酯
8	杀虫脒（克死螨）（Chlordimeform）
9	氨苯砜（Dapsone）
10	硝基呋喃类：呋喃西林（Furacilinum）、呋喃妥因（Furadantin）、呋喃它酮（Furaltadone）、呋喃唑酮（Furazolidone）、呋喃苯烯酸钠（Nifurstyrenate sodium）
11	林丹（Lindane）
12	孔雀石绿（Malachite green）
13	类固醇激素：醋酸美仑孕酮（Melengestrol Acetate）、甲基睾丸酮（Methyltestosterone）、群勃龙（去甲雄三烯醇酮）（Trenbolone）、玉米赤霉醇（Zeranal）
14	安眠酮（Methaqualone）

（续表）

序号	药品及其他化合物名称
15	硝呋烯腙（Nitrovin）
16	五氯酚酸钠（Pentachlorophenol sodium）
17	硝基咪唑类：洛硝达唑（Ronidazole）、替硝唑（Tinidazole）
18	硝基酚钠（Sodium nitrophenolate）
19	己二烯雌酚（Dienoestrol）、己烯雌酚（Diethylstilbestrol）、己烷雌酚（Hexoestrol）及其盐、酯
20	锥虫砷胺（Tryparsamile）
21	万古霉素（Vancomycin）及其盐、酯

兽药管理条例

2004 年 4 月 9 日国务院令第 404 号公布，2014 年 7 月 29 日国务院令第 653 号部分修订、2016 年 2 月 6 日国务院令第 666 号部分修订、2020 年 3 月 27 日国务院令 726 令部分修订。

第一章 总 则

第一条 为了加强兽药管理，保证兽药质量，防治动物疾病，促进养殖业的发展，维护人体健康，制定本条例。

第二条 在中华人民共和国境内从事兽药的研制、生产、经营、进出口、使用和监督管理，应当遵守本条例。

第三条 国务院兽医行政管理部门负责全国的兽药监督管理工作。

县级以上地方人民政府兽医行政管理部门负责本行政区域内的兽药监督管理工作。

第四条 国家实行兽用处方药和非处方药分类管理制度。兽用处方药和非处方药分类管理的办法和具体实施步骤，由国务院兽医行政管理部门规定。

第五条 国家实行兽药储备制度。

发生重大动物疫情、灾情或者其他突发事件时，国务院兽医行政管理部门可以紧急调用国家储备的兽药；必要时，也可以调用国家储备以外的兽药。

第二章 新兽药研制

第六条 国家鼓励研制新兽药，依法保护研制者的合法权益。

第七条 研制新兽药，应当具有与研制相适应的场所、仪器设备、专业技术人员、安全管理规范和措施。

研制新兽药，应当进行安全性评价。从事兽药安全性评价的单位应当遵守国务院兽医行政管理部门制定的兽药非临床研究质量管理规范和兽药临床试验质量管理规范。

省级以上人民政府兽医行政管理部门应当对兽药安全性评价单位是否符合兽药非临床研究质量管理规范和兽药临床试验质量管理规范的要求进行监督检查，并公布监督检查结果。

第八条　研制新兽药，应当在临床试验前向临床试验场所所在地省、自治区、直辖市人民政府兽医行政管理部门备案，并附具该新兽药实验室阶段安全性评价报告及其他临床前研究资料。

研制的新兽药属于生物制品的，应当在临床试验前向国务院兽医行政管理部门提出申请，国务院兽医行政管理部门应当自收到申请之日起 60 个工作日内将审查结果书面通知申请人。

研制新兽药需要使用一类病原微生物的，还应当具备国务院兽医行政管理部门规定的条件，并在实验室阶段前报国务院兽医行政管理部门批准。

第九条　临床试验完成后，新兽药研制者向国务院兽医行政管理部门提出新兽药注册申请时，应当提交该新兽药的样品和下列资料：

（一）名称、主要成分、理化性质；

（二）研制方法、生产工艺、质量标准和检测方法；

（三）药理和毒理试验结果、临床试验报告和稳定性试验报告；

（四）环境影响报告和污染防治措施。

研制的新兽药属于生物制品的，还应当提供菌（毒、虫）种、细胞等有关材料和资料。菌（毒、虫）种、细胞由国务院兽医行政管理部门指定的机构保藏。

研制用于食用动物的新兽药，还应当按照国务院兽医行政管理部门的规定进行兽药残留试验并提供休药期、最高残留限量标准、残留检测方法及其制定依据等资料。

国务院兽医行政管理部门应当自收到申请之日起 10 个工作日内，将决定受理的新兽药资料送其设立的兽药评审机构进行评审，将新兽药样品送其指定的检验机构复核检验，并自收到评审和复核检验结论之日起 60 个工作日内完成审查。审查合格的，发给新兽药注册证书，并发布该兽药的质量标准；不合格的，应当书面通知申请人。

第十条　国家对依法获得注册的、含有新化合物的兽药的申请人提交的其自己所取得且未披露的试验数据和其他数据实施保护。

自注册之日起 6 年内，对其他申请人未经已获得注册兽药的申请人同意，使用前款规定的数据申请兽药注册的，兽药注册机关不予注册；但是，其他申请人提交其自己所取得的数据的除外。

除下列情况外，兽药注册机关不得披露本条第一款规定的数据：

（一）公共利益需要；

（二）已采取措施确保该类信息不会被不正当地进行商业使用。

第三章　兽药生产

第十一条　从事兽药生产的企业，应当符合国家兽药行业发展规划和产业政策，并具备下列条件：

（一）与所生产的兽药相适应的兽医学、药学或者相关专业的技术人员；

（二）与所生产的兽药相适应的厂房、设施；

（三）与所生产的兽药相适应的兽药质量管理和质量检验的机构、人员、仪器设备；

（四）符合安全、卫生要求的生产环境；

（五）兽药生产质量管理规范规定的其他生产条件。

符合前款规定条件的，申请人方可向省、自治区、直辖市人民政府兽医行政管理部门提出申请，并附具符合前款规定条件的证明材料；省、自治区、直辖市人民政府兽医行政管理部门应当自收到申请之日起 40 个工作日内完成审查。经审查合格的，发给兽药生产许可证；不合格的，应当书面通知申请人。

第十二条　兽药生产许可证应当载明生产范围、生产地点、有效期和法定代表人姓名、住址等事项。

兽药生产许可证有效期为 5 年。有效期届满，需要继续生产兽药的，应当在许可证有效期届满前 6 个月到发证机关申请换发兽药生产许可证。

第十三条　兽药生产企业变更生产范围、生产地点的，应当依照本条例第十一条的规定申请换发兽药生产许可证；变更企业名称、法定代表人的，应当在办理工商变更登记手续后 15 个工作日内，到发证机关申请换发兽药生产许可证。

第十四条　兽药生产企业应当按照国务院兽医行政管理部门制定的兽药生产质量管理规范组织生产。

省级以上人民政府兽医行政管理部门，应当对兽药生产企业是否符合兽药生产质量管理规范的要求进行监督检查，并公布检查结果。

第十五条　兽药生产企业生产兽药，应当取得国务院兽医行政管理部门核发的产品批准文号，产品批准文号的有效期为 5 年。兽药产品批准文号的核发办法由国务院兽医行政管理部门制定。

第十六条　兽药生产企业应当按照兽药国家标准和国务院兽医行政管理部门批准的生产工艺进行生产。兽药生产企业改变影响兽药质量的生产工艺的，应当报原批准部门审核批准。

兽药生产企业应当建立生产记录，生产记录应当完整、准确。

第十七条　生产兽药所需的原料、辅料，应当符合国家标准或者所生产兽药的质量要求。直接接触兽药的包装材料和容器应当符合药用要求。

第十八条　兽药出厂前应当经过质量检验，不符合质量标准的不得出厂。

兽药出厂应当附有产品质量合格证。

禁止生产假、劣兽药。

第十九条　兽药生产企业生产的每批兽用生物制品，在出厂前应当由国务院兽医行政管理部门指定的检验机构审查核对，并在必要时进行抽查检验；未经审查核对或者抽查检验不合格的，不得销售。

强制免疫所需兽用生物制品，由国务院兽医行政管理部门指定的企业生产。

第二十条　兽药包装应当按照规定印有或者贴有标签，附具说明书，并在显著位置注明"兽用"字样。

兽药的标签和说明书经国务院兽医行政管理部门批准并公布后，方可使用。

兽药的标签或者说明书，应当以中文注明兽药的通用名称、成分及其含量、规格、生产企业、产品批准文号（进口兽药注册证号）、产品批号、生产日期、有效期、适应症或者功能主治、用法、用量、休药期、禁忌、不良反应、注意事项、运输储存保管条件及其他应当说明的内容。有商品名称的，还应当注明商品名称。

除前款规定的内容外，兽用处方药的标签或者说明书还应当印有国务院兽医行政管理部门规定的警示内容，其中兽用麻醉药品、精神药品、毒性药品和放射性药品还应当印有国务院兽医行政管理部门规定的特殊标志；兽用非处方药的标签或者说明书还应当印有国务院兽医行政管理部门规定的非处方药标志。

第二十一条　国务院兽医行政管理部门，根据保证动物产品质量安全和人体健康的需要，可以对新兽药设立不超过 5 年的监测期；在监测期内，不得批准其他企业生产或者进口该新兽药。生产企业应当在监测期内收集该新兽药的疗效、不良反应等资料，并及时报送国务院兽医行政管理部门。

第四章　兽药经营

第二十二条　经营兽药的企业，应当具备下列条件：

（一）与所经营的兽药相适应的兽药技术人员；

（二）与所经营的兽药相适应的营业场所、设备、仓库设施；

（三）与所经营的兽药相适应的质量管理机构或者人员；

（四）兽药经营质量管理规范规定的其他经营条件。

符合前款规定条件的，申请人方可向市、县人民政府兽医行政管理部门提出申请，并附具符合前款规定条件的证明材料；经营兽用生物制品的，应当向省、自治区、直辖市人民政府兽医行政管理部门提出申请，并附具符合前款规定条件的证明材料。

县级以上地方人民政府兽医行政管理部门，应当自收到申请之日起 30 个工作日内完成审查。审查合格的，发给兽药经营许可证；不合格的，应当书面通知申请人。

第二十三条　兽药经营许可证应当载明经营范围、经营地点、有效期和法定代表人姓名、住址等事项。

兽药经营许可证有效期为 5 年。有效期届满，需要继续经营兽药的，应当在许可证有效期届满前 6 个月到发证机关申请换发兽药经营许可证。

第二十四条　兽药经营企业变更经营范围、经营地点的，应当依照本条例第二十二条的规定申请换发兽药经营许可证；变更企业名称、法定代表人的，应当在办理工商变更登记手续后 15 个工作日内，到发证机关申请换发兽药经营许可证。

第二十五条　兽药经营企业，应当遵守国务院兽医行政管理部门制定的兽药经营质量管理规范。

县级以上地方人民政府兽医行政管理部门，应当对兽药经营企业是否符合兽药经营质量管理规范的要求进行监督检查，并公布检查结果。

第二十六条　兽药经营企业购进兽药，应当将兽药产品与产品标签或者说明书、产品质量合格证核对无误。

第二十七条　兽药经营企业，应当向购买者说明兽药的功能主治、用法、用量和注意事项。销售兽用处方药的，应当遵守兽用处方药管理办法。

兽药经营企业销售兽用中药材的，应当注明产地。

禁止兽药经营企业经营人用药品和假、劣兽药。

第二十八条　兽药经营企业购销兽药，应当建立购销记录。购销记录应当载明兽药的商品名称、通用名称、剂型、规格、批号、有效期、生产厂商、购销单位、购销数量、购销日期和国务院兽医行政管理部门规定的其他事项。

第二十九条　兽药经营企业，应当建立兽药保管制度，采取必要的冷藏、防冻、防潮、防虫、防鼠等措施，保持所经营兽药的质量。

兽药入库、出库，应当执行检查验收制度，并有准确记录。

第三十条　强制免疫所需兽用生物制品的经营，应当符合国务院兽医行政管理部门的规定。

第三十一条　兽药广告的内容应当与兽药说明书内容相一致，在全国重点媒体发布兽药广告的，应当经国务院兽医行政管理部门审查批准，取得兽药广告审查批准文号。在地方媒体发布兽药广告的，应当经省、自治区、直辖市人民政府兽医行政管理部门审查批准，取得兽药广告审查批准文号；未经批准的，不得发布。

第五章　兽药进出口

第三十二条　首次向中国出口的兽药，由出口方驻中国境内的办事机构或者其委托的中国境内代理机构向国务院兽医行政管理部门申请注册，并提交下列资料和物品：

（一）生产企业所在国家（地区）兽药管理部门批准生产、销售的证明文件；

（二）生产企业所在国家（地区）兽药管理部门颁发的符合兽药生产质量管理规范的证明文件；

（三）兽药的制造方法、生产工艺、质量标准、检测方法、药理和毒理试验结果、临床试验报告、稳定性试验报告及其他相关资料；用于食用动物的兽药的休药期、最高残留限量标准、残留检测方法及其制定依据等资料；

（四）兽药的标签和说明书样本；

（五）兽药的样品、对照品、标准品；

（六）环境影响报告和污染防治措施；

（七）涉及兽药安全性的其他资料。

申请向中国出口兽用生物制品的，还应当提供菌（毒、虫）种、细胞等有关材料和资料。

第三十三条　国务院兽医行政管理部门，应当自收到申请之日起 10 个工作日内组织初步审查。经初步审查合格的，应当将决定受理的兽药资料送其设立的兽药评审机构进行评审，将该兽药样品送其指定的检验机构复核检验，并自收到评审和复核检验结论之日起 60 个工作日内完成审查。经审查合格的，发给进口兽药注册证书，并发布该兽药的质量标准；不合格的，应当书面通知申请人。

在审查过程中，国务院兽医行政管理部门可以对向中国出口兽药的企业是否符合兽药生产质量管理规范的要求进行考查，并有权要求该企业在国务院兽医行政管理部门指定的机构进行该兽药的安全性和有效性试验。

国内急需兽药、少量科研用兽药或者注册兽药的样品、对照品、标准品的进口，按照国务院兽医行政管理部门的规定办理。

第三十四条　进口兽药注册证书的有效期为 5 年。有效期届满，需要继续向中国出口兽药的，应当在有效期届满前 6 个月到发证机关申请再注册。

第三十五条　境外企业不得在中国直接销售兽药。境外企业在中国销售兽药，应当依法在中国境内设立销售机构或者委托符合条件的中国境内代理机构。

进口在中国已取得进口兽药注册证书的兽药的，中国境内代理机构凭进口兽药注册证书到口岸所在地人民政府兽医行政管理部门办理进口兽药通关单。海关凭进口兽药通关单放行。兽药进口管理办法由国务院兽医行政管理部门会同海关总署制定。

兽用生物制品进口后，应当依照本条例第十九条的规定进行审查核对和抽查检验。其他兽药进口后，由当地兽医行政管理部门通知兽药检验机构进行抽查检验。

第三十六条　禁止进口下列兽药：

（一）药效不确定、不良反应大以及可能对养殖业、人体健康造成危害或者存在潜在风险的；

（二）来自疫区可能造成疫病在中国境内传播的兽用生物制品；

（三）经考查生产条件不符合规定的；

（四）国务院兽医行政管理部门禁止生产、经营和使用的。

第三十七条　向中国境外出口兽药，进口方要求提供兽药出口证明文件的，国务院兽医行政管理部门或者企业所在地的省、自治区、直辖市人民政府兽医行政管理部门可以出具出口兽药证明文件。

国内防疫急需的疫苗，国务院兽医行政管理部门可以限制或者禁止出口。

第六章　兽药使用

第三十八条　兽药使用单位，应当遵守国务院兽医行政管理部门制定的兽药安全使用规定，并建立用药记录。

第三十九条　禁止使用假、劣兽药以及国务院兽医行政管理部门规定禁止使用的药品和其他化合物。禁止使用的药品和其他化合物目录由国务院兽医行政管理部门制定公布。

第四十条　有休药期规定的兽药用于食用动物时，饲养者应当向购买者或者屠宰者提供准确、真实的用药记录；购买者或者屠宰者应当确保动物及其产品在用药期、休药期内不被用于食品消费。

第四十一条　国务院兽医行政管理部门，负责制定公布在饲料中允许添加的药物饲料添加剂品种目录。

禁止在饲料和动物饮用水中添加激素类药品和国务院兽医行政管理部门规定的其他禁用药品。

经批准可以在饲料中添加的兽药，应当由兽药生产企业制成药物饲料添加剂后方可添加。禁止将原料药直接添加到饲料及动物饮用水中或者直接饲喂动物。

禁止将人用药品用于动物。

第四十二条　国务院兽医行政管理部门，应当制定并组织实施国家动物及动物产品兽药残留监控计划。

县级以上人民政府兽医行政管理部门，负责组织对动物产品中兽药残留量的检测。兽药残留检测结果，由国务院兽医行政管理部门或者省、自治区、直辖市人民政府兽医行政管理部门按照权限予以公布。

动物产品的生产者、销售者对检测结果有异议的，可以自收到检测结果之日起7个工作日内向组织实施兽药残留检测的兽医行政管理部门或者其上级兽医行政管理部门提出申请，由受理申请的兽医行政管理部门指定检验机构进行复检。

兽药残留限量标准和残留检测方法，由国务院兽医行政管理部门制定发布。

第四十三条　禁止销售含有违禁药物或者兽药残留量超过标准的食用动物产品。

第七章　兽药监督管理

第四十四条　县级以上人民政府兽医行政管理部门行使兽药监督管理权。

兽药检验工作由国务院兽医行政管理部门和省、自治区、直辖市人民政府兽医行政管理部门设立的兽药检验机构承担。国务院兽医行政管理部门，可以根据需要认定其他检验机构承担兽药检验工作。

当事人对兽药检验结果有异议的，可以自收到检验结果之日起7个工作日内向实施检验的机构或者上级兽医行政管理部门设立的检验机构申请复检。

第四十五条　兽药应当符合兽药国家标准。

国家兽药典委员会拟定的、国务院兽医行政管理部门发布的《中华人民共和国兽药典》和国务院兽医行政管理部门发布的其他兽药质量标准为兽药国家标准。

兽药国家标准的标准品和对照品的标定工作由国务院兽医行政管理部门设立的兽药检验机构负责。

第四十六条　兽医行政管理部门依法进行监督检查时，对有证据证明可能是假、劣兽药的，应当采取查封、扣押的行政强制措施，并自采取行政强制措施之日起7个工作日内作出是否立案的决定；需要检验的，应当自检验报告书发出之日起15个工作日内作出是否立案的决定；不符合立案条件的，应当解除行政强制措施；需要暂停生产的，由国务院兽医行政管理部门或者省、自治区、直辖市人民政府兽医行政管理部门按照权限作出决定；需要暂停经营、使用的，由县级以上人民政府兽医行政管理部门按照权限作出决定"。

未经行政强制措施决定机关或者其上级机关批准，不得擅自转移、使用、销毁、销售被查封或者扣押的兽药及有关材料。

第四十七条　有下列情形之一的，为假兽药：

（一）以非兽药冒充兽药或者以他种兽药冒充此种兽药的；

（二）兽药所含成分的种类、名称与兽药国家标准不符合的。

有下列情形之一的，按照假兽药处理：

（一）国务院兽医行政管理部门规定禁止使用的；

（二）依照本条例规定应当经审查批准而未经审查批准即生产、进口的，或者依照本条例规定应当经抽查检验、审查核对而未经抽查检验、审查核对即销售、进口的；

（三）变质的；

（四）被污染的；

（五）所标明的适应症或者功能主治超出规定范围的。

第四十八条　有下列情形之一的，为劣兽药：

（一）成分含量不符合兽药国家标准或者不标明有效成分的；

（二）不标明或者更改有效期或者超过有效期的；

（三）不标明或者更改产品批号的；

（四）其他不符合兽药国家标准，但不属于假兽药的。

第四十九条　禁止将兽用原料药拆零销售或者销售给兽药生产企业以外的单位和个人。

禁止未经兽医开具处方销售、购买、使用国务院兽医行政管理部门规定实行处方药管理的兽药。

第五十条 国家实行兽药不良反应报告制度。

兽药生产企业、经营企业、兽药使用单位和开具处方的兽医人员发现可能与兽药使用有关的严重不良反应，应当立即向所在地人民政府兽医行政管理部门报告。

第五十一条 兽药生产企业、经营企业停止生产、经营超过6个月或者关闭的，由发证机关责令其交回兽药生产许可证、兽药经营许可证。

第五十二条 禁止买卖、出租、出借兽药生产许可证、兽药经营许可证和兽药批准证明文件。

第五十三条 兽药评审检验的收费项目和标准，由国务院财政部门会同国务院价格主管部门制定，并予以公告。

第五十四条 各级兽医行政管理部门、兽药检验机构及其工作人员，不得参与兽药生产、经营活动，不得以其名义推荐或者监制、监销兽药。

第八章 法律责任

第五十五条 兽医行政管理部门及其工作人员利用职务上的便利收取他人财物或者谋取其他利益，对不符合法定条件的单位和个人核发许可证、签署审查同意意见，不履行监督职责，或者发现违法行为不予查处，造成严重后果，构成犯罪的，依法追究刑事责任；尚不构成犯罪的，依法给予行政处分。

第五十六条 违反本条例规定，无兽药生产许可证、兽药经营许可证生产、经营兽药的，或者虽有兽药生产许可证、兽药经营许可证，生产、经营假、劣兽药的，或者兽药经营企业经营人用药品的，责令其停止生产、经营，没收用于违法生产的原料、辅料、包装材料及生产、经营的兽药和违法所得，并处违法生产、经营的兽药（包括已出售的和未出售的兽药，下同）货值金额2倍以上5倍以下罚款，货值金额无法查证核实的，处10万元以上20万元以下罚款；无兽药生产许可证生产兽药，情节严重的，没收其生产设备；生产、经营假、劣兽药，情节严重的，吊销兽药生产许可证、兽药经营许可证；构成犯罪的，依法追究刑事责任；给他人造成损失的，依法承担赔偿责任。生产、经营企业的主要负责人和直接负责的主管人员终身不得从事兽药的生产、经营活动。

擅自生产强制免疫所需兽用生物制品的，按照无兽药生产许可证生产兽药处罚。

第五十七条 违反本条例规定，提供虚假的资料、样品或者采取其他欺骗手段取得兽药生产许可证、兽药经营许可证或者兽药批准证明文件的，吊销兽药生产许可证、兽药经营许可证或者撤销兽药批准证明文件，并处5万元以上10万元以下罚款；给他人造成损失的，依法承担赔偿责任。其主要负责人和直接负责的主管人员终身不得从事兽药的生产、经营和进出口活动。

第五十八条 买卖、出租、出借兽药生产许可证、兽药经营许可证和兽药批准证明文件的，没收违法所得，并处1万元以上10万元以下罚款；情节严重的，吊销兽药生产许可证、兽药经营许可证或者撤销兽药批准证明文件；构成犯罪的，依法追究刑事责任；给他人造成损失的，依法承担赔偿责任。

第五十九条 违反本条例规定，兽药安全性评价单位、临床试验单位、生产和经营企业未按照规定实施兽药研究试验、生产、经营质量管理规范的，给予警告，责令其限期改正；逾期不改正的，责令停止兽药研究试验、生产、经营活动，并处5万元以下罚款；情节严重的，吊销兽药生产许可证、兽药经营许可证；给他人造成损失的，依法承担赔偿责任。

违反本条例规定，研制新兽药不具备规定的条件擅自使用一类病原微生物或者在实验室阶段前未经批准的，责令其停止实验，并处5万元以上10万元以下罚款；构成犯罪的，依法追究刑事责任；给他人造成损失的，依法承担赔偿责任。

违反本条例规定，开展新兽药临床试验应当备案而未备案的，责令其立即改正，给予警告，并处5万元以上10万元以下罚款；给他人造成损失的，依法承担赔偿责任。

第六十条　违反本条例规定，兽药的标签和说明书未经批准的，责令其限期改正；逾期不改正的，按照生产、经营假兽药处罚；有兽药产品批准文号的，撤销兽药产品批准文号；给他人造成损失的，依法承担赔偿责任。

兽药包装上未附有标签和说明书，或者标签和说明书与批准的内容不一致的，责令其限期改正；情节严重的，依照前款规定处罚。

第六十一条　违反本条例规定，境外企业在中国直接销售兽药的，责令其限期改正，没收直接销售的兽药和违法所得，并处5万元以上10万元以下罚款；情节严重的，吊销进口兽药注册证书；给他人造成损失的，依法承担赔偿责任。

第六十二条　违反本条例规定，未按照国家有关兽药安全使用规定使用兽药的、未建立用药记录或者记录不完整真实的，或者使用禁止使用的药品和其他化合物的，或者将人用药品用于动物的，责令其立即改正，并对饲喂了违禁药物及其他化合物的动物及其产品进行无害化处理；对违法单位处1万元以上5万元以下罚款；给他人造成损失的，依法承担赔偿责任。

第六十三条　违反本条例规定，销售尚在用药期、休药期内的动物及其产品用于食品消费的，或者销售含有违禁药物和兽药残留超标的动物产品用于食品消费的，责令其对含有违禁药物和兽药残留超标的动物产品进行无害化处理，没收违法所得，并处3万元以上10万元以下罚款；构成犯罪的，依法追究刑事责任；给他人造成损失的，依法承担赔偿责任。

第六十四条　违反本条例规定，擅自转移、使用、销毁、销售被查封或者扣押的兽药及有关材料的，责令其停止违法行为，给予警告，并处5万元以上10万元以下罚款。

第六十五条　违反本条例规定，兽药生产企业、经营企业、兽药使用单位和开具处方的兽医人员发现可能与兽药使用有关的严重不良反应，不向所在地人民政府兽医行政管理部门报告的，给予警告，并处5 000元以上1万元以下罚款。

生产企业在新兽药监测期内不收集或者不及时报送该新兽药的疗效、不良反应等资料的，责令其限期改正，并处1万元以上5万元以下罚款；情节严重的，撤销该新兽药的产品批准文号。

第六十六条　违反本条例规定，未经兽医开具处方销售、购买、使用兽用处方药的，责令其限期改正，没收违法所得，并处5万元以下罚款；给他人造成损失的，依法承担赔偿责任。

第六十七条　违反本条例规定，兽药生产、经营企业把原料药销售给兽药生产企业以外的单位和个人的，或者兽药经营企业拆零销售原料药的，责令其立即改正，给予警告，没收违法所得，并处2万元以上5万元以下罚款；情节严重的，吊销兽药生产许可证、兽药经营许可证；给他人造成损失的，依法承担赔偿责任。

第六十八条　违反本条例规定，在饲料和动物饮用水中添加激素类药品和国务院兽医行政管理部门规定的其他禁用药品，依照《饲料和饲料添加剂管理条例》的有关规定处罚；直接将原料药添加到饲料及动物饮用水中，或者饲喂动物的，责令其立即改正，并处1万元以上3万元以下罚款；给他人造成损失的，依法承担赔偿责任。

第六十九条　有下列情形之一的，撤销兽药的产品批准文号或者吊销进口兽药注册证书：

（一）抽查检验连续2次不合格的；

（二）药效不确定、不良反应大以及可能对养殖业、人体健康造成危害或者存在潜在风险的；

（三）国务院兽医行政管理部门禁止生产、经营和使用的兽药。

被撤销产品批准文号或者被吊销进口兽药注册证书的兽药，不得继续生产、进口、经营和使用。已经生产、进口的，由所在地兽医行政管理部门监督销毁，所需费用由违法行为人承担；给他人造成损失的，依法承担赔偿责任。

第七十条　本条例规定的行政处罚由县级以上人民政府兽医行政管理部门决定；其中吊销兽药生产许可证、兽药经营许可证，撤销兽药批准证明文件或者责令停止兽药研究试验的，由发证、批准、备案部门决定。

上级兽医行政管理部门对下级兽医行政管理部门违反本条例的行政行为，应当责令限期改正；逾期不改正的，有权予以改变或者撤销。

第七十一条　本条例规定的货值金额以违法生产、经营兽药的标价计算；没有标价的，按照同类兽药的市场价格计算。

第九章　附　则

第七十二条　本条例下列用语的含义是：

（一）兽药，是指用于预防、治疗、诊断动物疾病或者有目的地调节动物生理机能的物质（含药物饲料添加剂），主要包括：血清制品、疫苗、诊断制品、微生态制品、中药材、中成药、化学药品、抗生素、生化药品、放射性药品及外用杀虫剂、消毒剂等。

（二）兽用处方药，是指凭兽医处方方可购买和使用的兽药。

（三）兽用非处方药，是指由国务院兽医行政管理部门公布的、不需要凭兽医处方就可以自行购买并按照说明书使用的兽药。

（四）兽药生产企业，是指专门生产兽药的企业和兼产兽药的企业，包括从事兽药分装的企业。

（五）兽药经营企业，是指经营兽药的专营企业或者兼营企业。

（六）新兽药，是指未曾在中国境内上市销售的兽用药品。

（七）兽药批准证明文件，是指兽药产品批准文号、进口兽药注册证书、出口兽药证明文件、新兽药注册证书等文件。

第七十三条　兽用麻醉药品、精神药品、毒性药品和放射性药品等特殊药品，依照国家有关规定管理。

第七十四条　水产养殖中的兽药使用、兽药残留检测和监督管理以及水产养殖过程中违法用药的行政处罚，由县级以上人民政府渔业主管部门及其所属的渔政监督管理机构负责。

参考文献

何开蓉，2015. 苯乙醇胺 A 在肉鸡体内的残留何消除规律研究[D]. 成都：四川农业大学.

刘新辉，史永晖，丁文慧，等，2020. 超高效液相色谱串联质谱法检测动物源性食品中 β-受体激动剂类药物残留[J]. 农产品质量安全（5）：68-73.

庞国芳，2016. 兽药多组分残留分析技术[M]. 北京：科学出版社.

沈建忠，冯忠武，2019. 兽药手册[M]. 7 版. 北京：中国农业大学出版社.

王京，叶佳明，王潇，等，2020. 超高效液相色谱-串联质谱法同时测定畜禽产品中 15 种镇静类药物残留[J]. 农产品加工（4）45-49.

肖全伟，吴文林，杨万林，等，2014. 固相萃取-超高效液相色谱-串联质谱法同时测定饲料中的 3 种雌激素[J]. 色谱，32（11）1209-1213.

余祖功，2014. 兽药合理应用与联用手册[M]. 北京：化学工业出版社.

扎克瑞，麦克格文主，2015. 兽医病理学[M]. 北京：中国农业大学出版社.

张志超，2018. 典型兽药在水体中光降解研究：以氟喹诺酮何苯砷酸类化合物为例[D]. 北京：中国科学院大学.

中国兽药典委员会，2021. 中国兽药典 2020 年版[M]. 北京：中国农业出版社.